环境规划预测系列研究报告

Environmental Planning Forecasting Report

# 2012—2030 年
# 我国四大区域环境经济形势分析与预测研究报告

蒋洪强　刘年磊　卢亚灵　张　静　张　伟　著

中国环境出版社·北京

**图书在版编目（CIP）数据**

2012～2030 年我国四大区域环境经济形势分析与预测研究报告/蒋洪强等著. 一北京：中国环境出版社，2013.8
（环境规划预测系列研究报告）
ISBN 978–7–5111–1534–8

Ⅰ．①2… Ⅱ．①蒋… Ⅲ．①区域环境—环境经济—经济分析—研究报告—中国—2012～2030 ②区域环境—环境经济—经济预测—研究报告—中国—2012～2030 Ⅳ．①X321.2

中国版本图书馆 CIP 数据核字（2013）第 179708 号

| | |
|---|---|
| 出 版 人 | 王新程 |
| 责任编辑 | 葛　莉　张　娣　王海冰 |
| 责任校对 | 尹　芳 |
| 封面设计 | 陈　莹 |

出版发行　中国环境出版社
　　　　　（100062　北京市东城区广渠门内大街 16 号）
　　　　　网　　址：http://www.cesp.com.cn
　　　　　电子邮箱：bjgl@cesp.com.cn
　　　　　联系电话：010-67112765（编辑管理部）
　　　　　　　　　　010-67113412（图书教育事业部）
　　　　　发行热线：010-67125803，010-67113405（传真）

| | |
|---|---|
| 印　　刷 | 北京市联华印刷厂 |
| 经　　销 | 各地新华书店 |
| 版　　次 | 2013 年 8 月第 1 版 |
| 印　　次 | 2013 年 8 月第 1 次印刷 |
| 开　　本 | 850×1168　1/16 |
| 印　　张 | 13.25 |
| 字　　数 | 290 千字 |
| 定　　价 | 45.00 元 |

# 前　言

　　《2012—2030 年我国四大区域环境经济形势分析与预测研究报告》（以下简称《报告》）是环境保护部环境规划院国家环境保护环境规划与政策模拟重点实验室（原环境预测研究中心）继《2008—2020 年中国环境经济形势分析与预测报告》《2009—2020 年中国节能减排重点行业环境经济形势分析与预测报告》《2011—2020 年非常规性控制污染物排放清单分析与预测研究报告》《2010—2030 年国家水环境形势分析与预测报告》出版以来，又研究推出的第五份环境经济形势分析与预测年度报告。

　　改革开放以来，我国政府在正确认识基本国情的基础上，相继作出了多项区域经济协调发展的重大决策和部署。继鼓励东部地区率先发展、实施西部大开发战略之后，又制定了振兴东北地区等老工业基地、促进中部地区崛起等重大战略决策，初步形成了区域经济协调发展的大格局。近年来，随着《珠江三角洲地区改革发展规划》《关中—天水经济区发展规划》《江苏沿海地区发展规划》《中国图们江区域合作开发规划》等 10 多个区域发展战略规划的制定，我国已经全面启动新一轮区域经济发展战略部署。在新的格局下如何统筹考虑区域发展与环境保护的关系，实现区域经济发展与环境保护之间的协调共赢，是推进全国区域经济发展战略规划之际需要认真审度的问题。

　　《报告》从我国东部、中部、西部、东北四大区域的角度，进行当前环境形势分析和未来环境压力预测，并进行区域间对比研究和提出政策建议。在回顾分析 2006—2010 年中国四大区域环境经济形势的基础上，对四大区域 2012—2030 年经济发展趋势、产业结构、城镇化水平、人口增长压力、水资源消耗、能源消耗等压力进行了预测，对主要水污染物排放趋势、大气污染物排放趋势、固体废物排放趋势等进行了科学判断与分析，针对不同区域经济发展的新形势和区域差异性特征提出了未来四大区域统筹经济发展和环境保护的相关政策建议，从而为制定新一轮区域经济发展战略以及国家"十三五"环境保护规划提供有意义的参考。

　　在《报告》的研究撰写过程中，得到了环境保护部规划财务司、环境规划院领导的关怀和悉心指导，规划财务司安排了项目资金予以支持。环境保护部规划财务司贾金虎处长，环境规划院副院长王金南等领导和专家对《报告》的完善提出了许多好的意见和建议。全书由重点实验室的蒋洪强、刘年磊统稿，刘年磊负责第 4 章，卢亚灵负责第 5 章，张静负责第 2 章和第 3 章，张伟负责第 1 章和第 6 章的撰写，杜鹏、于森、吴文俊、杨勇、武跃文、刘洁、牛坤玉、周颖等同志分别参与了各章节的撰写。中国环境出版社对《报告》的编辑出版付出了大量心血。在此，对关心和支持《报告》研究和出版的各位领导、专家和研究人员表示衷心感谢。由于时间仓促，《报告》中难免有许多不足之处，敬请批评指正。

作　者

2013 年 5 月

# 目　录

# 内容概要

概括《2012—2030 年我国四大区域环境经济形势分析与预测研究报告》内容，主要取得了以下成果。

## 一、现状特征

### 1. 四大区域经济差距不断增大的趋势得到减缓，各区域经济发展不协调的格局并未发生实质性转变

2006—2011 年，我国四大区域地区生产总值（GDP）增长势头仍然强劲，到 2011 年，东部、中部、西部、东北四大区域地区生产总值分别达到了 27.1 万亿元、10.4 万亿元、10 万亿元和 4.5 万亿元。其中，东部地区年均增速为 9.6%，所占比重虽然呈逐年递减趋势，但仍然处于"领头羊"地位；中部地区经济增速表现良好，平均增长为 12.6%；西部地区经济总量和增长速度均与中部地区接近，年均增长为 13.4%，经济增长势头十分强劲；东北地区年均增长为 11.6%，经济增速在波动中缓慢上升，但仍快于东部地区。从四大区域人均地区生产总值情况来看，东部地区仍然最高，2011 年人均 GDP 达到 4.93 万元/人；东北地区次之，2011 年人均 GDP 达到 3.84 万元/人；中部和西部地区基本相当，2011 年人均 GDP 分别为 2.71 万元/人和 2.57 万元/人，与东部和东北地区差距明显。总体来看，率先崛起的东部地区由于面临国内外发展环境影响及经济转型阵痛期，同时随着西部大开发、振兴东北、中部崛起等区域发展战略实施，中部、西部以及东北地区在"十一五"期间通过承接东部产业转移以及自身经济发展，经济比重得到一定程度提高，区域经济差距不断增大的趋势得到减缓。但从各地区经济总量所占比重来看，东部地区仍然一枝独秀，2011 年 GDP 所占比重高达 55%，高于其他三个地区之和，人均 GDP 也是中、西部地区的两倍，东部与中、西部之间经济发展不协调的格局并未发生根本性变化，我国四大区域经济发展还存在较大差距，区域经济发展不协调问题还十分突出。

### 2. 四大区域产业结构得到一定程度优化，各区域产业布局的非均衡状况仍十分明显

截至 2011 年，我国东部、中部、西部、东北地区三次产业结构分别为 6.2：48.9：44.9、12.3：53.5：34.1、12.7：50.9：36.3、10.8：53.1：36.1，四大区域产业结构整体仍保持"二三一"的分布特征，产业结构均不尽合理。但随着经济发展方式的转型和城镇化发展，区域产业结构逐步优化，特别是随着东部地区经济转型发展，第二产业比重呈逐年下降趋势，第三产业比重基本接近第二产业水平，呈现逐年上升趋势，表明东部经济转型取得了一定

成效，一定程度上将有助于东部环境压力的缓解。中部、西部和东北地区第二产业比重仍居高不下，第三产业比重不足，需要引起注意。从工业行业的区域分布看，东部沿海地区在 27 个工业行业大类分类中，有 16 个行业占据了 55%以上的绝对比重，而其他行业中，如农副食品加工、石油加工业、电力生产业等也达到 50%以上的水平，黑色金属矿采选业、非金属矿采选业、有色金属冶炼业等也占到 42%以上的水平。从目前来看，一些重化工业和污染密集型行业仍集中在我国东部经济发达地区；一些能源原材料开采行业多集中于中西部地区，如煤炭开采和洗选业、石油和天然气开采业、有色金属矿采选业等，表明我国工业经济布局的非均衡状况仍十分明显。

**3. 四大区域城镇化水平和居民人均可支配收入增长迅速，但各区域间差距仍十分突出**

2006—2011 年，我国四大区域城镇化水平不断提高。其中，东部地区城镇化率最高，2011 年达到了 60.8%；东北地区城镇化率在四大区域中排在第二位，2011 年达到了 58.7%；中部地区城镇化率在四大区域中排在第三位，2011 年仅为 45.5%；西部地区城镇化率在四大区域中最低，2011 年仅为 43%。

2006—2011 年，东部地区城镇居民人均可支配收入要高于其他三大区域，2011 年达到 2.64 万元，年均增长率为 12%；中部、西部和东北地区城镇人均可支配收入基本相同，2011 年为 1.8 万元，仅为东部地区的 68%，年均增长率大致为 13%。从农村居民人均纯收入水平来看，东部地区仍然最高，2011 年为 0.96 万元，年均增幅为 13.1%；东北地区农民纯收入排在第二位，2011 年为 0.78 万元，年均增幅为 15.8%，在四大区域中最高；中部地区农民收入排在第三位，2011 年为 0.65 万元，年均增幅为 14.7%；西部地区农民收入水平在四大区域中最低，2011 年仅为 0.52 万元，年均增幅为 15.2%，虽然增速较快，但总量仍较少。总体来看，四大区域间居民人均收入整体存在较大差异，城镇与农村之间差距较大，城乡二元经济结构特征十分明显。

随着我国经济持续发展和城镇化水平的提高以及居民收入水平逐渐提高，我国机动车保有量也呈快速增长趋势。东部地区是四大区域中汽车保有量最多的地区，2011 年达到 4 845 万辆，占全国总量的 51.8%；西部地区汽车保有量排在第二位，2011 年达到 2 006 万辆，占全国总量的 21.4%；中部地区汽车保有量排在第三位，2011 年达到 1 734 万辆，占全国总量的 18.5%；东北地区是汽车保有量最少的地区，2011 年仅为 771 万辆，占全国总量的 8.3%。总体来看，我国四大区域"十一五"期间汽车保有量均呈现较大增长，其中东部总量最大，而西部增幅最快。

**4. 四大区域水资源禀赋不同，用水总量仍然居于高位，各区域用水效率和用水结构差异十分明显**

各区域人均水资源量差别较大，西部地区人均水资源量最高，其次为中部和东北地区，东部地区人均水资源量最低。西部总人口数占全国的 27.0%，人均水资源量为 4 249.9 $m^3$；中部总人口数占全国的 26.8%，人均水资源量为 1 961.0 $m^3$；东北总人口数占全国的 8.2%，人均水资源量为 1 959.7 $m^3$，与中部地区人均水资源量差别不大；东部总人口数却占全国的 38.0%，人均水资源量仅为 1 269.3 m³，是全国平均水平 2 317.1 m³/人的 54.8%，东部地区属于中度缺水地区。

"十一五"期间，四大区域用水总量都呈增长的趋势。其中东部用水量最高（表 0-1），2010 年用水总量为 2 071.2 亿 m³；西部次之，用水总量为 1 927.7 亿 m³；排在第三位的是中部地区，2010 年用水总量达到 1 434.4 亿 m³。"十一五"期间，东北地区用水量增长速度最快，用水总量年均增长 11.0%；其次是中部地区，年均增长 8.6%；西部地区用水量增长速度较慢，年均增长 2.0%；东部地区用水量变化不大，"十一五"期间年均增长 0.8%。四大区域的人均用水量差别较大，2010 年东部、中部、西部、东北四大区域人均用水量分别为 408.8 m³/人、401.8 m³/人、534.4 m³/人、537.4 m³/人，东、中部地区较低，西部和东北地区较高。

"十一五"时期，各区域不断提高水资源利用效率和效益，节水型社会建设取得了明显成效。总体来看，四大区域的万元 GDP 用水量、万元工业增加值用水量都呈总体下降的趋势。2010 年东部地区万元 GDP 用水量为 98.8 m³，是唯一一个低于全国平均水平 150.4 m³ 的区域；中部地区万元 GDP 用水量为 179.4 m³；西部地区万元 GDP 用水量最高，达到 257.4 m³；东北地区较低，万元 GDP 用水量为 170.2 m³，但仍高于全国平均水平。万元工业增加值用水量从高到低依次是中部、西部、东北、东部，其中东部和东北分别为 66.0 m³、67.4 m³，均低于全国平均水平 81.6 m³，中部和西部为 118.1 m³、93.2 m³，均高于全国平均水平。

四大区域用水结构相差较大，各区域用水量仍以农业为主，所占比重均在 50% 以上。其中，西部地区农业用水量占本区域总用水量的比例最高，2010 年为 71.38%，东部、中部、东北分别为 53%、56.15%、70.20%，各区域农业用水量比重呈现缓慢减少的趋势。工业用水量占比东部最高，约占用水总量的 30%，西部最低，仅为用水总量的 15.24%，中部和东北地区分别为用水总量的 28.5%、18.20%，工业用水量所占比例和用水总量都呈逐年增长的趋势。各区域的生活用水量逐年增长，其中东部增长最高（15%），东北增长最低（10.10%），中部和东北地区增长分别为 12.8%、10.53%；生态用水量占比逐年增加，其中西部占比最高，占用水总量的 2.9%，中部最低，只占到 1.4%。

**5. 四大区域的能源消耗和利用率存在较大不同，东部能源消耗较大，但单位 GDP 能耗相对较小；而中、西和东北部消耗能源量相对较少，但单位 GDP 能耗比较大**

"十一五"期间，我国能源消耗年均增长速度为 6.6%，到 2010 年，能源消耗总量（除台湾、香港、澳门外，下同）达到 32.5 亿 t 标准煤。其中，东部地区能源消耗量最高，为 14.0 亿 t 标准煤，西部、中部次之，东北最低，分别为 8.1 亿 t 标准煤、7.0 亿 t 标准煤和 3.3 亿 t 标准煤。各区域能源消耗总量占全国的比重有所变化，东部、中部地区能源消耗总量占全国的比重越来越低，西部所占比重越来越高，东部地区所占比重由 2006 年的 44.0% 降低到 2010 年的 43.1%，中部地区由 21.9% 降低到 2010 年的 21.6%，西部地区由 23.9% 上升到 2010 年的 24.9%，东北地区 2010 年比 2006 年增加 0.2 个百分点。

从增长速度来看，东部地区能源消费量增长较慢，"十一五"期间增长 23.0%，是四个区域中增长速度最慢的；中部地区"十一五"期间能源消费增长 23.9%；西部大开发的实施使得西部地区工业产业迅猛发展，人民生活水平日益提高，使能源消费量快速增长，"十一五"期间增长 31.0%，是四个区域中增长速度最快的；由于东北老工业基地振兴的相关政策支持，使得东北地区能源消费增长速度较快，"十一五"期间增长 27.8%，高于全国能源消耗平均增长速度。

"十一五"期间，全国单位 GDP 能耗逐渐降低，2010 年单位 GDP 能耗 0.809 t 标准煤/万元，比 2006 年降低 16.7%。四大区域的单位 GDP 能耗均呈逐年降低的趋势，其中 2010 年，东部地区单位 GDP 能耗最低，为 0.771 t 标准煤/万元；西部地区单位 GDP 能耗最高，达到 1.340 t 标准煤/万元，中部、东北地区分别为 1.141 t 标准煤/万元、1.166 t 标准煤/万元，均高于全国平均水平。从能源结构来看，四大区域均以煤炭消费占主导地位，2010 年，东部地区煤炭消耗占一次能源的比例为 60.9%，中部地区为 85.0%，西部地区为 76.5%。由于可再生能源的大力发展，各区域可再生能源（水电、核电、风能、生物质能等）占整个能源消费的比例逐步升高，能源结构得到一定优化。

6. 四大区域主要水污染物排放总量逐年下降，排放强度不断降低，但各区域排放总量仍然较大

由于各地区地理和资源条件差别较大，经济发展水平和产业结构不同，使得我国主要水污染物排放具有明显的区域特征。2010 年，我国东部、中部、西部和东北地区的 COD（化学需氧量）排放量分别为 420.9 万 t、316.5 万 t、366.8 万 t 和 133.8 万 t，相比 2005 年分别下降约 17.6%、10.1%、7.4% 和 13.9%。东部地区减排效果显著，COD 削减比例高于全国平均值 5.1 个百分点，对全国 COD 减排的贡献度达 50.9%。其次是东北、中部、西部地区，其中东北地区减排比例略高于全国 COD 削减水平，对全国 COD 减排的贡献度达 12.3%，而中、西部地区 COD 削减比例低于全国水平，对全国污染减排的贡献度分别为 20.1% 和 16.7%，污染减排进展相对滞后。从整体上来看，我国四大区域的 COD 排放量仍很大，远远高于区域环境容量。随着"十一五"大部分减排工程的建成，未来污染削减的边际成本不断增加，削减幅度越来越小，污染减排任务十分艰巨。

四大区域工业 COD 排放强度整体呈下降趋势，2006—2008 年各区域工业 COD 排放强度下降幅度相对较大，之后逐渐变缓。到 2010 年，东部、中部、西部和东北地区每亿元工业产值的 COD 排放量分别降为 14.8 t、28.2 t、47.4 t 和 28.0 t，其中西部地区的排放强度最高，大约是全国平均水平的两倍；中部、东北地区次之，均为全国平均水平的 1.2 倍左右；东部地区低于全国平均水平，大约为全国平均水平的 55%。东部地区的环境污染控制和治理水平最高，在全国范围内走在前列，中部、东北地区的污染控制水平相近，且最接近于全国平均水平，正逐步缩小与东部地区的差距，而西部地区污染治理能力较弱，存在较大下降空间。

"十一五"期间，氨氮还未列入污染减排的总量控制指标，但由于二级生化处理对 COD 和氨氮具有协同减排效应，已建成污水处理厂在去除 COD 的同时也去除了氨氮，因此，我国氨氮排放总量一直保持下降趋势。其中，东部、中部、东北地区氨氮排放总量呈逐年

下降趋势，而西部地区在 2007 年出现较为明显的下降后开始保持基本稳定。2010 年，我国东部、中部、西部和东北地区的氨氮排放量分别为 42.9 万 t、32.9 万 t、31.7 万 t 和 12.9 万 t，相比 2005 年分别下降约 18.5%、20.1%、16.2% 和 28.9%。显然，东北地区削减比例最大，高于全国氨氮削减比例 9.3 个百分点，对全国氨氮减排的贡献度达到 17.9%，减排效果显著。其次是东部、中部和西部地区，其中东部、中部地区减排比例与全国氨氮削减比例相近，对全国氨氮减排的贡献度较高，分别为 33.0% 和 28.2%，西部地区的削减比例低于全国氨氮削减比例，对全国氨氮减排的贡献度为 20.9%，其略高于东北地区，低于东、中部地区。

四大区域的氨氮排放强度整体也呈下降态势，2006—2008 年各区域工业氨氮排放强度下降幅度相对较大，之后渐缓。到 2010 年，东、中、西和东北地区每亿元工业产值的氨氮排放量分别降为 0.9 t、2.4 t、2.5 t 和 1.1 t。其中中部、西部地区的排放强度最高，是全国平均水平的 1.7～1.8 倍；东部、东北地区低于全国平均水平，分别为全国平均水平的 56%、81%。东部地区的工业氨氮控制和治理水平处于全国最高水平，而中、西部地区工业氨氮处理能力较弱，处于偏低水平，具有较大提升空间。

由于城镇化快速发展，人口增加和服务业发展，"十一五"期间各区域的生活 COD 排放量占比均达到 50% 以上，生活氨氮排放量占比均达到 70% 以上，成为水污染物排放最大来源。为此，各区域在工业 COD 和氨氮减排得到有效控制的同时，生活水污染减排力度需要不断加强。

**7. 四大区域主要大气污染物排放得到有效控制，排放强度不断降低，但排放总量仍然很大，区域环境形势尚未根本好转**

"十一五"期间，通过实施污染减排措施，对 $SO_2$ 排放实施总量控制，各地区减排效果显著。与"十五"末相比，全国排放总量（除台湾、香港、澳门外，下同）下降 14.3%，超额完成了"十一五"的总量减排目标。东部地区下降速度最快，排放总量由 2006 年的 838.8 万 t 下降到 2010 年的 669.7 万 t，削减 20.2%；中部地区排放总量由 2006 年的 601.4 万 t 下降到 2010 年的 511.1 万 t，削减 15.0%；西部地区下降速度最慢，由 2006 年的 930.0 万 t 下降为 2010 年的 817.5 万 t，削减 12.1%，其中工业排放削减 14.5%，生活排放增加 1.2%；东北地区下降速度稍慢于中部地区，但是生活排放削减幅度最高，2006 年为 218.6 万 t，2010 年下降为 186.9 万 t，削减 14.5%，其中工业排放削减 13.0%，生活排放削减 21.8%。

"十一五"期间，由于没有实施有效的 $NO_x$ 排放控制措施，各地区 $NO_x$ 排放量不断增加，与 2006 年相比，全国 $NO_x$ 排放总量增加 17.7%。东部地区增加相对较慢，由 2006 年的 666.9 万 t 增加为 2010 年的 743.2 万 t，增长 10.3%；西部地区增加速度最快，由 2006 年的 339.2 万 t 增加到 2010 年的 515.0 万 t，增长 34.1%；中部地区增加速度快于东部地区，其总量由 2006 年的 354.3 万 t 增加为 2010 年的 406.7 万 t，增长 12.9%；东北地区增加速度与中部地区接近，2006 年排放总量为 163.4 万 t，2010 年增加为 187.6 万 t，增长 12.9%。

2010 年，东部、东北、中部、西部的 $SO_2$ 排放强度分别为 2.9 kg/万元、5.0 kg/万元、5.9 kg/万元、10.0 kg/万元，2006—2010 年下降 54%～57%。四个地区的 $NO_x$ 排放总量虽有所增加，但排放强度都有不同程度的下降，2010年东部、中部、东北、西部 $NO_x$ 排放强度分别为 3.2 kg/万元、4.7 kg/万元、5.0 kg/万元、6.3 kg/万元，几个地区排放强度下降幅度最大的是中部地区，2006—2010年下降 42.0%；东北和东部地区下降 39% 左右；西部地区下降最少，为 25%。

"十一五"期间，国家层面对 VOCs（挥发性有机化合物）控制重视程度不够，防治技术也不成熟。据计算，"十一五"期间，我国 VOCs 排放总量由 2005 年的 1 761.9 万 t 增加到 2010 年的 1917 万 t，增长了 8.8%。四大区域中，东部地区排放量最大，其总量由 2006 年的 956.8 万 t 增加为 2010 年的 1 080.3 万 t，增长了 12.9%；东北地区增速也较快，2006 年为 134.6 万 t，2010 年相对 2006 年增加 10.0%。中部和西部地区增长速度较慢，中部地区由 2006 年的 336.9 万 t 增加到 2010 年的 353.6 万 t，增加了 5.0%；西部地区由 2006 年的 333.6 万 t 增加到 2010 年的 335.4 万 t，增长较慢。

8．四大区域固体废物产生量持续增长，各区域间固体废物资源综合利用水平差异较大

"十一五"期间，随着我国工业经济的快速发展，工业规模的不断扩大，工业固体废物产生量持续增长，到 2010 年已经达到 24.1 亿 t，年均增长率为 12.3%。其中，东部和西部地区工业固体废物产生量较大，且增长趋势明显，年均增长率为 13.5%；东北地区工业固体废物产生量最小且增长缓慢，年均增长率仅为 8.5%。随着尾矿、煤矸石等工业固体废物综合利用技术的推广，工业固废综合利用水平不断提升，综合利用量和综合利用率逐年增长。各区域工业固体废物综合利用率差异明显，东部地区保持较高水平，而西部和东北地区综合利用率较低，2010 年仅为 55% 左右。另一方面，各区域工业固体废物排放量逐年减少，其中，西部地区工业固体废物排放量最大，而且排放量整体呈下降趋势，所占全国排放量比重却在增加；中部地区工业固体废物排放量较大，且主要集中在山西省、湖南省和江西省；东部地区工业固体废物排放量较小，整体呈下降趋势；东北地区工业固体废物排放量水平最低，而且吉林省从 2008 年起就已实现零排放。

"十一五"期间，随着城镇人口的不断增加和居民生活水平的逐步提高，我国城市垃圾清运量（产生量）呈逐年增长趋势，到 2010 年增加至 15 804.8 万 t，年均增长率为 1.6%。其中，东部地区城市生活垃圾清运量最大，中部和西部地区清运量相当，东北地区清运量较小。随着对生活垃圾无害化处理的重视，全国城市生活垃圾无害化处理量和无害化处理率逐年增加，至 2010 年分别达到 12 317.8 万 t 和 77.9%。从各区域来看，东部地区城市生活垃圾无害化处理量最高，占全国总量的 50% 以上，中部和西部地区约占 20%，东北地区不足 10%。各区域生活垃圾无害化处理率差异明显，东部地区最高，一直维持在 70% 以上。现阶段卫生填埋依旧是生活垃圾的主要处理方式，其次是焚烧，焚烧处理量比重增长趋势明显。

"十一五"期间，我国电子垃圾产生总量呈快速增长趋势，从 2006 年的 240.4 万 t 增长到 2010 年的 382.3 万 t，增加了 0.6 倍，年均增长率达到 12.3%。从四大区域来看，东部地区电子垃圾产生量最多，2010 年为 200.6 万 t，占全国总产生量的 52.47%，年均增长率

为 12.3%，与全国增速一致；中部地区电子垃圾产生量排在第二位，2010 年为 78.2 万 t，占全国总产生量的 20.45%，年均增长率为 12.4%；西部地区电子垃圾产生量排在第三位，与中部地区接近，2010 年为 70.8 万 t，占全国总产生量的 18.52%，年均增长率为 12.8%，是增速最高的地区；东北地区电子垃圾产生量最少，2010 年为 32.7 万 t，占全国总产生量的 8.55%，年均增长率为 10.9%。总体来说，"十一五"期间我国电子垃圾主要产生在东部地区，但随着中、西部地区居民生活水平的提高，电子垃圾增速高于东部，各区域人均电子垃圾产生量与人均收入存在显著正相关关系。

## 二、未来趋势

### 1. 四大区域经济增速不平衡，区域经济总量和人均 GDP 差异仍十分明显

未来 20 年，中国将加速融入全球化，中国崛起将成为推动全球化的重要力量，预计到 2030 年前后，中国将在经济总量上超越美国成为世界第一大经济体。但整个中国经济发展还面临诸多不确定性，增长速度会受到世界经济的影响或拖累，发展传统产业将面临巨大的资源环境压力和瓶颈，需要不断朝着绿色转型的方向发展，从传统的石油、化工、钢铁等高污染、高能耗行业逐渐向高端制造业和现代服务业转型，而这种行业转型将在国内四大区域呈现梯度推进。

预测表明，详见后面表 0-1 所示，到"十二五"末，东部、中部、西部、东北地区 GDP 总量将分别达到 29.55 万亿元、12.16 万亿元、12.00 万亿元、5.43 万亿元，年均增长率分别为 6.75%、8.97%、9.92%、9.52%。到 2020 年，四大区域 GDP 总量将分别达到 40.86 万亿元、17.94 万亿元、18.19 万亿元、8.21 万亿元，年均增长率分别为 6.69%、8.09%、8.67%、8.63%，各地区经济增长趋势进一步放缓。到 2030 年，四大区域 GDP 总量将分别达到 73.67 万亿元、35.11 万亿元、37.11 万亿元、16.68 万亿元，年均增长率分别为 6.07%、6.95%、7.39%、7.35%，各区域之间经济增速差距逐步缩小。总体上看，未来中部、西部、东北三大区域经济增长速度将高于东部地区，但其经济驱动因素中资源密集型重工业、劳动密集型低附加值加工业所占比重仍较高，这将对这三大区域资源环境带来巨大压力。随着经济转型和城镇化发展，东部地区生态环境压力将逐渐从工业为主向生活为主转变，其面临的生活污染和压力将逐渐凸显。

预测表明，未来 10～20 年，东北地区人均 GDP 将呈现较快增长，2020 年、2030 年将分别达到 7.45 万元和 12.89 万元，其年均增速也高于全国平均水平，达到 7.9%；东部地区人均 GDP 将高于全国平均水平，2020 年、2030 年将分别达到 7.45 万元和 15.07 万元，其年均增速在四大区域中最低，仅为 5.7%；西部地区人均 GDP 也将呈现较快增长趋势，在 2018 年左右超过中部地区，2020 年、2030 年将分别达到 5.08 万元和 10.43 万元，其年均增速在四大区域中最高，达到 8.1%；中部地区人均 GDP 2020 年、2030 年将分别达到 5.01 万元和 9.8 万元。总体来看，我国东北、东部地区人均 GDP 仍要高于中部和西部地区。同时，在 2015 年左右四大区域都将达到中等偏上收入国家标准，东部和东北地区在 2020

年前后达到高收入国家标准，而中部和西部将推迟到 2027 年前后达到高收入国家标准。

**2. 四大区域三次产业结构将逐步趋于合理，区域产业转型呈现出东快西慢的格局**

预测表明，未来 10～20 年，我国四大区域三次产业结构都将逐步优化，表现在第一、第二产业比重逐渐下降，而第三产业所占比重逐渐提高。东部地区第一产业到 2030 年将下降到 3.84%，并且主要由传统农业逐渐向生态农业转变，第二产业比重仍将持续下降，到 2030 年下降为 34.05%，而第三产业将在 2013 年前后超过第二产业比重，到 2030 年达到 62.11%；中部地区第一产业比重 2030 年将下降到 6.81%，未来仍将以传统农业为主，第二产业比重呈先慢后快的下降趋势，到 2030 年下降为 37.06%，而第三产业比重到 2030 年达到 56.13%；西部地区第一产业比重 2030 年将下降到 7%，未来农业主要以规模养殖业、特色农业为主，第二产业比重呈先慢后快的下降趋势，到 2030 年下降为 35.39%，而第三产业比重在 2018 年前后超过第二产业，到 2030 年达到 57.61%；东北地区第一产业比重 2030 年将下降到 6.15%，作为我国主要粮食产区，东北地区未来农业仍主要以规模化大农场为主，第二产业比重到 2030 年下降为 36.47%，而第三产业比重在 2020 年前后超过第二产业，到 2030 年达到 57.38%。

**3. 四大区域人口增长和城镇化水平处于上升期，由于城镇化带来的交通与资源环境面临较大压力**

预测表明，我国 2015 年、2020 年总人口将缓慢增长到 13.629 亿、13.836 亿，到 2030 年最终增长到 13.994 亿，达到 21 世纪峰值。东部地区总人口仍然最多，2015 年、2020 年、2030 年人口分别达到 5.34 亿、5.55 亿、5.71 亿，占全国比重从 2010 年的 38%增长到 2030 年的 40.8%。中部地区 2015 年、2020 年、2030 年总人口分别达到 3.59 亿、3.60 亿、3.61 亿，占全国比重从 2010 年的 26.8%下降到 2030 年的 25.8%。西部地区未来人口总量与中部基本相当，2015 年、2020 年、2030 年总人口分别达到 3.60 亿、3.58 亿、3.56 亿，占全国比重从 2010 年的 27%下降到 2030 年的 25.4%。东北地区 2015 年、2020 年、2030 年总人口分别达到 1.10 亿、1.10 亿、1.11 亿，占全国比重从 2010 年的 8.2%下降到 2030 年的 7.9%。总体来看，未来我国四大区域总人口仍以东部地区最多，且增长速度也最快，而东北地区总人口最少，西部地区未来总人口将呈现下降趋势。

目前中国城市化进程正步入第二个加速阶段。预测表明，到 2020 年我国城镇化将达到 60%，2030 年城镇化率将进一步突破 70%，达到先进发达国家水平。从四大区域来看，东部地区城镇化率仍然最高，2015 年、2020 年、2030 年分别达到 64.3%、68.8%、78.8%，分别较 2010 年提高 5.4 个、10 个、20 个百分点。东北地区城镇化率 2015 年、2020 年、2030 年分别达到 60.1%、62.1%、67.1%，分别较 2010 年提高 2.3 个、4.3 个、9.3 个百分点。中部地区未来城镇化率总体低于全国平均水平，2015 年、2020 年、2030 年分别达到 49.2%、53.9%、64.2%。西部地区未来城镇化率仍然处于全国最低水平，2015 年、2020 年、2030 年分别达到 47.0%、51.9%、62.6%。总体来看，四大区域未来城镇化率都将呈现增长趋势，东部和东北地区仍然是我国城镇化率最高的区域，中部和西部地区城镇化率虽然增长速度最快，但由于基数较低，未来仍然是我国城市化水平最低的地区。

到 2015 年，我国汽车保有量将达到 1.54 亿辆，较 2010 年增加 7 636 万辆，到 2030 年，我国汽车保有量将达到 3.44 亿辆，较 2020 年再增加 11 800 万辆，年均增长率下降到 4.3%。从四大区域来看，东部地区未来汽车保有量仍然最大，2015 年将达到 7 680 万辆，年均增长率为 13.4%，2030 年将达到 16 192 万辆，年均增长率进一步下降到 4%，所占比重为 47%。西部地区未来汽车保有量排在第二位，2015 年将达到 3 525 万辆，2030 年将达到 8 590 万辆，所占比重为 24.9%。中部地区未来汽车保有量排在第三位，2015 年将达到 3 018 万辆，2030 年将达到 7 189 万辆，所占比重为 20.9%。东北地区未来汽车保有量最少，2015 年将为 1 216 万辆，年均增长率为 13.5%，2030 年增长到 2 467 万辆，年均增长率为 3.7%，所占比重为 7.2%。

**4. 四大区域用水效率逐步提高，用水结构逐渐优化，但用水总量仍将不断上涨，水资源供需矛盾十分突出**

预测表明，未来 20 年由于各地区实施节水型社会建设，加强技术进步和节水意识，用水效率将大大提高。到 2015 年，我国万元 GDP 用水量将由 2010 年的 150.4 m³ 降到 95 m³，2030 年降低到 38 m³，其中，万元工业增加值用水量 2015 年降低到 56 m³，2030 年降低到 28 m³。四大区域的万元 GDP 用水量和万元工业增加值用水量也呈逐年下降的趋势，西部地区万元 GDP 用水量将由 2010 年的 257.4 m³ 降低到 2015 年的 156 m³，但在全国仍是最高；东部万元 GDP 用水量最低，将由 2010 年的 98.8 m³ 降低到 2015 年的 63 m³。

未来 20 年，尽管用水效率逐步提高，但由于经济和人口规模效应，我国总用水量仍将持续上升。2010 年总用水量为 6 037.8 亿 m³，到 2015 年将达到 6 163.2 亿 m³，比 2010 年增加 2.1%；到 2020 年，总用水量上升为 6 356.7 亿 m³，比 2015 年增加 3.1%；2030 年用水总量将达到 6 715.5 亿 m³，比 2020 年增加 5.6%。其中，农业用水将从 2010 年的 3 714.3 亿 m³ 增长到 2030 年的 4 097.4 亿 m³，年均增长 0.5%；工业用水呈先降后增的趋势，"十二五"期间，国家严格对水资源实行"红线"管理，用万元工业增加值用水量作为考核指标，到 2015 年工业用水量下降为 1 380.7 亿 m³，"十三五"期间，虽然国家继续控制用水量，但下降空间越来越小，所以 2020 年工业用水量将增长至 1 394.2 亿 m³，2030 年增加至 1 416.8 亿 m³，比 2010 年略降低 2.2%。生活用水量和生态用水量逐年升高。

从四大区域看，东部地区总用水量呈逐年降低趋势，到 2015 年降低到 2 032.8 亿 m³，2030 年总用水量降低到 1 952.2 亿 m³；中部地区用水总量呈逐年增长的趋势，到 2015 年增长到 1 443.4 亿 m³，2020 年后用水总量增长开始变缓；西部地区随着西部大开发战略的实施及人口数量的增加，对水资源的需求日益增加，总用水量呈逐年增长的趋势，到 2030 年用水量达到 2 550.4 亿 m³；东北地区总用水量也呈逐年增长的趋势，从 2020 年后增长速度开始变缓，到 2030 年总用水量达到 691.6 亿 m³。我国近 2/3 的城市不同程度缺水，工程性、资源性、水质性缺水长期并存，水资源供需矛盾十分突出，水资源约束成为可持续发展的主要瓶颈。

预测表明，未来 20 年随着工业化和农业现代化及城镇化进程的加快，尽管总用水量呈现上升趋势，但用水结构将逐渐优化，农业用水和工业用水的比重将逐年下降，生活用水和生态用水的比重总体呈上升趋势。从四大区域看，"十二五"和"十三五"期间水资源需求增长都将主要来自于生活和生态用水，农业和工业用水需求量都将稳步下降。东部地区 2010 年农业用水量所占比例为 52.8%，2015 年降低到 52.6%，2020 年降低到 52.2%，2030 年降低到 51.6%；工业用水量所占比例 2010 年为 29.4%，2020 年下降到 26.3%；生活用水量 2010 年为 16.0%，2015 年升至 17.9%，2030 年升至 19.1%；生态用水量的比例呈逐年升高的趋势，从 2010 年的 1.7%增长至 2030 年的 4.1%。中西部和东北地区与东部地区也类似，农业和工业用水所占比例将逐渐降低。

**5．四大区域能耗强度逐步降低，能耗结构逐渐优化，但能源消费总量仍居高不下，西部地区增幅最为明显**

预测表明，由于我国经济仍将持续增长，经济发展方式转变缓慢，在未来相当长的一段时间内，我国经济发展仍将以大量资源、能源消耗为基础。2010 年我国能源消费总量为 32.5 亿 t 标准煤，2015 年将达到 42.00 亿 t 标准煤，预计在"十二五"期间能源消费增长 29.3%，年均增长 5.3%，2020 年达到 50.1 亿 t 标准煤，预计在"十三五"期间能源消费增长 19.2%，年均增长 3.6%，2030 年预计能源消费总量为 64.4 亿 t 标准煤，比 2020 年增长 28.9%，2020—2030 年能源消费总量年均增长 2.5%。

由于东部地区重化工业比重未来仍较高，使得能源消费增长速度将超过 GDP 的增速，能源供需矛盾日益突出。预测表明，到 2015 年，东部地区能源消耗总量将达到 16.6 亿 t 标准煤，"十二五"期间年均增长 3.5%，2020 年将达到 18.7 亿 t 标准煤，"十三五"期间年均增长 2.4%，2030 年能源消耗总量将达到 22.0 亿 t 标准煤，年均增长 1.7%。如果加上农村非商品能源的消费，能源消费总量进一步加大。东部地区能源消耗总量占全国的比例逐渐下降，由 2010 年的 43.1%降低到 2030 年的 34.4%。2030 年前后，将是东部地区能源消耗总量顶峰时期。2030 年之后，随着东部地区高耗能的重化工业比重逐步下降，能耗相对较低的高附加值制造业和第三产业的比重不断上升以及节能技术和替代能源的快速发展，能源消费总量将会出现下降。

中部崛起战略推动了中部地区产业发展，由于中部地区重化工业比重将会继续增大，使得能源消费增长速度加快。预测表明，在正常发展趋势和国家相关政策的指导下，中部地区能源消耗总量呈上升趋势，高于东部地区的能源消耗总量增长速度，到 2015 年将会达到 9.4 亿 t 标准煤，"十二五"期间年均增长 6.0%，2020 年将达到 11.4 亿 t 标准煤，"十三五"期间增长 3.9%，2030 年能源消耗总量将达到 15.8 亿 t 标准煤，年均增长 2.6%。中部地区能源消耗总量占全国能源消耗总量的比例由 2010 年的 21.6%增加到 2030 年的 22.9%，提高 1.3 个百分点。

随着西部大开发的稳步推进，西部地区为全国各地提供了大量能源。未来西部地区不断加快发展，重化工业比重将会越来越高，使得能源消费量增长较快。预测表明，在现有趋势和国家政策支持的情况下，西部地区能源消耗总量是一直上升的，到 2015 年能源消耗总量将会达到 11.4 亿 t 标准煤，"十二五"期间年均增长 7.1%，2020 年将达到 14.4 亿 t 标准煤，"十三五"期间增长 4.7%，2030 年能源消耗总量将达到 19.9 亿 t 标准煤，年均增长 3.3%。西部地区能源消耗总量占全国能源消耗总量的比例由 2010 年的 24.9%增加到 2030 年的 31.0%，提高 6.1 个百分点，增幅最为明显。

今后十年是巩固和扩大东北地区等老工业基地振兴成果的重要时期，由于东北老工业基地的振兴，未来重化工业比重仍将升高，使得能源消费增长速度较快。预测表明，在现有趋势和国家政策支持的情况下，东北能源消耗总量是一直上升的，到 2015 年能源消耗总量将会达到 4.6 亿 t 标准煤，"十二五"期间年均增长 6.3%，2020 年将达到 5.6 亿 t 标准煤，"十三五"期间增长 4.2%，2030 年能源消耗总量将达到 7.5 亿 t 标准煤，年均增长 3.9%。东北地区能源消耗总量占全国能源消耗总量的比例由 2010 年的 10.4%增加到 2030 年的 11.6%，提高 1.2 个百分点。

随着技术进步和能源效率不断提高，我国能源消耗强度将逐步降低，2010 年全国为 0.809 t 标准煤/万元，2015 年将下降到 0.677 t 标准煤/万元，比 2010 年降低 16.3%。从四大区域看，东部地区万元 GDP 能耗一直小于全国平均 GDP 能耗，2010 年的单位 GDP 能耗为 0.657 t 标准煤/万元，2015 年降低到 0.535 t 标准煤/万元，2020 年将降低到 0.436 t 标准煤/万元。中部地区单位 GDP 能耗将高于全国平均水平，2010 年为 0.888 t 标准煤/万元，2015 年降低到 0.738 t 标准煤/万元。西部地区虽然能源利用效率是四个区域中最低的，但随着能源结构的优化及节能减排的严格实施，未来单位 GDP 能耗将逐步下降，2010 年的单位 GDP 能耗为 1.083 t 标准煤/万元，到 2015 年降低到 0.908 t 标准煤/万元，"十二五"期间降低 16.1%。东北地区 2010 年的单位 GDP 能耗为 0.979 t 标准煤/万元，到 2015 年将降低到 0.803 t 标准煤/万元，"十二五"期间降低 17.9%，2020 年为 0.654 t 标准煤/万元，"十三五"期间降低 18.6%，2030 年为 0.428 t 标准煤/万元，比 2020 年降低 34.5%。

以煤碳为主的能源消费结构在未来 20 年内将仍然是中国所要面临的一个重大挑战。预测表明，2010—2015 年，煤炭消费所占比重呈逐年下降的趋势，但煤炭消费量仍然很高。2010 年我国煤炭消费量占能源消费总量的 68.0%，石油、天然气、其他能源消费量所占比例分别为 19.0%、4.4%、8.6%。到 2015 年煤炭所占比例为 64.6%，比 2010 年降低 3.4 个百分点，到 2020 年该比例下降为 61.5%。天然气和其他能源消费量所占比例将逐步上升，天然气消费量在"十二五"期间预计增长 3.1 个百分点，其他能源消费量在"十二五"期间预计增长 2.8 个百分点。

从四大区域看，东部地区煤炭消费量将由 2010 年的 60.9%下降到 2015 年的 54.8%，到 2020 年为 52.1%，到 2030 年为 46.9%；天然气和其他能源消费量将逐年上升，到 2030 年天然气和其他清洁能源消费的比例将达到 23.9%以上。中部地区煤炭消费量将由 2010 年的 85.0%下降到 2015 年的 78.2%，2020 年为 73.5%，2030 年为 66.1%，清洁能源消费量将不断提高，到 2030 年所占比例将达到 19.4%以上。西部地区煤炭消费量将由 2010 年的 76.5%下降到 2015 年的 68.9%，2020 年为 65.4%，2030 年为 59.9%，清洁能源消费量到 2030 年所占比例将达到 18.7%。东北地区煤炭消费量占一次能源消费总量的 68.3%，低于中、西部地区，到 2015 年将下降为 61.5%，2020 年下降为 58.4%，比 2010 年降低 10 个百分点，2030 年该比例为 52.9%，比 2020 年又降低 5.5 个百分点，清洁能源消费量到 2030 年将达到 12.6%以上，能源结构逐渐优化。

**6. 四大区域主要水污染物排放总量将持续降低，减排重心自东向西转移，生活水污染物减排压力日益凸显**

随着我国主要水污染减排力度的加大，工业废水和生活污水处理水平的提高，未来 20 年各区域的 COD 排放量将呈下降趋势。到 2015 年，东部、西部、中部和东北地区的 COD 排放量分别约为 373 万 t、347 万 t、293 万 t 和 121 万 t，相比 2010 年将分别下降 11.3%、5.5%、7.5%和 9.7%，有望完成"十二五"环保规划 COD 减排 8%的约束性目标，但其总量仍超过 1 000 万 t，我国水环境形势依然十分严峻；到 2020 年，东部、西部、中部和东北地区的 COD 排放量分别约为 343 万 t、335 万 t、293 万 t 和 121 万 t，相比 2015 年将分别下降 8.2%、3.2%、5.4%和 7.0%，各区域的污染减排速率开始变缓，下降幅度变小，其总量略高于 1 000 万 t；到 2030 年，东部、西部、中部和东北地区的 COD 排放量分别约为 308 万 t、319 万 t、253 万 t 和 102 万 t，相比 2020 年将分别下降 10.2%、4.9%、8.5%和 9.6%，各区域的减排速率明显变缓，其总量为 981 万 t，首次低于 1 000 万 t，污染减排形势将有所好转。

预测表明，未来 20 年各区域的生活 COD 排放量仍将大于工业 COD 排放量，其中东部、中部和东北地区生活 COD 排放量占比均高于全国生活 COD 排放量占比，2015 年其生活 COD 排放量占比分别为 68.7%、69.5%和 68.1%，到 2020 年分别为 70.8%、71.6%和 70.5%，到 2030 年分别为 73.8%、74.4%和 74.1%，呈现逐步上升态势，仅西部地区明显低于全国平均生活 COD 排放量占比，2015 年、2020 年和 2030 年分别约为 60.6%、62.3%和 64.5%。由此看来，未来很长一段时间，我国 COD 排放仍将以生活源为主，随着工业源减排潜力的减小，以生活为主导的排放结构更加凸显。尤其是对于较为发达的东部地区，随着经济转型和现代服务业发展，以高耗能、高排放为特征的产业明显减少，相应工业污染排放相对也较少，但城镇化进程加快却使其生活 COD 削减的压力巨大。

"十二五"期间，我国已将氨氮纳入全国主要水污染物排放约束性控制指标，未来将继续加大氨氮的控制力度。到 2015 年，东部、西部、中部和东北地区的氨氮排放量分别约为 42.8 万 t、33.0 万 t、31.6 万 t 和 12.9 万 t，相比 2010 年将分别下降 12.3%、10.8%、7.4%和 11.1%，基本达到"十二五"环保规划减排 10%的约束性目标，但其总量仍超过 100 万 t，水污染防治形势依然严峻；到 2020 年，东部、西部、中部和东北地区的氨氮排放量分别约为 33.8 万 t、26.8 万 t、27.9 万 t 和 10.5 万 t，相比 2015 年将分别下降 9.9%、8.8%、4.9%和 9.0%，各区域的减排速率开始变缓，下降幅度变小；到 2030 年，东部、西部、中部和东北地区的氨氮排放量分别约为 29.0 万 t、23.5 万 t、25.9 万 t 和 9.1 万 t，相比 2020 年将分别下降 13.8%、12.4%、7.0%和 12.7%，各区域的减排速率明显变缓，水环境状况将有所好转。总体上，东部地区氨氮削减力度最大，其次为东北、中部地区，西部地区的削减幅度相对偏小，氨氮排放重心呈现自东向西的转移趋势，未来应加快提高西部地区的氨氮治理水平，缩小区域差异。

与 COD 类似，2011—2030 年生活污染仍为氨氮的主要排放源，各区域的生活氨氮排放量将继续大于工业氨氮排放量，生活氨氮排放量占比总体上呈缓慢上升趋势。中、西部地区生活氨氮排放量占比较为接近，东北地区生活氨氮排放量占比处于最高水平。未来20年东部和东北地区生活氨氮排放量占比高于全国生活氨氮排放量占比，2015年其生活氨氮排放量占比分别为81.0%和87.9%，2020年分别为83.0%和90.0%，2030年分别为85.5%和92.6%，中、西部地区明显低于全国平均生活氨氮排放量占比，2015年分别为75.1%和76.2%，2020年分别为77.3%和78.0%，2030年分别为80.5%和80.4%。整体上，四大区域工业氨氮污染控制能力较强，生活氨氮排放在未来很长一段时间仍占主导地位，减排压力很大，西部地区在工业、生活氨氮排放的处理水平上仍将落后于其他地区。

**7. 四大区域主要大气污染物排放总量将继续降低，减排重心自东向西转移，区域复合型大气污染形势依然十分严峻**

现阶段及未来很长一段时间，我国能源消费量大且将继续增加，其中仍将以煤炭为主，清洁能源和其他新型能源消费量增长迅速，但是相对煤炭其比例仍然较小。快速增长的经济和以煤炭为主的能源消费结构导致我国大气污染形势仍然十分严峻：一是污染物总量排放负荷大，$NO_x$和非常规污染越来越突出。$NO_x$排放量增加较快，特别是东部地区的机动车和西部地区的燃煤污染。二是由传统煤烟型污染向复合型污染转变，形势更加严峻复杂。VOCs、$NH_3$等污染物排放量一直增加，由此引起了一系列新的城市和区域环境问题，大气污染特征已逐渐由传统的煤烟型污染向复合型污染转变，污染特征日趋多样化、复杂化。现阶段复合型污染严重的区域为东部地区，特别是京津冀、山东半岛和长三角、珠三角地区。对于复合型污染严重的地区，空气质量改善的压力和难度都很大。三是大气环境质量难以在短时间内改善。我国未来一段时间内$NO_x$、VOCs排放量仍较大，空气质量在短时间内难以得到根本改变。近几年越来越多的雾霾天气，特别是2012年冬华北地区频繁的雾霾已经引起公众对大气环境的担忧和不满。未来我国经济和人口密度都比较大的东部地区，面临的压力更大。

预测表明，未来20年，随着我国$SO_2$减排的深入，其排放总量持续减少。2010年我国$SO_2$排放总量为2 185万t，到2015年为1 992万t，比2010年削减8.8%；2020年排放量为1 787万t，相比2015年削减10.3%；2030年排放量为1 568万t，比2020年削减12.3%。2011—2030年将是我国推进主要污染物减排的关键时期，在减少煤炭在能源消费中占比的同时加大结构调整力度，大力推行清洁生产和发展循环经济，$SO_2$排放量将得到有效控制，特别是在结构调整力度大的东部地区。

东部地区2010年$SO_2$排放量为670万t，占全国排放量的30.6%；到2015年，排放量降为573万t，相比2010年削减14.5%；2020年排放量为519万t，相比2015年削减9.4%；2030年排放量为481万t，相比2020年削减7.3%。东部地区$SO_2$排放量削减主要集中在2011—2020年，2021—2030年削减速度明显减缓。中部地区2010年$SO_2$排放量为511万t，占全国排放量的23.4%；2015年其排放量降为473万t，相比2010年削减7.5%；2020年排放量为392万t，相比2015年削减17.0%，实现$SO_2$排放量的大幅削减；2030年排放量为356万t，相比2020年削减9.1%。中部地区$SO_2$排放量削减主要集中在2016—2025年。

西部地区 2010 年 $SO_2$ 排放量为 817 万 t，占全国排放量的 37.4%；2015 年其排放量降为 771 万 t，相比 2010 年削减 5.7%；2020 年排放量为 708 万 t，相比 2015 年削减 8.2%；2030 年排放量为 579 万 t，相比 2020 年削减 18.3%。西部地区 $SO_2$ 排放量削减主要集中在 2020—2030 年。东北地区 2010 年 $SO_2$ 排放量为 187 万 t，占全国排放量的 8.6%；到 2015 年，排放量降为 176 万 t，相比 2010 年削减 6.0%；2020 年排放量为 168 万 t，相比 2015 年削减 4.3%；2030 年排放量为 152 万 t，相比 2020 年削减 9.7%。东北地区 $SO_2$ 排放量削减在 2011—2030 年速度较均衡。东北地区有重工业的基础，未来主要进行老工业基地的调整和改造，优化经济结构，建立现代产业体系，积极推进资源型城市转型，促进可持续发展。

预测表明，我国 $NO_x$ 排放总量在 2013 年以后逐渐减少，东部、中部、西部和东北地区排放总量达到峰值的时间不同，总量控制措施效果得以显现，但排放总量仍然很大。2013 年全国 $NO_x$ 排放为 2 202 万 t，以后逐渐降低，到 2030 年为 1 360 万 t。东部地区 $NO_x$ 排放量 2012 年达到最高，为 811 万 t；以后逐渐降低，2030 年为 450 万 t。中部地区 $NO_x$ 排放量在 2015 年达到最高，为 492 万 t；2030 年为 342 万 t。西部地区 $NO_x$ 排放量在 2015 年达到最高，为 577 万 t；2030 年为 416 万 t。东北地区 $NO_x$ 排放量 2014 年达到最高，为 218 万 t；2030 年为 152 万 t。到 2030 年，四个区域 $NO_x$ 排放总量由大到小分别为东部、西部、中部、东北。相比 2010 年，东部地区 $NO_x$ 排放量削减最多（39.4%），其次为西部地区（19.2%），东北（19.0%）和中部地区（15.8%）削减比例较少。各区域 $NO_x$ 工业和生活排放结构相似，工业排放比例远大于生活排放比例。2030 年 $NO_x$ 工业排放比例最高的为东北地区，其次为中部地区，东部地区稍微低于中部地区，西部地区最低。2030 年，各区域 $NO_x$ 工业排放比例分别为 83.6%、80.3%、80.0%、79.9%。

预测表明，我国 VOCs 排放总量由 2010 年的 1 917 万 t 增加到 2019 年的 2 446 万 t，由此开始下降，到 2030 年下降为 1 885 万 t。其中，东部地区 VOCs 排放量依然很大，其总量 2016 年达到峰值，为 1 326 万 t，2030 年降为 1 019 万 t。中部、西部、东北地区相对小很多。中部地区 2010 年 VOCs 排放量为 353 万 t，2019 年达到最高，为 527 万 t，2030 年降为 394 万 t。西部地区变化相对缓慢，VOCs 排放量由 2010 年的 335 万 t 增加到 2020 年的 446 万 t，2030 年降为 320 万 t。东北地区 VOCs 排放量 2021 年达到峰值，为 193 万 t，2030 年降为 152 万 t。到 2030 年，四个地区 VOCs 排放总量由大到小为东部、中部、西部、东北。各区域 VOCs 工业和生活排放结构变化较复杂，东部地区 VOCs 工业排放比例相对较高，先增加后减少，2030 年为 67.3%；中部地区 VOCs 工业排放比例变化较大，先快速增加，而后降低，2030 年为 57.7%；西部地区 VOCs 工业排放比例相对较低，但增加速度较快，2030 年为 53.5%；东北地区 VOCs 工业排放比例变化幅度较小，2010 年为 61.3%，2030 年为 63.0%。

**8. 四大区域固体废物产生量和综合利用量（无害化处理量）都将继续增长，各区域垃圾处置利用方式差异较大**

预测表明，2012—2030 年全国工业固体废物产生量增速较快，年均增长率为 6.6% 左右，到 2015 年、2020 年和 2030 年将分别达到 45.1 亿 t、61.7 亿 t 和 106.6 亿 t，分别为 2010 年的 1.9 倍、2.6 倍和 4.4 倍。从各区域来看，东部地区工业固体废物产生量依然最大，其次是西部和中部地区，东北地区最小。其中，东部地区的河北省、中部地区的山西省以及西部地区的内蒙古自治区工业固体废物产生量较大，到 2030 年均超过 12 亿 t，三个省区工业固体废物产生量约占全国工业固体废物总产生量的 38.1%。由于循环经济发展更加得到重视，未来工业固体废物综合利用率和综合利用量仍将持续增加。其中，东部地区未来工业固体废物综合利用率高于其他地区及全国水平，综合利用量较大，占全国的 35% 以上，堆放量逐年下降，至 2030 年基本实现"零"堆放。中部、西部、东北地区工业固体废物综合利用量和综合利用率均在增加，堆放量均在下降，但是西部地区堆放量依然很高，至 2030 年约占全国堆放量的 86.3%。

预测显示，由于城镇人口的增加，2012—2030 年全国城镇生活垃圾产生量将逐年增加，年均增长率约为 2.4%，到 2015 年、2020 年和 2030 年，全国城镇生活垃圾产生量将达到 3 亿 t、3.6 亿 t 和 4.2 亿 t，分别为 2010 年的 1.21 倍、1.44 倍和 1.68 倍。其中，东部地区城镇生活垃圾产生量最大且增加趋势明显，东北地区最小且增加缓慢。随着城镇生活垃圾处理更加得到重视，未来城镇生活垃圾无害化处理量也将持续增加，年均增长率为 4.2%。其中，生活垃圾无害化处理量东部＞西部＞中部＞东北的整体规律没有变化，而且中部地区无害化处理量增长最快，年均增长率约为 5.2%，其次是西部地区，年均增长率为 4.9%。此外，城镇生活垃圾卫生填埋量、焚烧量和其他处理量均呈现一定增加趋势，但卫生填埋量所占比重逐年下降，焚烧量和其他处理量所占比重逐年上升。到 2030 年，除了东部地区生活垃圾无害化处理的主要方式为焚烧外，中部、西部和东北地区生活垃圾无害化处理的主要方式依旧是卫生填埋，其次是焚烧和其他处理方式。

预测表明，随着电子产品技术不断发展，产品换代周期将不断缩短，未来电子垃圾将呈快速增长的趋势，是固体废物污染防治面临的重要问题。到 2015 年我国电子垃圾将达到 645 万 t，到 2030 年将进一步增长到 1 531 万 t。其中，东部地区未来仍然是我国电子垃圾产生量最多的地区，2015 年、2030 年分别达到 345.9 万 t、814.5 万 t，占全国比重基本保持在 53% 左右。中部地区电子垃圾产生量也呈逐年递增的趋势，2015 年、2030 年分别达到 131.2 万 t、313.5 万 t，占全国比重基本保持在 20.4% 左右。西部地区电子垃圾产生量增速略低于全国平均水平，2015 年、2030 年分别达到 116.1 万 t、276.9 万 t，占全国比重基本保持在 18% 左右。东北地区电子垃圾产生量增速在四大区域中最低，2015 年、2030 年分别达到 51.8 万 t、126.6 万 t，占比在 8% 左右。总体来看，未来 20 年我国电子垃圾产生量增长十分显著，电子垃圾集中收集率、无害化处置率和资源化利用率都较低，加上之前未处置的电子垃圾，未来可能有数百万吨电子垃圾未得到无害化处置，特别是广东、山东、江苏、浙江、上海、河南和四川等集中在中东部沿海地区的经济和人口大省、市，大量电子垃圾资源化利用率较低，未得到有效处理处置，造成的巨大环境隐患令人堪忧，带来了局部地区的环境污染，特别是重金属污染，需引起高度关注。

## 三、对策建议

### 1. 进一步提高区域经济发展与环境保护的重要性认识

当前我国区域发展的基本格局是沿海发达、内地落后，南方兴盛、北方薄弱。长期以来，我国区域经济发展中一个突出问题，就是各区域开发无序粗放十分严重，不同区域都不同程度地存在着忽视资源环境承载力盲目开发的现象。区域经济持续增长以过度占用土地、矿产、水等资源和环境损害为代价，区域发展较少考虑本地区生态环境容量问题，一些地区已经出现了"有河皆干、有水皆污、土地退化、沙漠碰头"等现象。同时，各区域在经济发展和环境保护中均存在条块分割、布局混乱、协调困难、缺乏全局考虑等方面的问题，严重的地方保护主义甚至促使以行政区域单位为利益主体的各地方政府，可能以牺牲周边地区环境质量来实现本地区经济的发展。

我国地域广阔，资源环境禀赋差异较大，不同地区和省份生态环境承载力并不相同，有些区域生态承载力较强，适宜经济发展，有些区域生态承载力较弱，生态环境十分脆弱，不适宜大规模地发展经济。未来我国将进入新一轮区域经济一体化大发展进程，同样也将进入工业化和城镇化加快发展的阶段，各区域经济的快速发展与资源环境之间的矛盾将更加尖锐，环境问题对社会和谐的负面影响更加突出。在新的区域经济快速发展形势下，为实现更有效的增长效率，体现区域公平，需要中央和各地方统筹考虑区域经济发展与环境保护工作，将环境保护放在更加重要的战略位置，在区域生态环境不被破坏和不断改善的情况下，实现区域经济又快又好的发展，让人民群众能够喝上干净的水，呼吸清新的空气，吃上放心的食品。

在区域经济发展中，应按照建设社会主义生态文明、全面贯彻落实科学发展观的总体要求，在新一轮的区域经济大发展中，牢固树立以环境保护优化经济增长的理念，把改善环境质量、维护环境安全放在经济社会发展的优先位置。以环境保护优化区域发展布局，科学进行区域主体功能区划和环境功能区划，积极推进规划战略环评与环境安全评价，构建区域环境管理的空间新格局。以环境保护优化区域经济结构，加大节能减排力度，提高度环境准入门槛，加大环境综合整治，大力发展循环经济、绿色经济和低碳经济，努力推进产业结构、增长方式、消费模式的转变。以环境保护体制机制创新推进区域协调发展，加强区域环境监管能力建设，加强区域环境管理体制改革，创新和完善区域环境经济政策，积极探索区域环境保护一体化合作新模式，探索出一条"代价小、效益好、排放低、可持续"的区域环境保护新路子。

### 2. 加快推进环境功能区划和区域环境规划的实施，构建"环境红线"管理新格局

一是加快制定和实施区域环境功能区划。构建环境安全的空间格局是将区域开发和环境保护目标有机地结合起来，促进区域协调发展的重要举措。要依据主体功能区规划，抓

紧制定各区域的环境功能区划，从构建安全的生态环境空间格局入手，打破行政界限，将整个区域作为整体，根据该区域特有的自然条件、生态系统、环境容量、环境质量、污染物排放量、产业结构、产业布局、人口规模、行政区划等要素，确定区域的环境功能，划定不同级别的环境功能分区和管理分区。同时，结合不同的环境功能区划体系，提出不同的分区控制目标和"环境红线"，建立和完善最严格的环境管理措施和手段，调控区域内产业和城镇建设的发展及空间布局，引导产业集聚区、重点开发区向环境承载能力相对较高、生态脆弱性较低的地区聚集；严格限制环境敏感区及限制开发区内的高耗能、高污染工业的准入，优先发展低碳产业和绿色产业；在禁止开发区内严禁一切工业生产活动，做好重要环境敏感目标的布局性环境风险防范。

二是加强区域环境保护规划的编制与实施。根据区域经济发展规划和区域经济社会特点，加强区域资源环境状况的统计分析，深入研究区域发展面临的环境形势和环境问题，深入研究区域经济与环境保护协调发展的战略、制度、政策、机制等重大问题，在此基础上，科学编制区域环境保护总体规划和大气、水体、生态、固体废物、环境监管能力等专项环境保护规划，并保证规划的实施。同时，针对越来越突出的区域性环境问题、跨界环境问题，要更加重视区域环境保护一体化规划、联防联治规划的编制和实施，优先解决上下游跨界水环境、区域型大气复合污染、区域型环境基础设施共享、区域型环境监测监管能力一体化建设、区域型环境管理体制政策等问题。

**3．正确处理区域经济发展的"好"与"快"的关系，实施区域差别化产业发展战略，加大产业环境调控**

我国经济经过二十多年的持续高速发展，既取得了令人瞩目的成绩，也积累了许多社会矛盾和生态环境问题，这与在既往的发展中过多强调"快"，而常常忽视"好"有很大关系。经济发展的"好"从环境保护层面上来说就是既要保证经济增长的质量高，又要生态破坏少，污染排放少，资源浪费少，更多地关注经济发展的生态效率和资源效率。在新的区域快速发展形势下，要牢固树立以环境保护优化经济增长的理念，坚持科学定位、规划先行、统筹兼顾、突出重点的原则，正确处理"好"与"快"的关系，要"好"字当头，加大产业环境调控力度，积极推动产业结构调整，大力发展循环经济、绿色经济和低碳经济，合理配置环境资源，促进经济、社会与环境的协调发展。

一是要充分发挥环境影响评价对区域产业发展的调控作用。不但要坚持实施具体项目环评，更要努力推进区域、产业的规划环评工作。通过对区域内环境资源承载能力的分析，从区域全局出发，对区域内各类产业结构、产业空间布局、重大开发项目以及资源配置等提出更为合理的战略安排，有效设定整个区域的环境容量，限定区域内的排污总量，避免产业结构落后、产能过剩以及重复建设等引发新的区域性环境问题。

二是要用高新技术、先进实用技术和清洁生产技术改造提升传统产业。加大淘汰落后产能力度，建立退出企业的补偿机制，促进区域产业布局的优化调整。区域内各地方应因地制宜，积极发挥生态环境优势，培育发展生态文化旅游、特色农业等绿色生态特色产业，大力发展金融、现代物流、会展、旅游、文化、传播媒体、信息服务等市场潜力大、能耗低、污染少的现代服务业，促进服务业与工业的协调发展；大力发展循环经济，促进节能环保产业发展，从资源开采、生产消耗、废弃物利用和社会消费等环节，加快推进资源综合利用和循环利用；优化能源结构，建设高效、清洁、低碳的能源供应体系，积极开发新能源和可再生能源，不断向低碳经济迈进。

三是要以区域环境规划和战略环评为重要手段，加大对中西部承接东部产业转移的调控力度。严把产业准入门槛，避免低水平简单复制，对承接项目的备案或核准严格执行有关能耗、物耗、水耗、环保、土地等标准，做好水资源论证、节能评估审查、职业病危害评价等工作。加强承接产业转移中的环境监测、监察和调控工作。

**4. 继续加大节能减排力度，加快推进区域环境污染防治的一体化进程**

在新的区域经济快速发展形势下，各区域应继续以节能减排为抓手，进一步加大节能减排力度，通过实施一系列节能减排工程和配套政策，进一步推动流域性、区域性、行业性节能减排，提高能源利用效率，大力发展新型能源。大力推进流域水污染、城市大气污染、固废污染以及重金属污染、噪声污染、核辐射污染等突出环境问题的综合防治，利用各区域经济社会一体化进程的契机，加快推进环境保护的一体化进程。

针对各区域的水环境污染状况，应统筹考虑区域内重点流域、饮用水水源地、近岸海域质量监测和控制，实施 COD、氨氮总量控制，深化并继续推进主要水污染物污染减排，加强治污设施的运行管理，提升水污染防治水平。继续深入推进重点流域水污染防治工作，探索流域的跨区域合作治理模式，加强上下游水污染防治一体化，加快建立上下游的生态补偿机制，平衡跨区域水污染防治的各方利益。

针对各区域的大气污染状况，应以改善大气环境质量和保护公众身体健康为切入点，以主要污染物总量控制为手段，以城市、区域大气污染防治和重点行业污染控制为重点，推进多污染物综合控制。全面加强对 $SO_2$、$NO_x$、颗粒物排放的控制，推进区域大气污染联防联控。加强节能、提高能效，调整能源结构，充分利用协同效应，控制温室气体排放。在大气标准体系方面，应建立全面客观反映空气质量的标准体系，着手研究制定细颗粒物空气质量标准，进行细颗粒物和灰霾的检测评价试点工作，针对长三角、珠三角以及京津冀等城市群区域，建立完善空气质量检测网络体系，实现区域大气污染联防联控。针对都市带区域内汽车尾气污染问题日益突出的情况，应加大电动汽车、清洁能源汽车的研发生产政策倾斜和投资力度。

针对各区域固体废物污染状况，各区域应优先推进固体废物联合污染防治，加强区域治污基础设施共享，进一步提高固体废弃物收集处理、资源化利用、无害化处置水平，着力突破工业固体废物污染防治薄弱环节。完善标准和技术规范，强化工业固体废物综合利用和处理处置过程监管与技术开发，规范并有序发展电子废物处理行业，不断提升生活垃圾处理水平。针对重金属污染、噪声污染、核辐射污染等新型环境污染问题，应不断健全和完善相关的法规和标准体系，加强监管能力建设。

### 5．不断扫除障碍，加大区域环境管理体制机制和政策创新力度

（1）深化区域环境管理体制机制改革

在区域环境管理机构方面，针对目前区域环境管理普遍存在的各部门机构设置重复、职能交叉重叠、区域环境监管不力、跨区域污染协调较难等问题，应深化区域环境管理机构改革，健全区域环境管理机构设置，成立跨部门、跨区域的环境管理协调机构，加强部门间、区域间环境问题的协调管理工作。必要时可设立区域性（城市群）环境监察机构，监督区域内各地对环境法律、法规、规划、标准、政策的执行，协调处理跨区域和流域的重大环境问题，强化区域环境监察执法。

在区域环境管理机制方面，应建立完善环境与发展综合决策机制、科学的环境绩效考核和目标责任机制和有效的监督机制；建立各部门之间的重大事项决策相互通报和协调机制，完善环境监测数据信息共享机制；更加注重发挥政府在运用市场机制配置环境资源中的导向作用，构建环境保护多元化投融资体系和投入机制，探索建立政府—公众—市场各负其责的环境监管机制。

在区域环境监管能力方面，要加快区域层面的环境监测、执法监察、应急预警的现代化、标准化和一体化建设进程。在环保行政管理信息化建设方面建设覆盖全区域各级环保行政部门的综合管理平台，实现区域内各级环境保护行政主管部门在同一软件平台下协同执法和管理。打破地域部门分割，建立一体化的区域环境科研合作、交流平台，进一步强化科技支撑。统一区域环保人才政策，建立和完善环保人才的合作对话机制、交流考察机制、挂职锻炼与学习培训机制，切实推进区域环保人才合作培养与开发。增加人力投入，扩大人员编制，打造高素质的环保人才队伍。不断完善环境保护的公众参与机制，积极发展非政府组织，及时公布区域环境质量监测信息和企业排污状况信息，实现公众环境监督，涉及公众环境权益的发展规划和建设项目，应充分考虑公众意见，实现环境管理决策公众参与。

（2）努力探索新的区域环境保护合作机制

环境问题具有较强的区域性特征和空间关联性，上下游地区以及周边地区之间的大气、水和生态系统之间相互交叉影响，存在着较高的依存度。在一个区域内，单靠各自为政难以解决区域的环境问题。在区域经济一体化发展过程中，打破行政界限，加强区域环保合作，实施区域环境保护一体化，推行能源资源共享、环境同治、基础设施共享是改善区域整体生态环境，促进区域可持续发展的必由之路。

要根据区域经济社会发展特征，从区域生态系统整体出发，建立并充分发挥综合决策委员会、联席会议制度、城市联盟、产业联盟、区域行业组织、民间组织等协调机构的作用，建立完善区域环境合作机制、区域协调机制、信息共享机制，加强区域内的城市间合作，加强区域与区域之间的合作以及区域与外部更大范围的合作。建立健全区域、流域环保联防联治管理模式，加强对跨区域、跨流域环境污染的协调处理力度，统一协调重大建设项目和规划的环境影响评价，统一规划区域重大环境保护基础设施建设，统一信息共享和应急响应，统一污染联合治理，防止产业污染转移。

（3）积极创新试点区域环境保护经济政策

新区域经济发展形式下，各区域需要不断完善环境与经济的综合决策机制，大胆创新，先行先试，根据本区域经济发展和环境问题的实际情况，积极探索运用市场机制和价格、税收、财政、信贷、收费、保险等经济手段加强环境保护。要研究建立有利于环境保护的绿色保险、绿色信贷、绿色贸易等环境经济政策，开展污染责任保险试点，建立环境损害赔偿政策机制。要加快推进"以奖促治、以奖代补、以补促提"等环境经济政策实施。要支持和鼓励有条件的地区先行开展排污权有偿使用和交易试点工作，探索符合本区域实际的排污权交易相关管理制度和技术规定。要创新环境保护资金运用机制，鼓励与环境效益挂钩的资金补助方式，建立和完善各类资源有偿使用制度和各种生态补偿制度。要加快推进矿产、电、油、气、水等资源性产品价格体系改革，建立能够反映资源稀缺程度和环境成本等全成本的价格形成机制。

**6. 坚持分类管理和分区指导，不同区域采取差别化的经济发展与环境保护政策**

在新一轮区域经济规划中，需要因地制宜，从宏观战略层面，立足区域整体，深入分析我国"四大板块"的经济与环境发展形势，剖析资源环境问题产生的深层次原因。针对东、中、西部及东北地区社会、经济、环境发展特点，以社会经济为基础，以环境容量和生态功能区划为重要依据，研究提出统筹其经济发展与环境保护的战略与政策建议，推进政策、规划、投入、项目、财税等环境保护政策的实施。

（1）东部地区

"东部率先发展"是党中央在改革开放以来首先实施的重大战略部署。新时期，党中央制定了鼓励东部地区加快发展的战略思想。在新一轮区域经济发展中，环境和资源问题已经成为东部沿海地区经济进一步发展的重要制约因素，同时，东部地区经过近 20 年的快速发展，也已经积累了解决环境问题的物质基础。东部地区的经济发展已进入环境保护优化经济发展的阶段，因此，在加快发展的同时必须解决好生态环境问题，实现绿色发展、循环发展和低碳发展。

在产业发展方面，应加快转变经济增长方式，不断提升经济结构层次。大力促进产业转移和升级，主动引导劳动密集型和一般低附加值产业向中西部地区转移，大力发展新型产业和现代服务业。逐步增强区域整体竞争力和自主创新力，不断推进环境经济政策、体制的改革和创新步伐，在自我发展的同时帮助和扶持中西部落后地区加快发展步伐。发挥产业配套好和技术水平高的优势，优先发展以电子信息、生物医药、新材料等为代表的高新技术产业，具有比较优势的先进制造业，都市型、城郊型现代农业以及现代服务业。着力发展精深加工和高端服务与产品，全面提升外向型经济水平。把利用外资的重点转向引进国外先进技术和管理经验上，注重提高外资利用的质量和效益，提升在全球产业分工中的层次和地位，增强国际竞争力。

在城市发展方面，东部地区具有很好的城市发展基础，应继续发挥改革开放先行区的优势，率先推进区域经济一体化体制改革和机制创新。按照市场机制推进区域经济一体化进程，消除行政区经济的恶性竞争，进一步加强区域在基础设施、市场开拓、产业发展和企业联合等方面的资源整合和优化配置，壮大整体区域经济实力，持续推进长三角、珠三角、京津冀等经济圈的经济发展水平，积极探索绿色城市和低碳城市的发展模式，发挥经济圈对周围地区的辐射带动能力，努力打造世界级经济中心和国际大都会区，为中西部以及东北地区未来的可持续发展提供借鉴和参考。

在资源能源节约方面，东部地区应更加注重节约利用土地、水、能源等资源，提高资源利用效率，遏制耕地过度消耗的趋势。水资源方面，随着城镇化的发展、人口的增加和人们对环境要求的提高，未来 20 年东部地区生活和生态用水的比重将逐渐增加，水资源需求的所有增长都将来自于生活和生态用水。为满足东部地区未来社会经济发展需要，解决水资源制约问题，解决的途径主要有开源和节流；需要制定更加严厉的节水措施，严格实行控制性用水，制定用水优先顺序；改变大水漫灌的灌溉方式，积极推广农业喷灌、滴灌技术，遏制水资源浪费，提高农业用水效率；加强居民节水意识，加大节水器具使用普及率；不断提升水资源管理体制水平。能源方面，东部地区的发展建设，不仅面临着能源供应侧的能源来源、输送等方面的巨大挑战，还面临着能源消费侧节能水平要求迅速提高的挑战，为了应对这一挑战，东部地区一方面需要发挥地理优势，增加能源对整个区域的供应量，并提升区域内的能源输送能力；另一方面需要因地制宜，利用风电等清洁能源，应对本地迅速增加的电力需求。

在环境保护方面，完善环境标准，提高环保准入门槛，应从侧重解决突出环境问题、排污总量削减向总量约束与质量引导并重、经济发展与改善人居环境并重上转变，从侧重工业污染防治向工业、农业以及生活面源污染防治并重上转变。在注重治理 COD、$SO_2$、总磷、总氮等传统污染物的同时，加强细颗粒物、重金属、VOCs、电子垃圾、电磁电离辐射以及噪声等污染治理力度。加大对区域内重点流域和城镇内河道的综合、深度治理力度，切实改善流域水质，保证饮用水水源地安全。加大氨氮控制力度，针对重点流域和区域新建、改建、扩建和已建的城市污水处理设施，分阶段率先完成配套脱氮除磷设施的建设和升级改造。加快提高再生水利用率，大力推进再生水利用工作，统筹考虑再生水水源、潜在用户分布情况、水质水量要求和输配水方式等因素，合理确定污水再生利用设施的规模，积极稳妥发展再生水用户，扩大再生水利用范围。加大对城市污水和生活垃圾处理能力的投入，积极探索区域环境保护和污染防治的合作机制。加大对煤炭需求量大的火电、钢铁、建材等产业和 VOCs 排放量较高的石油加工储运、化工、制药、汽车制造等产业的淘汰力度，严格控制生活 $NO_x$、VOCs 的排放，控制机动车保有量，提高尾气处理水平和油品质量；鼓励与发展清洁能源，加快发展天然气与可再生能源，鼓励风能、太阳能、生物质能和核能的发展与利用；实施煤炭消费总量控制。积极利用东部沿海地区的技术优势，以 3S（GIS、GPS、RS）技术、互联网以及最新的物联网技术为支撑，构建东部沿海"长三角"、"珠三角"、"京津冀"三大经济圈的区域环保一体化网络，实现对区域内流域、大气等污染动态协同监测和联防联治。

（2）中部地区

促进中部地区崛起，是继东部开放、西部开发和振兴东北之后国家提出的又一重大战略。中部地区的特点是：产业方面，虽有一定规模的现代制造业及高新技术产业，但主要还是以资源开放粗加工的采掘工业、原料工业和制造工业为主，经济结构较为落后，高耗能、高污染产业所占比重较多；农业方面，中部六省基本上是以农业生产为主的农业大省，是我国粮食主产区，是保障国家粮食安全的重要区域，也是农村剩余劳动力输出的主要区域，农业所占比重较大；城市建设方面，中部地区城镇化水平较低，缺乏能够带动地方经济的大型城市，城市发展潜力不够，无法形成明显的区域增长极。如何在保护环境的前提下实现中部地区经济的转型发展将是新形势下面临的主要问题。

在产业发展方面，中部地区应积极参与到泛长三角、泛珠三角的产业分工与合作中，实现与东部沿海地区的产业转移对接，加强与西部毗邻地区的资源、技术合作。应大力进行产业结构调整，一方面加快推进钢铁、有色、石化、建材等优势产业的结构调整和精深加工，控制总量、淘汰落后，加快重组、提升水平，积极发展新能源发电设备、电力控制保护、汽车制造等现代装备制造业和电子信息产业；另一方面，在承接东部地区产业时，应严格制定环境准入机制，优选特色新产业，着力发展生态农业、精细化种植业以及文化旅游业等劳动密集型产业。应抓住农业资源优势，以中部崛起为契机，大力发展生态农业和精细种植业以及农产品深加工业，减少传统农业中滥用化肥农药造成的环境污染，保护和改善生态环境，实现区域绿色经济发展和人民生活水平的提高。需要注意的是，中部崛起不仅意味着经济的快速发展，同样包括经济结构的优化升级、基础设施的完善以及生态环境的改善。因此，中部地区在实现经济全面振兴和发展的同时，需要把生态环境保护放在首位，避免重蹈东部地区先污染后治理的覆辙。

在城市建设方面，应充分发挥中部地区在全国综合运输大通道中的作用，进一步加强交通基础设施建设，优化统筹各种交通方式的资源配置和协调发展，加快构建综合交通体系，提高综合交通运输能力。以交通设施发展为基础，不断推进城市化进程，加快建设辐射力和带动力强的城市群和经济圈，围绕武汉、郑州、长沙、合肥、南昌、太原，打造以城市群为主体的区域经济带，增强其辐射带动作用。针对中部六省人口大省、农业大省的实情，积极推进中部地区的中小城镇建设，因地制宜，大力发展生态城镇，积极推进新农村建设。

在资源能源节约方面，中部地区具备较强的经济基础，随着工业化、城镇化的深入发展和扩大内需战略的全面实施，中部地区广阔的市场潜力和承东启西的区位优势将进一步得到发挥，未来中部地区随着中部崛起战略"三基地、一枢纽"的建设，用水量逐年增长。针对中部地区水资源的压力，一方面应完善和落实最严格的水资源管理制度，推行需水管理和节水管理，协调政府、市场和社会之间的关系，促进水资源的可持续利用。另一方面应加强流域综合管理、水资源领域技术研发、水环境治理等，提高用水效率。同时，加强生活节水的教育宣传，坚决杜绝"跑、冒、滴、漏"现象频繁发生。中部地区是我国能源安全的重要保障，区域内煤炭资源和水能资源优势明显，是我国重要的能源生产和输出基地。中部地区从整体上具有明显的煤炭资源优势，未来煤炭消耗占一次能源消耗的比重很高，短期内能源结构很难改变。在未来的经济发展过程中，一方面，要进一步优化产业结构，逐步降低高能耗产业在经济中的比重；另一方面，要加大能源消费结构的调整。在近期，应把煤炭的清洁利用和节能作为重点，不断提高能源的利用效率；在中期，要大幅提高可再生能源在能源消费中的比重，推进新能源技术的应用；更长远看，要逐步建立以可再生能源、先进核能、洁净煤等为主体的可持续能源体系。

在环境保护方面，中部地区应加强大江大河及其主要支流源头区、重点水源涵养区、水土流失严重区、自然保护区以及调水工程水源地等生态敏感脆弱区的生态建设与保护，实施三峡库区、黄土高原区、武陵山区、丹江口库区及上游地区等重点区域的水土保持工程。加强鄱阳湖、洞庭湖、洪湖等重点湿地恢复与保护，完善长江、黄河、淮河流域自然灾害监测预警体系。进一步加大环境污染防治力度，完善环境基础设施及其配套设施并保障稳定运行，继续实施重点流域和大江大河大湖综合治理，严格控制入河污染物排放总量。推进污水处理厂建设，加快城镇污水收集管网建设。依据国家政策和流域排放要求，合理提高污水排放标准，强化污水处理厂的提标改造，促进新、老污水处理厂实现稳定达标排放，提高城镇污水处理厂运行负荷率。加快大气污染治理，加大重点城市大气污染防治力度，研究制定区域，尤其是长株潭、武汉、河南中原城市圈地区大气污染联合防治方案。深化山西、河南等省的煤炭、焦化、冶金、电力、化工、建材等重污染型产业结构转型，推进传统高耗能产业循环化，实现保护资源与保障发展的统一。充分利用国家中部崛起战略和建设国家资源型经济转型综合配套改革试验区的机遇，推进绿色能源与低碳经济发展，走出资源型地区可持续发展的路子。针对中部地区农业大省的特点，要加大农村面源污染防治力度，切实改善农村环境污染。

（3）西部地区

西部地区是我国经济较为欠发达地区，也是我国边疆贫困少数民族聚集地区，因此，积极推动西部地区经济的发展，提高人民的生活水平不但关系到我国经济的整体健康发展，还关系到我国西部地区社会稳定和民族团结。西部地区的特点主要包括：首先，地处我国西北、西南部，是内陆以及东部沿海的生态安全屏障地区，自然条件较为恶劣，生态系统较为脆弱。这决定了西部开发不能重走"先污染、后治理"的发展模式。其次，是我国边疆地区，是少数民族聚集区，大都较为贫困，亟须经济发展。第三，工业基础都较为薄弱，经济发展层次较低，城市化、城镇化水平跟其他区域有较大差距。许多西部地区面临着经济增长乏力与环境恶化的双重风险，陷入生态环境脆弱和恶化→经济发展水平低→生活贫困→生态环境更加恶化的恶性循环。

在区域产业结构优化选择上，西部地区要转变传统的经济发展模式，以环境容量确定产业布局，以资源优势优化产业结构，利用资源优势积极发展循环经济。完善环境立法和监督，制定最为严格的环境准入制度，防止高污染、高能耗产业的迁入；针对西部区域丰富的矿产和能源资源，西部地区应做好统筹部署，支持生态环境条件允许的区域进行有规模、合理地开发利用。加大对西部节能、节水、综合利用循环经济试点工作的力度，积极发展风能、太阳能、水能等清洁能源。积极推进特色农牧业及加工、特色旅游及文化产业等特色优势产业的培育壮大，大力发展绿色经济。

在城镇化建设方向，西部地区要重点保护脆弱的生态环境，重点建设成渝城市圈、关中天水经济带、环天山经济圈等城市群体系，利用资源优势积极发展循环经济和风能、太阳能等清洁能源，在现有基础上壮大环保产业，加快城镇基础设施建设，提升城镇污水处理设施建设水平，结合西部浓郁的文化特色，大力发展城镇特色文化，推进生态村镇旅游和新农村建设。

在资源能源方面，随着西部大开发的推进、经济与社会的发展，对水资源的需求越来越高，水资源的供需矛盾也更加突出。未来整个西部地区的用水结构以农业用水为主，工业、生活和生态用水量也将迅速增长，西部地区的万元 GDP 用水量在四个区域中仍然是最高的，万元工业增加值用水量大于全国平均水平，人均用水量增长迅速。因此，为满足西部地区未来社会经济发展需要，化解水资源短缺问题，需要以节约用水、提高水的利用效率和水资源合理开发与优化配置为重点，通过适宜的综合管理措施，改善西部地区生产和生活用水条件，使西部地区用水总量及产业用水量趋于降低或平稳，需水量出现零增长或负增长的趋势，以水资源的可持续利用保障西部地区经济和社会的可持续发展。西部地区不仅是我国能源资源的富集区和主储区，也是我国"西煤东运"、"西气东输"、"西电东送"的重要源头之一，在我国能源产业发展格局中居于重要战略地位。未来 20 年，随着西部大开发不断深入，基础设施建设将急剧增加，由此导致的能源消费也将快速上升，能源结构短期内难根本改变。因此，西部地区一个重要方面就是要加大抑制产能过剩行业发展各项政策措施的贯彻落实力度，更重要的是，要从改变经济增长方式入手，切实降低能源消耗水平。另外，西部地区生态环境较为脆弱，在经济发展过程中，要大力发展能源节约型的特色优势产业，促进经济可持续发展。西部省份在承接产业转移和投资建设时，绝不能再走东部地区先破坏、再治理的老路，应更重视发展质量。

在环境保护方面，应加大对生态环境保护力度，稳步推进退耕还林、退牧还草、天然林保护、水土流失治理、三江源自然保护区生态保护等重大工程建设，高度重视西南地区石漠化地区、甘南黄河水源补给区、青海湖周边地区等重点区域的生态保护和治理。继续加强三峡库区、滇池等水环境污染治理，提高西部地区的资源环境承载能力，切实保护西部地区这块生态安全屏障。推进污水处理厂建设，加快城镇污水收集管网建设，强化污水处理厂的提标改造，提高城镇污水处理厂运行负荷率。制订适合西部地区的产业调整计划，严格控制高污染行业的准入，鼓励和发展低污染的加工业和服务业等产业；加快清洁能源的开发和使用力度，鼓励发展风能、太阳能等清洁能源，加快页岩气的勘探与开发；实行能源消费与污染物排放总量控制制度；加强脱硫脱硝工程建设，对于已建的企业，加快脱硫脱硝除尘工程建设，特别要大力推进火电、水泥、冶金行业的 $NO_x$ 综合治理；加强生活锅炉脱硫脱硝除尘设施建设；做好机动车发展规划，控制机动车数量的增长；加强西部地区环境监管、监测、执法能力建设，加强大气污染的预警应急机制。加强环境政策的创新，加大对边疆少数民族地区的环境保护资金、人才、项目、政策等的扶持力度，努力推进环境公共服务均等化。加快实施生态补偿政策，逐步提高国家级公益林生态效益补偿标准，增加对上游地区重点生态功能区的均衡性转移支付。加大扶贫开发力度，积极推进益贫型环境保护政策，在政策倾斜的同时，发展生态旅游与特色种植业，切实改善西部边疆少数民族地区生活水平。最终以生态环境保护为基础，推动西部地区经济的绿色增长，形成经济发展和生态环境保护的良性循环。

（4）东北地区

东北地区具有丰富的自然资源和矿产资源，在过去的发展过程中，东北地区经济发展走的多是资源开采加工为主导产业的高能耗、高污染的传统工业化道路，在取得经济发展的同时也付出了惨痛的生态环境代价。东北地区的特点主要包括：首先，具有丰富的自然资源和矿产、能源资源，但原材料工业精深加工度低，企业自主创新能力不强，资源型尤其是枯竭资源型城市经济环境问题较大。其次，产业结构较为落后，高技术产业和现代服务业比重较低，企业自主创新能力不强，作为我国重要的装备制造业基地，东北地区装备制造业产品配套能力和系统集成能力不足。第三，具有较好的对外地理区位，周边分布蒙古、俄罗斯、韩国、日本等多个国家和京津唐、山东半岛地区，处于东北亚的中心位置，但对外开放程度不够，区域内外经济联系不够密切。第四，资源环境问题较为严重，水污染、大气污染严重，采煤沉陷区不断扩大，森林资源过量采伐，地下水资源严重超采。从区域发展方面讲，一方面，东北地区要集中整合区域内部资源与实力，重点建设以大连、吉林、哈尔滨为中心的辽中南、哈大齐、吉林长春等城市群建设，加强区域内部的分工与合作；另一方面，要加强与东、中、西部地区的联系和协作，形成区域合作、互动、多赢的协调机制。加强与周边国家的经济贸易合作，提高在东北亚地区的经济竞争力。

从产业发展方面看，东北地区应加快传统工业产业结构的调整升级，基于资源优势，优化发展能源工业，重点建设千万吨级原油加工基地、精品钢材基地以及现代装备制造业基地，形成一批具有核心竞争力的先导产业和产业集群；加快培育发展光电子、软件信息、生物制药、新材料等高新技术产业。大力发展现代农业和现代畜牧业，加强商品粮、精品畜牧业以及绿色农产品的基地建设。针对资源枯竭型城市的转型问题，通过产业结构优化升级和经济增长方式转变，因地制宜，尽快形成新的主导产业，培育和壮大接续替代产业。

从资源能源方面看，东北地区是我国重要的商品粮基地和粮食新增潜力最大的区域，又是以辽中南为典型代表的重工业基地，工农业生产均具有较大的水资源需求量。未来整个东北地区的用水仍以农业用水为主，工业、生活和生态用水量也将有所增长。因此，为满足东北地区未来社会经济发展需要，解决水资源制约问题，一方面要提高水资源利用率，推行节约节水，最大限度地节约水资源，在各农田灌区普及防渗等节水措施，提高渠系水利用系数。另一方面要提高水资源调度水平，使水资源在整体上发挥最大的经济、社会和环境效益。另外，还需严格控制对地下水资源的超量开采，维护地下水、地表水利用的平衡性。东北地区作为我国的老工业基地、重工业基地，其能源利用对国家整体战略实施有一定的影响。自"振兴东北老工业基地"政策提出以来，东北地区加快了经济发展的步伐，能源需求量进一步加大。东北地区有丰富的煤炭和石油资源，能源消费可以拉动经济增长。在未来的经济发展过程中，一方面优化产业结构，由资源密集型产业向智力密集型以及劳动密集型产业转型，另一方面开发和引进节能增效技术，提高能源的转化和利用效率，同时减少煤炭、石油在能源消耗中的比重，开发利用新能源和可再生能源，有效地降低能源消耗所带来的环境污染，缓解环境的压力。

在环境保护方面，提高环保准入门槛，调整产业结构，通过实施产业升级和改造，降低污染物总量排放。强化水污染治理，通过治污措施逐步降低工业污染和生活污染对水源地的威胁。完善环保基础设施，加大力度推进松花江、辽河、鸭绿江等流域和界河的水污染治理。加强工业污染防治，推进电厂脱硫工程、工业固体废物综合利用实施。推进节能减排，淘汰落后产能，依托辽中城市群联防联控工作，认真落实节能减排目标责任制；推广应用节能低碳技术，大力推广秸秆制气替代燃煤。提高工业行业准入标准，严格控制高污染行业的准入，加快机动车污染治理，提高机动车排放标准，提高油品质量；推动工业VOCs 治理项目的实施；深化环保领域的合作，建立辽宁中部城市群大气污染联防联控机制。积极发展循环经济，以能源、原材料、装备制造业和农产品加工业等为重点，在企业、园区、行政区域等层面开展循环经济试点。加大对水、矿产等重点资源开发的环境评价和环境监管工作力度，积极推进资源开发补偿机制和资源产权交易制度的建立。要加大对资源枯竭型城市历史遗留矿山地质环境治理的支持，实现资源型城市经济社会全面协调可持续发展。

表 0-1　四大区域主要环境经济指标预测结果

| 环境经济指标 | 2010 年 | | | | 2015 年 | | | | 2020 年 | | | | 2030 年 | | | |
|---|---|---|---|---|---|---|---|---|---|---|---|---|---|---|---|---|
| | 东部 | 中部 | 西部 | 东北 | 东部 | 中部 | 西部 | 东北 | 东部 | 中部 | 西部 | 东北 | 东部 | 中部 | 西部 | 东北 |
| GDP/万亿元 | 23.20 | 7.53 | 7.15 | 3.32 | 29.55 | 12.16 | 12.00 | 5.43 | 40.86 | 17.94 | 18.19 | 8.21 | 73.67 | 35.11 | 37.11 | 16.68 |
| 第三产业所占比重/% | 44.3 | 34.6 | 36.9 | 36.9 | 48.7 | 39.2 | 41.3 | 41.0 | 53.7 | 45.5 | 47.4 | 47.1 | 62.1 | 56.1 | 57.6 | 57.4 |
| 人口/亿人 | 5.07 | 3.57 | 3.61 | 1.10 | 5.34 | 3.59 | 3.60 | 1.10 | 5.55 | 3.60 | 3.58 | 1.10 | 5.71 | 3.61 | 3.56 | 1.11 |
| 城镇化率/% | 58.9 | 43.9 | 41.3 | 57.8 | 64.3 | 49.2 | 47.0 | 60.1 | 68.8 | 53.9 | 51.9 | 62.1 | 78.8 | 64.2 | 62.6 | 67.1 |
| 机动车保有量/万辆 | 4 094 | 1 413 | 1 651 | 644 | 7 725 | 2 999 | 3 504 | 1 211 | 11 080 | 4 520 | 5 330 | 1 708 | 16 379 | 7 108 | 8 501 | 2 450 |
| 能耗（以标准煤计）/亿 t | 14.00 | 7.03 | 8.10 | 3.37 | 16.60 | 9.41 | 11.44 | 4.57 | 18.67 | 11.39 | 14.41 | 5.63 | 22.18 | 14.77 | 19.97 | 7.49 |
| 用水量/亿 m³ | 2 107.0 | 1 419.5 | 1 924.9 | 586.3 | 2 032.8 | 1 443.4 | 2 060.6 | 626.4 | 1 988.5 | 1 501.1 | 2 201.3 | 665.8 | 1 952.2 | 1 521.4 | 2 550.4 | 691.6 |
| $SO_2$ 排放量/万 t | 669.7 | 511.1 | 817.5 | 186.9 | 572.8 | 472.7 | 771.2 | 175.7 | 518.6 | 392.3 | 708.3 | 168.2 | 481.0 | 356.5 | 578.6 | 151.9 |
| $NO_x$ 排放量/万 t | 743.2 | 406.7 | 515.0 | 187.6 | 728.1 | 492.3 | 577.2 | 215.2 | 638.3 | 450.0 | 518.9 | 198.6 | 450.2 | 342.3 | 416.3 | 151.9 |
| VOCs 排放量/万 t | 1 080.3 | 353.6 | 335.4 | 148.1 | 1 332.5 | 457.6 | 390.0 | 181.4 | 1 256.7 | 526.5 | 446.6 | 192.2 | 1 018.9 | 394.3 | 320.2 | 151.9 |
| COD 排放量/万 t | 420.9 | 316.5 | 366.8 | 133.8 | 373.1 | 292.8 | 346.6 | 120.8 | 342.6 | 277.0 | 335.3 | 112.3 | 307.6 | 253.4 | 318.9 | 101.5 |
| 氨氮排放量/万 t | 42.8 | 33.0 | 31.6 | 12.9 | 37.5 | 29.4 | 29.3 | 11.5 | 33.8 | 26.8 | 27.9 | 10.5 | 29.0 | 23.5 | 25.9 | 9.1 |
| 工业固体废物综合利用率/% | 78.3 | 71.5 | 55.4 | 56.7 | 85.1 | 76.2 | 63.3 | 58.5 | 88.4 | 81.4 | 70.5 | 69.2 | 94.9 | 89 | 83.2 | 80.8 |
| 生活垃圾产生量/万 t | 7 560 | 2 991 | 3 135 | 2 119 | 14 399 | 6 644 | 6 360 | 2 651 | 17 404 | 7 802 | 7 466 | 2 996 | 18 898 | 10 002 | 9 598 | 3 172 |
| 电子垃圾产生量/万 t | 200.6 | 78.2 | 70.8 | 32.7 | 345.9 | 131.2 | 116.1 | 51.8 | 530.8 | 202.8 | 179.3 | 81.0 | 814.5 | 313.5 | 276.9 | 126.6 |

# 第1章 四大区域经济形势分析与预测

## 1.1 经济形势回顾分析

新中国成立 60 多年来，中国经济取得了令世界瞩目的高速增长，年均增长率达到了 7.8%左右，尤其是 1978 年改革开放后的 30 多年间，中国 GDP 年均增长更是高达 9.76%。中国目前是世界最大的出口国和制造国，也是世界第二大经济体。从各大区域来看，中国相继做出了多项区域经济协调发展的重大决策和部署，继鼓励东部地区率先发展、实施西部大开发战略之后，又制定了振兴东北地区等老工业基地、促进中部地区崛起等重大战略决策，初步形成了区域经济协调发展的大格局。

### 1.1.1 经济总量

2006—2011 年，我国四大区域地区生产总值增长势头仍然强劲，到 2011 年，东部、中部、西部、东北四大区域地区生产总值（GDP）分别达到了 27.1 万亿元、10.4 万亿元、10 万亿元和 4.5 万亿元。"十一五"期间各区域 GDP 占全国比重如图 1-1 所示。其中，东部地区所占比重虽然呈逐年递减趋势，但仍然处于"领头羊"地位，2011 年仍高达 55.1%，超过一半。中部地区所占比重与西部地区基本相当，且均处于持续增长趋势，2011 年两大区域所占比重分别为 18.9%和 17.8%。东北地区所占比重变化较小，其中 2011 年所占比重最小，仅为 8.2%。总体来看，随着西部大开发、振兴东北、中部崛起等区域发展战略的实施，中部、西部以及东北地区在"十一五"期间通过承接东部产业转移以及自身经济发展，经济比重得到一定程度的提高。而率先崛起的东部地区由于面临国内外发展环境影响及经济转型阵痛期，在一定程度上影响了其经济发展速度，所占比重呈下降趋势。

从各大区域内部来看，东部地区 GDP 从 2006 年的 15.9 万亿元增长到 2011 年的 25.16 万亿元，增长了 0.6 倍，年均增速为 9.6%，低于全国 10.9%的平均水平。从增长速度来看，随着 2008 年后世界经济的复杂变化，由于出口受挫和面临转型困境，东部地区 GDP 年均增长也随世界经济波动。受 2007—2008 年世界经济危机影响，"十一五"期间东部地区 GDP 增长率呈波动下行趋势，从 2006 年的 12.6%下降到 2008 年的 8.7%，其中 2011 年达到最低，仅为 8.5%（图 1-2）。从东部各省 GDP 总量来看，广东、江苏、山东三个省份 GDP 要高于其他东部省份，2011 年分别达到 5.32 万亿元、4.91 万亿元、4.54 万亿元，分别占东部 GDP 总量的 19.6%、18.1%、16.7%；海南 GDP 总量在东部地区中最少，2011 年仅为

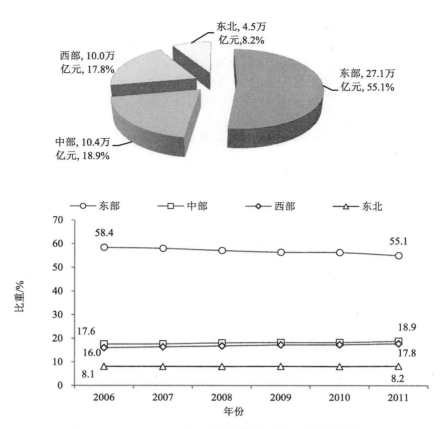

图 1-1　2006—2011 年四大区域地区生产总值占全国比重

数据来源：《中国统计年鉴 2007—2012》。

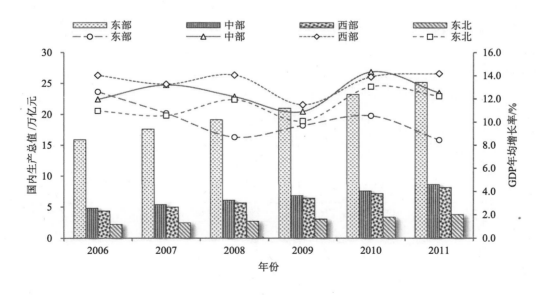

图 1-2　2006—2011 年中国四大区域国内生产总值及 GDP 年均增长率

数据来源：《中国统计年鉴 2007—2012》。

0.25 万亿元，占东部 GDP 总量不到 1%。从 2006—2011 年各省 GDP 年均增速来看，得益于天津滨海新区建设和海南国际旅游岛建设，天津和海南 GDP 年均增长率分别达到了 13.8% 和 12.7%，江苏、河北、福建三省份增速也超过 10%，上海增速最低，仅为 6.5%（表 1-1）。

表 1-1　东部地区各省份 2011 年 GDP 总量、所占比重及增长速度

| 省（市） | GDP 总量/万亿元 | 所占比重/% | 年均增速（2006—2011 年）/% |
| --- | --- | --- | --- |
| 广　东 | 5.32 | 19.6 | 8.6 |
| 江　苏 | 4.91 | 18.1 | 11.2 |
| 山　东 | 4.54 | 16.7 | 9.3 |
| 浙　江 | 3.23 | 11.9 | 9.2 |
| 河　北 | 2.45 | 9.0 | 10.0 |
| 上　海 | 1.92 | 7.1 | 6.5 |
| 福　建 | 1.76 | 6.5 | 11.8 |
| 北　京 | 1.63 | 6.0 | 8.6 |
| 天　津 | 1.13 | 4.2 | 13.8 |
| 海　南 | 0.25 | 0.9 | 12.7 |
| 合　计 | 27.14 | 100 | 9.6 |

数据来源：《中国统计年鉴 2007—2012》。

中部地区经济总量要低于东部地区，略高于西部地区。2006—2011 年，中部地区 GDP 呈逐年增长趋势，从 2006 年的 5.35 万亿元增长到 2011 年的 9.69 万亿元，增长了 0.8 倍。从增长速度来看，中部地区经济受世界经济危机影响要小于东部地区，经济增速仍然表现出强劲势头，平均增长为 12.6%，总体保持在 10%～15% 以内，其中 2009 年增长率最低，为 10.91%；2010 年最高，为 14.32%。虽然中部地区经济对出口的依赖程度弱于东部地区，但与东部经济的密切关联关系使得中部地区仍然在一定程度上受世界经济危机的影响，但要略滞后于东部地区，在 2009 年表现突出。从中部各省 GDP 总量来看，河南省 GDP 要高于其他中部省份，2011 年达到 2.69 万亿元，占中部 GDP 总量的 25.8%；山西省和江西省 GDP 总量低于其他中部地区，2011 年仅为 1.12 万亿元和 1.17 万亿元，占中部 GDP 总量分别为 10.8% 和 11.2%。从"十一五"各省 GDP 年均增速来看，湖南和湖北分别达到 14% 左右，增长势头较为强劲，河南最低，仅为 10.4%（表 1-2）。

表 1-2　中部地区各省份 2011 年 GDP 总量、所占比重及增长速度

| 省　份 | GDP 总量/万亿元 | 所占比重/% | 年均增速（2006—2011 年）/% |
| --- | --- | --- | --- |
| 江　西 | 1.17 | 11.2 | 12.8 |
| 山　西 | 1.12 | 10.8 | 11.7 |
| 安　徽 | 1.53 | 14.6 | 13.5 |
| 湖　北 | 1.96 | 18.8 | 14.2 |
| 湖　南 | 1.97 | 18.8 | 14.0 |
| 河　南 | 2.69 | 25.8 | 10.4 |
| 合　计 | 10.45 | 100 | 12.6 |

数据来源：《中国统计年鉴 2007—2012》。

西部地区经济总量和增长速度与中部地区接近。2006—2011 年西部地区生产总值同样呈逐年增长趋势，从 2006 年的 4.35 万亿元增长到 2011 年的 8.14 万亿元，增长了近 1 倍。从增长速度来看，西部地区 2006—2011 年年均增长率为 13.4%，经济增长势头十分强劲，总体保持在 11%～15%以内，"西部大开发"效应逐渐凸显。其中 2009 年增长率最低，为 11.5%；2011 年最高，达 14.2%。可见 2006—2011 年，西部地区受世界经济危机影响较小，但同样缘于与东部和中部经济关联密切，使得经济在一定程度上受到明显负面影响，集中体现在 2009 年的经济增速上。从西部各省 GDP 总量来看，四川、内蒙古、陕西、广西 4 省 GDP 总量较高，均超过 1 万亿元，占西部比重分别为 21.1%、14.3%、12.4%、11.8%。这主要得益于这 4 省份丰富的矿产资源，但资源开采带来的生态和环境问题同样十分突出。宁夏、青海、西藏等省份 GDP 总量最低，2011 年均不足 0.5 万亿元。从 2006—2011 年西部各省 GDP 年均增速来看，内蒙古和宁夏增长速度最快，高达 17%；广西、云南、青海也呈赶超态势，GDP 年均增速也达到 14%左右；西藏相对于其他西部省份年均增速略显力不从心，仅为 9.5%（表 1-3）。总体来看，西部地区 2006—2011 年 GDP 增速明显，但不可否认，西部地区经济发展仍然是以资源性、高耗能产业发展为主，其与西部地区较为敏感和脆弱的生态系统形成尖锐矛盾，需要加大技术和产业升级力度，实现绿色发展。

表 1-3　西部地区各省份 2011 年 GDP 总量、所占比重及增长速度

| 省、市、自治区 | GDP 总量/万亿元 | 所占比重/% | 年均增速（2006—2011 年）/% |
| --- | --- | --- | --- |
| 四　川 | 2.10 | 21.1 | 12.8 |
| 内蒙古 | 1.44 | 14.3 | 17.0 |
| 陕　西 | 1.17 | 12.4 | 13.2 |
| 广　西 | 1.25 | 11.8 | 14.7 |
| 重　庆 | 0.89 | 9.7 | 10.9 |
| 云　南 | 1.00 | 8.9 | 14.1 |
| 新　疆 | 0.66 | 6.7 | 10.3 |
| 贵　州 | 0.57 | 5.7 | 12.9 |
| 甘　肃 | 0.50 | 5.0 | 10.7 |
| 宁　夏 | 0.21 | 2.1 | 16.9 |
| 青　海 | 0.17 | 1.7 | 14.2 |
| 西　藏 | 0.06 | 0.6 | 9.5 |
| 合　计 | 10.02 | 100 | 13.4 |

数据来源：《中国统计年鉴 2007—2012》。

东北地区是四大区域中省份最少的区域，仅包含 3 个省份，因此其 GDP 总量也明显低于前三个区域。2006—2011 年东北地区生产总值同样呈逐年增长趋势，从 2006 年的 2.19 万亿元增长到 2011 年的 3.75 万亿元，增长了 0.7 倍。从增长速度来看，东北地区"十一五"期间年均增长率为 11.6%，经济增速在波动中缓慢上升，总体保持在 10%～12%之间，其中 2009 年增长率最低，为 10.1%；2011 年达到最高，为 13%，振兴老东北工业基地战略开始发力。"十一五"期间东北地区由于靠近日本、韩国等东亚经济体，其受世界经济

危机影响程度要高于中部和西部，使得 2009 年经济增速最低。从 2006—2011 年东北各省 GDP 总量来看，辽宁省作为沿海省份，GDP 总量最大，2011 年达到 2.22 万亿元，占东北 GDP 总量的 49.0%；吉林和黑龙江 GDP 总量基本相当，仅为辽宁省的 50%多。从东北各省 GDP 年均增速来看，吉林省保持了较快增速，为 13.3%，辽宁省 GDP 增速同样保持在 12.5%，黑龙江增速略低，仅为 8.8%（表 1-4）。黑龙江作为石油产出大省，随着大庆油田原油产量不断降低，面临资源转型困难。

表 1-4　东北地区各省份 2011 年 GDP 总量、所占比重及增长速度

| 省　份 | GDP 总量/万亿元 | 所占比重/% | 年均增速（2006—2011 年）/% |
|---|---|---|---|
| 辽　宁 | 2.22 | 49.0 | 12.5 |
| 吉　林 | 1.06 | 23.3 | 13.3 |
| 黑龙江 | 1.26 | 27.7 | 8.8 |
| 合　计 | 4.54 | 100 | 11.6 |

数据来源：《中国统计年鉴 2007—2012》。

从四大区域人均地区生产总值情况来看（图 1-3），东部地区仍然最高，2011 年人均 GDP 达到 4.93 万元/人；东北地区次之，2011 年人均 GDP 也达到 3.84 万元/人；中部和西部地区基本相当，2011 年人均 GDP 分别为 2.71 万元/人和 2.57 万元/人，与东部和东北地区差距明显。

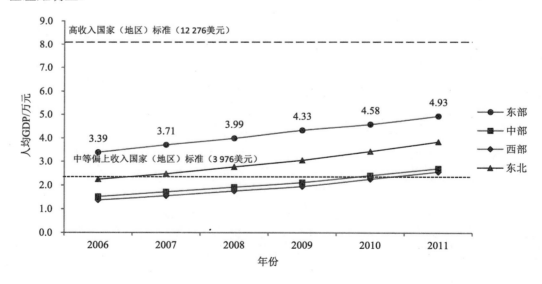

图 1-3　2006—2011 年四大区域人均 GDP 比较

数据来源：《中国统计年鉴 2012》，2010 年不变价。

2006—2011 年东部地区人均国民收入步入中等偏上收入国家（地区）水平。以人均 GDP 指标来看，2006 年东部地区人均 GDP 为 3.39 万元（0.52 万美元），2011 年进一步增长到 4.93 万元（0.76 万美元），增加了 1.54 万元，年均增长率为 7.8%。按照世界银行 2008

年的划分标准，东部地区已经完全进入中等偏上收入国家（地区）水平，但仍与高收入国家（地区）水平存在不小差距。东北地区人均 GDP 与东部地区存在明显差距，2006 年人均 GDP 为 2.25 万元，2011 年进一步增长到 3.84 万元，增加了 1.59 万元，年均增长率为 11.3%。中部和西部地区"十一五"期间人均 GDP 也呈增长趋势，但总量上仍低于东部和东北地区，2006 年人均 GDP 分别为 1.52 万元和 1.37 万元，2011 年增长到 2.71 万元和 2.57 万元，年均增长率分别为 12.3% 和 13.3%，增速高于于东部和东北地区。

总体来说，从人均 GDP 指标来衡量，东部和东北地区要高于中部和西部地区，在一定程度上反映了我国经济发展水平从东向西依次递减的不平衡格局。同时，按照世界银行划分标准，东部地区在"十一五"之前就达到了中等偏上收入国家（地区）标准，东北地区在"十一五"期间也达到该标准，而中部和西部地区仍处于该标准以下。但四大区域均与高收入国家（地区）标准存在较大差距。

从四大区域省均 GDP 来看（图 1-4），东部地区总共包括 10 个省市，2006—2011 年其省年均 GDP 高达 2.71 万亿元，超出全国平均水平 1.03 万亿元，在四大区域中处于最高水平。其中，广东、江苏、山东、浙江 4 省份要高于东部地区平均值；海南、北京、天津 3 省市要低于东部平均值和全国平均值。中部地区总共包括 6 个省份，2006—2011 年其省年均 GDP 达到 1.74 万亿元，与全国平均水平基本持平，在四大区域中排在第二位。其中，河南 GDP 最高，湖南、湖北其次，均高于中部平均值，安徽、江西、山西 GDP 要低于全国平均值。东北地区总共包括 3 个省份，是省份最少的区域，2006—2011 年其省年均 GDP 为 1.51 万亿元，略低于全国平均水平和中部地区，仅为东部地区的 60% 左右，在四大区域中排在第三位。其中，辽宁 GDP 高于全国平均值，排在第一位，而黑龙江和吉林 GDP 低于东北地区平均值。西部地区总共包括 12 个省、市、自治区，是省份最多的区域，2006—2011 年其省年均 GDP 为 0.84 万亿元，仅为全国平均水平的一半，不足东部地区的 1/3，在四大区域中排在最后。其中，四川 GDP 在西部地区中最高，高于全国平均值，新疆等 6 省、市、自治区 GDP 要低于西部平均水平。

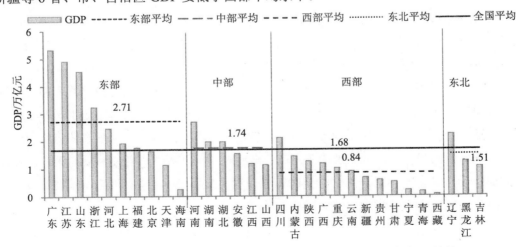

图 1-4　2006—2011 年各区域各省份 GDP 及单个省份年平均 GDP 比较

数据来源：《中国统计年鉴 2012》，2011 年当年价。

总体来看，从省年均 GDP 来比较，我国四大区域经济发展水平仍然存在显著差距，东部作为我国沿海率先发展地区，经济发展水平仍然最高，西部地区虽然通过国家政策扶持，在"十一五"期间呈现加速发展的追赶态势，但由于基础较低，区位上存在劣势，因此仍然是我国欠发达的区域。

### 1.1.2 产业结构

（1）三次产业结构

合理的产业结构是衡量经济发展质量的重要指标，长期以来我国四大区域产业结构整体保持"二三一"的分布特征。截至 2011 年，东部、中部、西部、东北地区三次产业结构分别为 6.2∶48.9∶44.9、12.3∶53.5∶34.2、12.7∶50.9∶36.4、10.8∶53.1∶36.1，产业结构均不尽合理。

从图 1-5 可以看出，四大区域第二产业所占比重均较大，基本都保持在 50% 左右。其中，东部地区第二产业比重相比较而言最低，2011 年为 48.9%，且呈逐年下降趋势，从 2006 年的 51.7% 下降到 2011 年的 48.9%，下降了 2.8 个百分点；中部、西部和东北地区第二产业比重均超过 50%，分别为 53.5%、50.9%、53.1%，且都呈现逐年上升的趋势，较 2006 年分别提高了 5.3 个、6.6 个、2.5 个百分点，中部和西部地区第二产业提高幅度十分显著。

第三产业占经济比重是衡量经济结构优化程度的重要指标，对比四大区域可以看出，我国四大区域第三产业比重仍较低，其中东部地区第三产业比重在四大区域中最高，2011 年达到了 44.9%，与第二产业比重仅相差 4 个百分点，且呈逐年增长的趋势，6 年期间提高了 4 个百分点；中部、西部和东北地区 2011 年第三产业比重分别为 34.1%、36.3%、36.1%，较 2006 年分别下降了 1.9 个、1.5 个、0.9 个百分点，其中中部地区下降幅度最明显。

第一产业（即农业）所占比重同样是衡量一个区域经济发展层次的重要标准。对比四大区域，东部地区第一产业所占比重在四大区域中属于较低水平，2011 年为 6.2%；中部和西部地区第一产业比重仍较高，2011 年分别为 12.3% 和 12.7%；东北地区 2011 年第一产业比重虽低于中部和西部，但也超过 10%，为 10.8%。2006—2011 年，四大区域第一产业均呈现下降趋势，6 年间东部共下降了 1 个百分点，下降缓慢；中部和西部地区分别下降了 2.9 个和 3.1 个百分点，下降幅度较为明显；东北地区下降了 1.3 个百分点。

总体来看，我国四大区域第二产业，尤其是工业所占比重仍较高，但随着东部地区经济转型发展，其第二产业比重呈下降趋势，第三产业比重基本接近第二产业水平，呈现逐年上升趋势，表明东部经济转型取得了一定成效，一定程度上将有助于东部环境压力的缓解。而中部、西部和东北地区在承接东部工业产业转移和资源型产业发展后，第二产业比重仍居高不下，且呈不降反升态势，同时第三产业比重不足，且呈不断下降的恶化趋势，必将对这三大区域资源环境产生较大压力和风险。

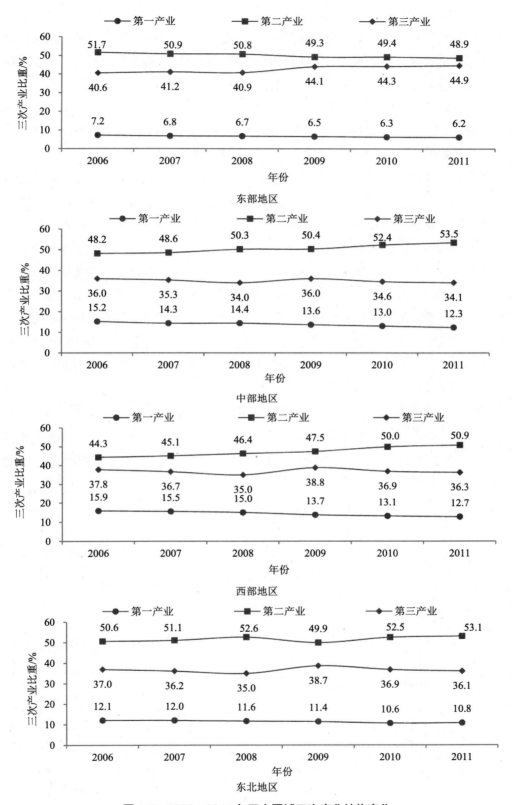

图1-5  2006—2011 年四大区域三次产业结构变化

（2）工业结构现状

工业是能源消耗和环境污染物排放的主要来源，产业结构特征决定了环境污染压力程度。对我国四大区域分别从重、轻工业结构和工业行业内部结构进行分析将有助于了解四大区域行业间差异，从而有效分析其污染物排放压力的来源和特征。

从 2011 年四大区域规模以上重、轻工业比重来看，四大区域重工业比重存在明显差距（图 1-6）。2011 年，我国规模以上重工业所占比重为 71.99%。其中，东部地区重工业比重平均为 69.94%，略低于全国平均水平，从区域内部各省市来看，江苏、河北、上海、天津、北京、海南规模以上重工业比重均超过了全国平均水平，山东、广东、浙江、福建等省份重工业比重则低于东部地区平均水平。中部地区重工业比重平均为 72.6%，略高于全国平均水平，从区域内部各省来看，除山西以外，其他中部省份重工业比重均低于全国平均水平。西部地区重工业比重平均为 76.19%，高于全国平均水平和东部、中部平均水平，从区域内部各省、市、自治区来看，青海、宁夏、甘肃、新疆、陕西、内蒙古等以矿产资源开发为主的省份，其重工业比重也较高，一定程度上表明西部这些省、市、自治区工业类型较为单一、粗放的特征。东北地区重工业比重平均为 78.29%，在四大区域中最高，从区域内部各省来看，辽宁、吉林、黑龙江 3 个省份重工业比重均高于全国平均水平，反映了东北老工业基地的重工业产业特征，其中辽宁最高，这主要由于辽宁省石油化工业、钢铁冶炼等典型重工业规模较大。

总体来看，我国四大区域重、轻工业结构以重工业为主，其中东北、西部重工业比重较高，而东部和中部重工业比重相对低于西部和东北地区。从工业污染排放结构来看，重工业比重过大将不利于污染减排，因此，各大区域应控制重工业比重，加大污染较低的轻工业比重。

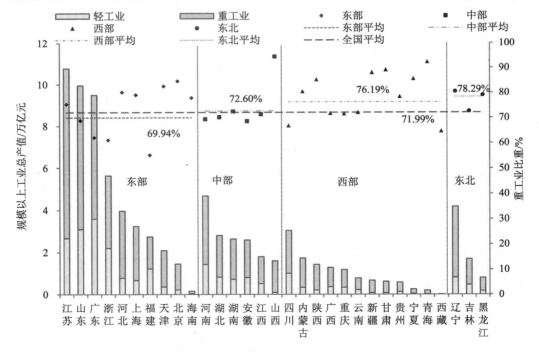

图 1-6　2011 年四大区域规模以上工业总产值及重、轻工业产业结构比较

　　比较 2011 年规模以上工业行业总产值所占比重（表 1-5），四大区域在各行业分布上存在明显差异和差距。在 38 个工业行业中，除了煤炭、石油、天然气、有色金属、非金属矿采选业等矿产资源型行业外，东部地区在 31 个工业行业中比重均排在第一位，其中所占比重超过 50%的工业行业就有 20 个，比重超过 70%的工业行业有 7 个。单从"两高一资"行业情况来看，在 12 个"两高一资"工业行业中，11 个行业仍然以东部地区的规模最大。整体来看，东部是我国"两高一资"类行业主要集中地区，其次是东北和中部地区，西部地区所占比重较低。因此，东部将面临更大的污染压力，这也是东部产业转型、实现绿色发展面临的最大挑战。

表 1-5　2011 年四大区域规模以上工业行业总产值占全国比重　　　　单位：%

| 序号 | 行业名称 | 东部地区 | 中部地区 | 西部地区 | 东北地区 |
|---|---|---|---|---|---|
| 1 | 煤炭开采和洗选业 | 16.5 | 33.6 | 27.5 | 22.4 |
| 2 | 石油和天然气开采业 | 17.9 | 1.7 | 12.2 | 68.3 |
| 3 | 黑色金属矿采选业 | 50.2 | 19.3 | 19.7 | 10.8 |
| 4 | 有色金属矿采选业 | 22.5 | 39.1 | 27.7 | 10.7 |
| 5 | 非金属矿采选业 | 32.9 | 33.4 | 23.8 | 9.9 |
| 6 | 农副食品加工业 | 33.6 | 21.0 | 9.0 | 36.4 |
| 7 | 食品制造业 | 35.6 | 16.7 | 20.2 | 27.5 |
| 8 | 饮料制造业 | 35.8 | 23.6 | 17.8 | 22.8 |
| 9 | 烟草制品业 | 31.6 | 17.5 | 38.1 | 12.8 |
| 10 | 纺织业 | 76.4 | 16.0 | 4.4 | 3.2 |
| 11 | 纺织服装、鞋、帽制造业 | 76.3 | 14.3 | 7.1 | 2.3 |
| 12 | 皮革毛皮羽毛（绒）及其制品业 | 74.7 | 13.9 | 4.0 | 7.4 |
| 13 | 木材加工及木竹藤棕草制品业 | 41.7 | 18.1 | 9.7 | 30.5 |
| 14 | 家具制造业 | 61.2 | 14.1 | 8.2 | 16.4 |
| 15 | 造纸及纸制品业 | 63.0 | 20.1 | 9.2 | 7.7 |
| 16 | 印刷业和记录媒介的复制 | 57.7 | 17.0 | 17.8 | 7.4 |
| 17 | 文教体育用品制造业 | 45.0 | 4.4 | 3.5 | 47.1 |
| 18 | 石油加工、炼焦及核燃料加工业 | 39.2 | 11.1 | 13.6 | 36.1 |
| 19 | 化学原料及化学制品制造业 | 63.0 | 17.3 | 9.6 | 10.0 |
| 20 | 医药制造业 | 42.5 | 17.2 | 20.2 | 20.1 |
| 21 | 化学纤维制造业 | 66.7 | 4.4 | 12.1 | 16.8 |
| 22 | 橡胶制品业 | 69.1 | 15.4 | 10.5 | 5.0 |
| 23 | 塑料制品业 | 53.8 | 11.1 | 8.2 | 26.9 |
| 24 | 非金属矿物制品业 | 39.4 | 24.3 | 13.6 | 22.8 |
| 25 | 黑色金属冶炼及压延加工业 | 56.1 | 20.5 | 16.5 | 6.9 |
| 26 | 有色金属冶炼及压延加工业 | 37.9 | 35.4 | 20.9 | 5.8 |
| 27 | 金属制品业 | 65.0 | 12.0 | 7.5 | 15.6 |
| 28 | 通用设备制造业 | 60.5 | 15.0 | 7.7 | 16.8 |

| 序号 | 行业名称 | 东部地区 | 中部地区 | 西部地区 | 东北地区 |
|---|---|---|---|---|---|
| 29 | 专用设备制造业 | 38.7 | 19.0 | 8.9 | 33.4 |
| 30 | 交通运输设备制造业 | 58.2 | 18.4 | 13.1 | 10.3 |
| 31 | 电气机械及器材制造业 | 71.8 | 15.5 | 6.8 | 6.0 |
| 32 | 通信计算机及其他电子设备制造业 | 86.5 | 6.4 | 6.4 | 0.7 |
| 33 | 仪器仪表及文化办公用机械制造业 | 79.3 | 11.0 | 5.1 | 4.6 |
| 34 | 工艺品及其他制造业 | 71.1 | 17.5 | 6.6 | 4.8 |
| 35 | 废弃资源和废旧材料回收加工业 | 40.1 | 14.1 | 5.6 | 40.2 |
| 36 | 电力、热力的生产和供应业 | 44.5 | 17.5 | 17.9 | 20.1 |
| 37 | 燃气生产和供应业 | 36.7 | 10.1 | 31.8 | 21.5 |
| 38 | 水的生产和供应业 | 52.3 | 11.2 | 19.0 | 17.5 |
| 39 | 合 计 | 51.8 | 17.3 | 12.6 | 18.2 |

注：下划线行业为"两高一资"行业。

### 1.1.3 居民收入

人均收入水平反映了国家和地区居民富裕程度，而居民收入提高也将直接影响其消费能力和消费结构，一定程度上拉动经济发展，这其中同样会影响到部分污染较大的行业。

从各区域城镇居民可支配收入来看（图 1-7），2006—2011 年，东部地区城镇居民人均可支配收入要高于其他三大区域，2011 年达到 2.64 万元，6 年间增长了 1.14 万元，年均增长率为 12%，高于其 GDP 年均增长率；中部、西部和东北地区城镇人均可支配收入基本相同，从 2006 年的 1 万元增长到 2011 年的 1.8 万元，仅为东部地区的 68%，年均增长率大致为 13%，中部和东北地区可支配收入增速高于其年均 GDP 增长率，而西部地区要低于其年均 GDP 增长率。

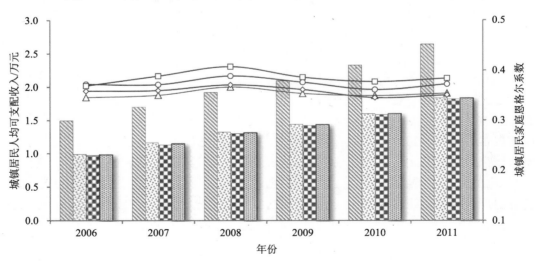

**图 1-7 2006—2011 年四大区域城镇居民人均可支配收入及恩格尔系数比较**

恩格尔系数是指居民食品消费占生活消费的比重，反映了居民富裕程度。对比四大区域城镇居民家庭恩格尔系数，可以看出四大区域恩格尔系数 6 年期间基本保持在 0.35～0.4 之间，四大区域相差不大，同时受 2008 年世界金融危机影响呈现微小波动。按照从低到高排序依次是东部、东北、中部、西部，表明东部和东北地区城镇居民富裕程度要略高于中部和西部。

从四大区域农村居民纯收入水平来看（图 1-8），东部地区农民收入仍然最高，2011 年达到 0.96 万元，较 2006 年增加了 0.44 万元，年均增长幅度达到 13.1%；东北地区农民纯收入排在第二位，2011 年达到 0.78 万元，较 2006 年增加了 0.4 万元，年均增长幅度达到 15.8%，在四大区域中最高；中部地区农民收入排在第三位，2011 年为 0.65 万元，较 2006 年增加了 0.32 万元，年均增长幅度为 14.7%；西部地区农民收入水平在四大区域中最低，2011 年仅为 0.52 万元，较 2006 年增加了 0.27 万元，年均增长幅度为 15.2%，虽然增速较快，但总量仍较少，仅相当于东部地区的 50% 左右。总体来看，四大区域农民收入水平均较低，与城镇居民收入水平差距较大，二元经济特征十分显著。

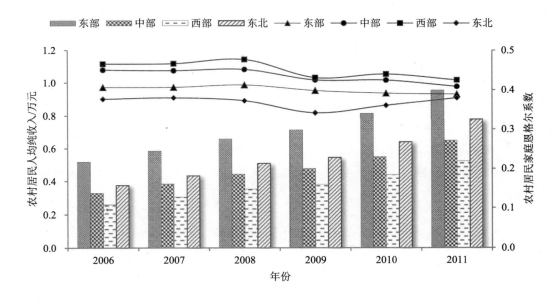

图 1-8　2006—2011 年四大区域农村人均纯收入比较

对比四大区域农村居民家庭恩格尔系数，可以看出四大区域恩格尔系数 6 年期间基本保持在 0.4 左右，2006 年四大区域恩格尔系数差距还较为明显，但随着时间的推移，四大区域农村居民恩格尔系数之间差距逐渐缩小。东部、中部、西部均呈现不同幅度的下降，东部下降不明显。其中东北地区最低，2011 年为 0.38，这与东北农民人均耕地量较高、农民食物自给程度较高有关；东部其次，为 0.39，与东北差距不大；中部和西部分别排在第三和第四，分别为 0.41 和 0.43。

综上所述，四大区域居民收入整体存在较大差异，按照居民富裕程度排序依次为东部、东北、中部和西部。同时，四大区域居民收入表现出显著的差距，主要表现在城镇居民收入水平高于农村，2011 年较 2006 年差距在进一步拉大，四大区域城乡二元经济结构特征十分明显。各地区收入水平差距，尤其是农民收入水平差距明显，将在一定程度上促使劳动力从中、西部地区跨区域向东部地区流动，使得经济在东部地区产生集聚，也在一定程度上加大了东部地区污染物的排放强度和密度。

### 1.1.4　人口及城镇化水平

从四大区域来看，常住总人口按从多到少依次为东部、西部、中部、东北，见图 1-9、图 1-10。其中，东部常住人口最多，2011 年为 5.11 亿人，占全国总人口的 38.1%（除台湾、香港、澳门外，下同），较 2006 年增加了 0.4 亿人，所占比重也增长了 1.8 个百分点。东部地区的人口增长主要以中部和西部地区外来人口流入为主。中部地区常住总人口也呈小幅增长，2011 年为 3.58 亿人，占全国总人口的 26.7%，较 2006 年增加了 500 万人。西部地区常住总人口历年基本保持不变，为 3.62 亿人，占全国总人口的 27%。东北地区人口呈微增长，2011 年为 1.1 亿人，较 2006 年增加了 200 万人，占全国总人口的 8.2%。从历年变化情况来看，四大区域常住总人口基本都呈缓慢增长趋势，但东部更多以外来人口迁移为主，而中、西部以自然增长为主。

从四大区域省均常住总人口来看（图 1-11），我国中部省均人口数最大，省平均人口接近 6 000 万人，其中河南省最高，接近 1 亿。东部省均人口排在第二位，省平均人口为 5 106 万人，其中广东、山东、江苏、河北常住总人口最多，分别为 10 505 万人、9 637 万人、7 899 万人、7 241 万人。东北地区省均人口排在第三位，省平均人口为 3 655 万人，其中辽宁省常住总人口最多，为 4 383 万人。西部地区省均人口最低，省平均人口为 3 018 万人，其中四川省常住总人口最多，为 8 050 万人，西藏、青海、宁夏常住总人口最少，不足 1 000 万人。

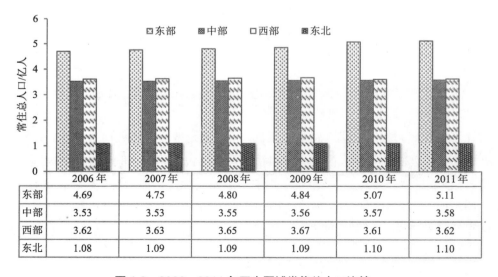

| | 2006 年 | 2007 年 | 2008 年 | 2009 年 | 2010 年 | 2011 年 |
|---|---|---|---|---|---|---|
| 东部 | 4.69 | 4.75 | 4.80 | 4.84 | 5.07 | 5.11 |
| 中部 | 3.53 | 3.53 | 3.55 | 3.56 | 3.57 | 3.58 |
| 西部 | 3.62 | 3.63 | 3.65 | 3.67 | 3.61 | 3.62 |
| 东北 | 1.08 | 1.09 | 1.09 | 1.09 | 1.10 | 1.10 |

图 1-9　2006—2011 年四大区域常住总人口比较

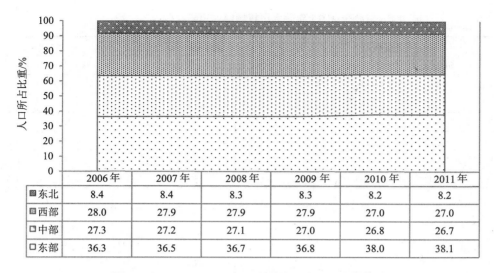

图 1-10  2006—2011 年四大区域总人口占全国比重

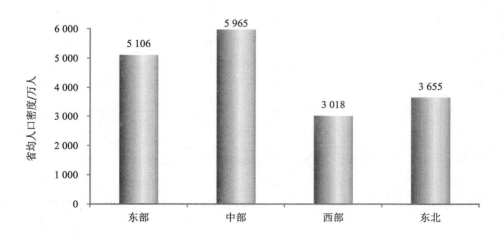

图 1-11  2011 年四大区域省均人口密度比较

2006—2011 年，我国城镇化水平不断提高，2011 年达到 51.7%，较 2006 年的 44.7% 提高了 7 个百分点，城镇总人口达到了 6.9 亿人。从各大区域来看，东部地区城镇化率最高，2011 年达到了 60.8%，较 2006 年提高了 6.7 个百分点，城镇人口达到了 3.102 2 亿人，占全国城镇人口总量的 44.8%，接近一半。东北地区城镇化率在四大区域中排在第二位，2011 年达到了 58.7%，较 2006 年提高了 4.6 个百分点，城镇人口为 6 442 万人，占全国城镇人口总量的 9.3%。中部地区城镇化率在四大区域中排在第三位，2011 年仅为 45.5%，较 2006 年提高了 7.5 个百分点，提高幅度较大，但仍低于全国平均水平 6.2 个百分点，低于东部地区 15 个百分点，城镇人口达到 1.627 7 亿人，占全国城镇人口总量的 23.5%。西部地区城镇化率在四大区域中最低，2011 年仅为 43%，较 2006 年提高了 7.3 个百分点，提高幅度也相对较大，但仍低于全国平均水平 8.7 个百分点，低于东部地区 16.8 个百分点，城镇人口达到 1.557 1 亿人，占全国城镇人口总量的 22.5%，见表 1-6 和图 1-12。

表 1-6　2006—2011 年四大区域城镇人口与农村人口比较　　　　　　　　　单位：万人

| 年份 | 东部地区 | | 中部地区 | | 西部地区 | | 东北地区 | |
|------|----------|------|----------|------|----------|------|----------|------|
| | 城镇人口 | 农村人口 | 城镇人口 | 农村人口 | 城镇人口 | 农村人口 | 城镇人口 | 农村人口 |
| 2006 | 25 387 | 21 519 | 13 395 | 21 856 | 12 916 | 23 241 | 6 007 | 4 810 |
| 2007 | 26 113 | 21 363 | 13 910 | 21 383 | 13 417 | 22 881 | 6 057 | 4 795 |
| 2008 | 26 806 | 21 159 | 14 511 | 20 955 | 13 995 | 22 527 | 6 165 | 4 709 |
| 2009 | 27 446 | 20 996 | 15 047 | 20 557 | 14 480 | 22 249 | 6 191 | 4 694 |
| 2010 | 29 839 | 20 824 | 15 664 | 20 032 | 14 896 | 21 174 | 6 333 | 4 621 |
| 2011 | 31 022 | 20 041 | 16 277 | 19 514 | 15 571 | 20 650 | 6 442 | 4 525 |

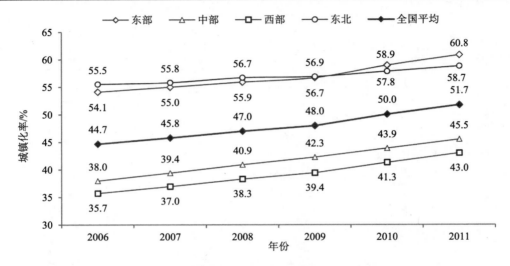

图 1-12　2006—2011 年四大区域城镇化率

从四大区域内各省、市、自治区来看，东部地区各省市城镇化率存在较大差距，其中最高的是上海、北京、天津 3 个直辖市，2011 年分别为 89.3%、86.2%、80.5%，已经达到发达国家水平；广东、浙江、江苏 3 省份城镇化率处于东部第二梯队，分别为 66.5%、62.3%、61.9%，均接近东部地区平均水平；山东、海南、河北城镇化率水平较低，其中河北最低，仅为上海的一半。中部地区各省城镇化率水平差距不大，均低于全国平均水平，其中湖北最高，为 51.8%，河南最低，仅为 40.6%。西部各省、市、自治区除内蒙古、重庆外，整体要低于全国平均水平，其中西藏、贵州、云南、甘肃等城镇化率最低，均不足 40%。东北地区 3 个省份城镇化水平均高于全国平均水平，其中辽宁最高，为 64.1%，吉林最低，为 53.4%。总体来看，四大区域各省、市、自治区城镇化水平差距比较明显，见图 1-13。

### 1.1.5　汽车保有量

随着我国经济持续发展，居民收入水平逐渐提高，我国机动车总量也呈快速增长趋势。2011 年全国机动车（民用汽车）达到 9 356 万辆（除台湾、香港、澳门外，下同），较 2006 年增加了 5 658 万辆，增长了 1.5 倍，年均增长率达到 20%，增长势头十分强劲。从四大区域来看，东部地区是四大区域中汽车保有量最多的地区，2011 年达到 4 845 万辆，占全国总量的 51.8%，6 年期间增长了 1.45 倍，年均增长率达到 19.6%。西部地区汽车保有量排在第二位，2011 年达到 2 006 万辆，占全国总量的 21.4%，6 年期间增长了 1.7 倍，年均增长率达到 22%。中部地区汽车保有量排在第三位，2011 年达到 1 734 万辆，占全国总量的 18.5%，6 年期间增长了 1.7 倍，年均增长率达到 21.8%。东北地区是汽车保有量最少的地区，2011 年仅为 771 万辆，占全国总量的 8.2%，6 年期间增长了 1.4 倍，年均增长率达到 18.8%。总体来看，我国四大区域"十一五"期间汽车保有量均呈现较大增长，其中东部总量最大，而西部增幅最快，见图 1-14。

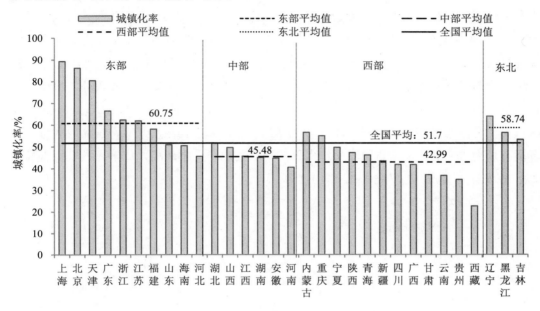

图 1-13　2011 年四大区域及各省、市、自治区城镇化率比较

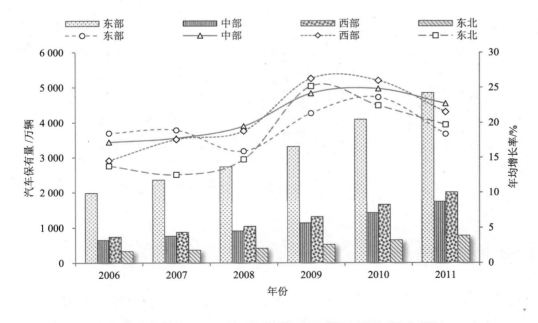

图 1-14　2006—2011 年四大区域汽车保有量及增长率变化趋势

　　从四大区域各省、市、自治区内部来看，东部汽车保有量最多的省份分别是广东、山东、江苏、浙江，2011 年分别达到了 910.9 万、851.1 万、675.2 万、656.8 万辆；福建、上海、天津汽车保有量较少，均不超过 300 万辆。从人均角度来看，东部地区每千人汽车拥有量为 95 辆，远高于国家平均水平。其中北京、天津、浙江最高，每千人汽车拥有量分别为 233、141、120 辆；福建省最低，仅为 64 辆。中部地区汽车保有量最多的是河南省，2011 年为 501 万辆；江西省汽车保有量最少，仅为 171 万辆。从人均角度来看，中部地区每千人汽车拥有量仅为 49 辆，在四大区域中处于最低水平，远低于国家平均水平，仅为东部地区的一半。其中山西省最高，每千人汽车拥有量为 82 辆；江西省最低，仅为 38 辆。西部地区汽车保有量最多的是四川省，2011 年为 422 万辆；宁夏、青海、西藏汽车保有量最少，都不超过 60 万辆。从人均角度来看，西部地区每千人汽车拥有量仅为 55 辆，仍低于国家平均水平，但略高于中部地区。其中内蒙古、宁夏、新疆最高，每千人汽车拥有量分别为 94、83、73 辆；贵州、广西、甘肃最低，分别仅为 39、40、41 辆。东北地区汽车保有量最多的是辽宁省，2011 年为 357 万辆。从人均角度来看，东北地区每千人汽车拥有量为 70 辆，基本与国家平均水平持平。其中辽宁省最高，每千人汽车拥有量为 81 辆；黑龙江省最低，仅为 60 辆（图 1-15）。

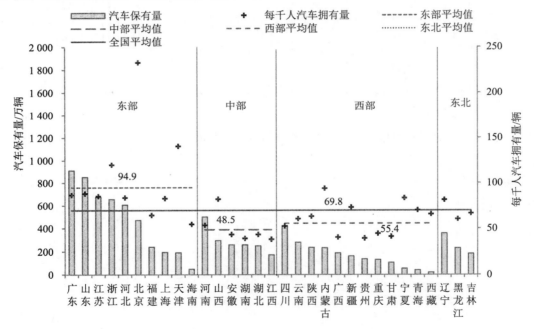

图 1-15　2011 年四大区域及各省、市、自治区汽车保有量比较

## 1.2　经济发展趋势预测

　　未来 20 年，中国将加速融入全球化，中国崛起将成为推动全球化的重要力量，中国经济对世界的影响也将持续增强，预计到 2030 年前后，中国将在经济总量上超越美国成

为世界第一大经济体。但整个中国经济的增长速度会受到世界经济的影响或拖累，发展传统产业将面临巨大的资源环境压力和瓶颈，中国经济将不断朝着绿色转型的方向发展，这就意味着将从传统的石油、化工、钢铁等高污染、高能耗行业逐渐向高端制造业和现代服务业转变，而这种行业转型将在国内四大区域呈现梯度推进。

受资源环境管控和出口萎靡影响，东部地区将在 2020 年前实现产业结构升级换代，小商品、服装、造纸等低附加值、劳动密集型行业等初级产品的加工制造将逐步萎缩，并向中部地区或越南等国外地区转移。东部地区将依据改革开放 30 多年积累的市场经验和资本、技术、人才、环境、配套等资源，逐渐向微电子、汽车、飞机、医药、人工智能、新能源等高附加值、高技术含量的高端制造业和现代服务业行业转移，其经济发展速度也将经历转型阵痛期和平台期，呈一定下滑趋势。但在 2020 年后，随着东部地区在高新技术行业和高端制造业转型逐步深入，东部地区的创新力将持续发力，现代化产业结构将逐步完善，初级加工的劳动密集型和高污染、高耗能的产业结构将彻底改变，东部经济发展速度将逐渐趋稳，发展质量将得到全面提升。

未来 20 年，中部、西部和东北地区之间的经济差异将逐步缩小，呈现齐头并进的区域发展态势，东北地区以老工业基地优势将进一步承接东部地区石油、化工、冶炼等部分基础工业，同时将进一步加强汽车、装备制造、高速列车、飞机制造等基础化、高端化行业发展。东北地区经济发展速度 2020 年前将持续提高，在 2020 年后随着经济规模的不断扩大，经济也逐渐趋稳。中部地区作为东部地区"两高一资"行业和劳动密集型产业的主要承接者，2020 年前经济发展速度将在现有基础上持续提高，但同样将面临日益突出的资源环境承载压力。2020 年后，得益于东部高端制造业和高新技术产业的发展，在规模效应和扩散效应的双重影响下，中部产业结构也将逐渐从传统产业向东部地区的先进制造业靠拢，实现新旧产业交替发展。西部地区得益于资源禀赋优势，随着西部大开发进一步推进，2020 年前，西部地区将进一步推进资源型产业发展，经济速度将保持加速发展态势，但资源环境承载压力将十分突出。在国家资源环境宏观调控下，2020 年后，西部地区将逐步加大农副产品业、节能环保产业以及生态旅游等行业的发展力度，经济增长也将逐步趋缓。

### 1.2.1　经济总量

在对我国未来经济发展形势和各大区域发展路径的分析基础上，采用三种情景方案对未来 20 年我国四大区域经济发展总量进行预测（全国经济数据统计未包括台湾、香港、澳门数据，下同）。

（1）高情景方案

基于未来我国经济转型成功、国际经济形势十分有利、发展后劲充足的假设下，预测我国经济仍将长期保持 8%左右的增长速度，2015 年、2020 年、2030 年将分别达到 61.27 万亿、93.40 万亿元、191.60 万亿元，经济总量将在 2030 年之前超过美国。

从四大区域来看，到"十二五"末，即 2015 年，东部、中部、西部、东北地区 GDP 总量分别达到 30.62 万亿元、12.59 万亿元、12.43 万亿元、5.62 万亿元，其中东部最高，西部最低；年均增长率分别为 7.51%、9.75%、10.70%、10.30%，其中东部年均增长率最低，低于国家平均水平，而西部和东北地区仍然最高，年均增长率仍高于 10%。到 2020 年，东部、中部、西部、东北地区 GDP 总量分别达到 44.79 万亿元、19.66 万亿元、19.94 万亿元、9.00 万亿元；年均增长率分别为 7.91%、9.32%、9.91%、9.87%，均低于 10%，其中东部转型升级成效逐渐凸显，年均增长率有所提高，而西部和东北地区将有一定程度的降低。到 2030 年，东部、中部、西部、东北地区 GDP 总量分别达到 86.83 万亿元、41.37 万亿元、43.73 万亿元、19.66 万亿元；年均增长率分别为 6.84%、7.72%、8.17%、8.13%，见表 1-7。

表 1-7　高情景方案下 2010—2030 年我国四大区域 GDP 总量及增长率

| 区域 | GDP 总量/万亿元 | | | | 年均增长率/% | | |
| --- | --- | --- | --- | --- | --- | --- | --- |
| | 2010 年 | 2015 年 | 2020 年 | 2030 年 | 2010—2015 年 | 2016—2020 年 | 2021—2030 年 |
| 东部 | 21.32 | 30.62 | 44.79 | 86.83 | 7.51 | 7.91 | 6.84 |
| 中部 | 7.91 | 12.59 | 19.66 | 41.37 | 9.75 | 9.32 | 7.72 |
| 西部 | 7.48 | 12.43 | 19.94 | 43.73 | 10.70 | 9.91 | 8.17 |
| 东北 | 3.44 | 5.62 | 9.00 | 19.66 | 10.30 | 9.87 | 8.13 |
| 全国 | 40.15 | 61.27 | 93.40 | 191.60 | 8.82 | 8.80 | 7.45 |

（2）中情景方案

假设未来我国经济转型总体成功，但由于宽松货币政策导致的通货膨胀高企不下，人民币不断升值和国际经济形势低迷使得出口优势逐渐消失的情景下，预测我国经济仍将呈现先快后慢的增长趋势，"十二五"期间 GDP 年均增长率仍将保持在 8% 左右，2015 年 GDP 总量达到 59.14 万亿元；"十三五"期间 GDP 年均增长率将下降为 7% 左右，2020 年 GDP 总量达到 85.20 万亿元；2020—3030 年 GDP 年均增长率将进一步下降为 6% 左右，2030 年 GDP 总量将达到 162.57 万亿元，超过美国。

从四大区域来看，到"十二五"末，即 2015 年，东部、中部、西部、东北地区 GDP 总量分别达到 29.55 万亿元、12.16 万亿元、12.00 万亿元、5.43 万亿元，年均增长率分别为 6.75%、8.97%、9.92%、9.52%，均低于 10%。到 2020 年，东部、中部、西部、东北地区 GDP 总量分别达到 40.86 万亿元、17.94 万亿元、18.19 万亿元、8.21 万亿元，年均增长率分别为 6.69%、8.09%、8.67%、8.63%，各地区经济增长趋势进一步放缓。到 2030 年，东部、中部、西部、东北地区 GDP 总量分别达到 73.67 万亿元、35.11 万亿元、37.11 万亿元、16.68 万亿元，年均增长率分别为 6.07%、6.95%、7.39%、7.35%，各省之间经济增速差距逐步缩小，见表 1-8。

（3）低情景方案

假设未来我国经济转型总体没有实现较大突破，世界经济不景气严重影响了我国的出口贸易，高房价和高通胀严重透支国内消费能力，仅依靠固定资产投资拉动经济快速增长并不可持续，拉动经济发展的"三驾马车"均呈现后劲不足，决定经济增长的诸多因素相互消长，不确定、不稳定因素明显增加，经济形势空前复杂，经济发展形势存在诸多变数的情景下，预测我国经济增长速度将呈现持续下降趋势，"十二五"期间 GDP 年均增长率将下降到 7.8%，2015 年 GDP 总量仅为 58.42 万亿元；"十三五"期间 GDP 年均增长率将下降为 6%左右，2020 年 GDP 总量为 79.66 万亿元；2020—3030 年 GDP 年均增长率将进一步下降为 5%左右，2030 年 GDP 总量为 135.42 万亿元，与美国经济总量仍有一定差距。

表 1-8　中情景方案下 2010—2030 年我国四大区域 GDP 总量及增长率

| 区域 | GDP 总量/万亿元 | | | | 年均增长率/% | | |
|---|---|---|---|---|---|---|---|
| | 2010 年 | 2015 年 | 2020 年 | 2030 年 | 2010—2015 年 | 2016—2020 年 | 2021—2030 年 |
| 东部 | 21.32 | 29.55 | 40.86 | 73.67 | 6.75 | 6.69 | 6.07 |
| 中部 | 7.91 | 12.16 | 17.94 | 35.11 | 8.97 | 8.09 | 6.95 |
| 西部 | 7.48 | 12.00 | 18.19 | 37.11 | 9.92 | 8.67 | 7.39 |
| 东北 | 3.44 | 5.43 | 8.21 | 16.68 | 9.52 | 8.63 | 7.35 |
| 全国 | 40.15 | 59.14 | 85.20 | 162.57 | 8.05 | 7.57 | 6.67 |

从四大区域来看，到"十二五"末，即 2015 年，东部、中部、西部、东北地区 GDP 总量分别达到 29.19 万亿元、12.01 万亿元、11.85 万亿元、5.36 万亿元，年均增长率分别为 6.49%、8.71%、9.65%、9.25%，均低于 10%。其中，西部和东北地区仍然保持较高增长速度，而东部地区增长速度将下降到 6%左右。到 2020 年，东部、中部、西部、东北地区 GDP 总量分别达到 38.20 万亿元、16.77 万亿元、17.01 万亿元、7.68 万亿元，年均增长率分别为 5.53%、6.91%、7.48%、7.45%，各地区经济增长趋势进一步放缓。到 2030 年，东部、中部、西部、东北地区 GDP 总量分别达到 61.37 万亿元、29.24 万亿元、30.91 万亿元、13.90 万亿元，年均增长率分别为 4.85%、5.72%、6.16%、6.11%，各省之间经济增速差距逐步缩小，见表 1-9。

表 1-9　低情景方案下 2010—2030 年我国四大区域 GDP 总量及增长率

| 区域 | GDP 总量/万亿元 | | | | 年均增长率/% | | |
|---|---|---|---|---|---|---|---|
| | 2010 年 | 2015 年 | 2020 年 | 2030 年 | 2010—2015 年 | 2016—2020 年 | 2021—2030 年 |
| 东部 | 21.32 | 29.19 | 38.20 | 61.37 | 6.49 | 5.53 | 4.85 |
| 中部 | 7.91 | 12.01 | 16.77 | 29.24 | 8.71 | 6.91 | 5.72 |
| 西部 | 7.48 | 11.85 | 17.01 | 30.91 | 9.65 | 7.48 | 6.16 |
| 东北 | 3.44 | 5.36 | 7.68 | 13.90 | 9.25 | 7.45 | 6.11 |
| 全国 | 40.15 | 58.42 | 79.66 | 135.42 | 7.79 | 6.40 | 5.45 |

综上所述，我国经济未来发展趋势仍然存在诸多变数，不同情景下四大区域经济总量增长趋势也将发生较为明显的变化。但中国作为世界第二大经济体向第一大经济体转变的总体方向是不变的，仅仅只是时间问题。而具体到我国四大区域来看，未来中部、西部、东北三大区域经济增长速度将高于东部地区，但其经济驱动因素中资源密集型重工业、劳

动密集型低附加值加工业所占比重仍较高，这将对三大区域生态环境造成巨大压力，尤其是水资源较为短缺、生态较为脆弱、环境承载力不足的西部地区各省份。随着经济转型和城镇化发展，东部地区生态环境压力将逐渐从工业为主向生活为主转变，其面临的生活污染和压力将逐渐凸显。

### 1.2.2　人均 GDP

未来我国人均 GDP 将呈现加速增长的趋势，其中 2015 年将达到 4.34 万元，较 2010 年的 3.07 万元，增加了 0.4 倍。2020 年、2030 年将进一步增长到 6.17 万元和 11.64 万元，分别接近 2010 年的 2 倍和 4 倍。对比四大区域未来人均 GDP（图 1-16），其中东北地区人均 GDP 将呈现较快增长，2020 年、2030 年将分别达到 7.45 万元和 12.89 万元，分别接近 2010 年的 2.1 倍和 4.2 倍，其年均增速也高于全国平均水平，达到 7.9%；东部地区人均 GDP 也将高于全国平均水平，2020 年、2030 年将分别达到 7.45 万元和 15.07 万元，分别是 2010 年的 1.6 倍和 3.2 倍，其年均增速在四大区域中最低，仅为 5.7%，这主要与东部常住人口不断增长有关；西部地区人均 GDP 也将呈现较快增长趋势，在 2018 年左右超过中部地区，2020 年、2030 年将分别达到 5.08 万元和 10.43 万元，分别接近 2010 年的 2.1 倍和 4.2 倍，其年均增速在四大区域中最高，达到 8.1%；中部地区人均 GDP 在 2020 年、2030 年将分别达到 5.01 万元和 9.8 万元，分别接近 2010 年的 1.9 倍和 4 倍。总体来看，我国东北、东部地区人均 GDP 仍要高于中部和西部地区。同时，在 2013 年前后所有区域都将达到中等偏上收入国家（地区）标准；东部和东北地区在 2020 年前后达到高收入国家（地区）标准，而中部和西部地区将在 2027 年前后达到。

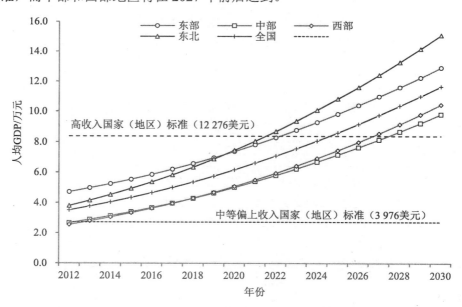

图 1-16　2010—2030 年四大区域人均 GDP 增长情况（中情景方案）

### 1.2.3　三次产业结构

未来，我国四大区域三次产业结构都将逐步优化，表现在第一、第二产业比重逐渐下降，而第三产业结构逐渐提高。

东部地区第一产业持续下降，2015 年将下降到 5.6%，2030 年将进一步下降到 3.84%，并且主要由传统农业逐渐向生态农业转变，农业附加值也将不断提高；第二产业将持续下降，到 2015 年下降到 48.71%，到 2030 年下降为 34.05%；而第三产业将在 2013 年超过第二产业比重，到 2015 年达到 45.69%，最终到 2030 年达到 62.11%，将成为我国服务业最为发达的地区。

中部地区第一产业比重 2015 年将下降到 10.86%，2030 年将进一步下降到 6.81%，作为我国传统农业分布区，中部地区未来仍将以传统农业为主；第二产业比重呈先慢后快的下降趋势，到 2015 年下降到 50% 左右，到 2030 年下降为 37.06%；而第三产业比重 2015 年将增长到 40% 左右，在 2020 年超过第二产业，最终到 2030 年达到 56.13%。

西部地区第一产业比重 2015 年将下降到 11.21%，2030 年将进一步下降到 7%，西部地区未来农业主要以规模养殖业、特色农业为主；第二产业比重呈先慢后快的下降趋势，到 2015 年下降到 47.53%，到 2030 年下降为 35.39%；而第三产业比重 2015 年将增长到 41.26%，在 2018 年左右超过第二产业，最终到 2030 年达到 57.61%。

东北地区第一产业比重 2015 年将下降到 9.58%，2030 年将进一步下降到 6.15%，作为我国主要粮食产区，东北地区未来农业仍主要以规模化大农场为主；第二产业比重到 2015 年下降到 49.45%，到 2030 年下降为 36.47%；而第三产业比重 2015 年将增长到 40.97%，在 2020 年左右超过第二产业，最终到 2030 年达到 57.38%，见图 1-17。

综上所述，未来东部地区三次产业结构更趋合理，服务业发展水平最高，而中部、西部和东北地区三次产业结构也逐渐向低消耗、低污染方向发展，但要远远滞后于东部地区。

### 1.2.4　人口总量及城镇化率

目前，中国现在仍然处于人口增长阶段，但增长速度已经趋缓，年均新生儿出生量已经降至 400 万左右。近 30 多年的统计数据显示，中国目前人口出生率显著下降。"十一五"期间保持在 5‰ 左右，且呈逐年走低趋势，从 2006 年的 5.89‰ 下降到 2011 年的 4.79‰，下降了 1.1 个千分点。随着我国逐步进入老龄化社会，新生儿出生率将逐渐降低，老人死亡率将逐渐升高，预计到 2030 年前后，我国新生儿出生率将与老人死亡率持平，人口自然增长率将为 0，我国人口总量将达到峰值，随后逐渐下降。参考相关研究结果[①]，预测我国 2015 年、2020 年总人口将缓慢增长到 13.629 亿人、13.836 亿人，到 2030 年最终增长到 13.994 亿人，达到 21 世纪峰值。

---

① 联合国在发表了《世界人口展望——2010 年修订版》中通过设定高、中、低情景方案预测了世界各国在 21 世纪末的人口发展趋势。其中高、中、低情景方案下 2030 年中国总人口将分别为 14.674 亿人、13.931 亿人、13.188 亿人。

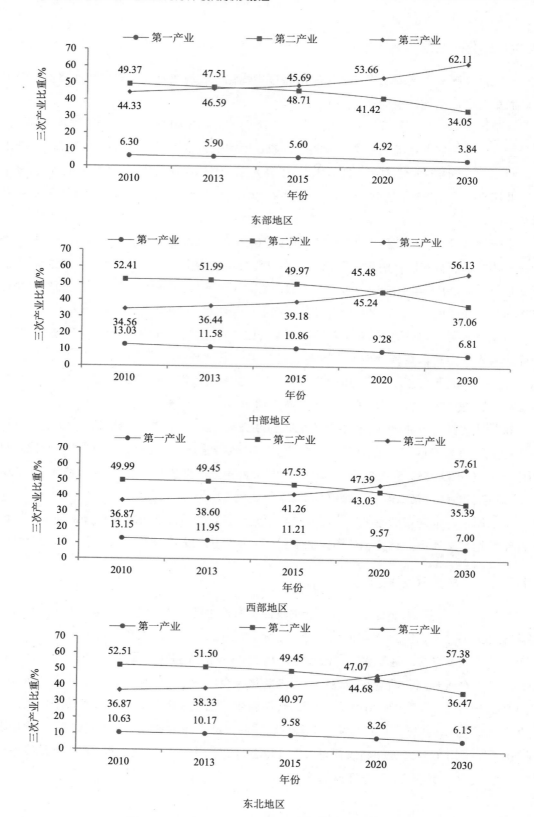

图 1-17　2010—2030 年四大区域三次产业结构变化

从四大区域来看，东部地区总人口仍然最多，2015 年、2020 年、2030 年分别达到 5.34 亿人、5.55 亿人、5.71 亿人，占全国比重从 2010 年的 38% 增长到 2030 年的 40.8%。东部地区总人口呈增长趋势，年均增长率为 6‰ 左右，但增长速度逐渐趋缓。中部地区 2015 年、2020 年、2030 年总人口分别达到 3.59 亿人、3.60 亿人、3.61 亿人，占全国比重从 2010 年的 26.8% 下降到 2030 年的 25.8%，下降了 1 个百分点。中部地区总人口呈增长趋势，但年均增长率为 0.6‰ 左右，增长速度十分缓慢。西部地区未来人口总量与中部基本相当，2015 年、2020 年、2030 年总人口分别达到 3.60 亿人、3.58 亿人、3.56 亿人，占全国比重从 2010 年的 27% 下降到 2030 年的 25.4%，下降了 1.6 个百分点。西部地区总人口呈缓慢减少趋势，年均下降比率为 0.68‰ 左右。东北地区未来人口总量最少，2015 年、2020 年、2030 年总人口分别达到 1.10 亿人、1.10 亿人、1.11 亿人，占全国比重从 2010 年的 8.2% 下降到 2030 年的 7.9%，下降了 0.3 个百分点。东北地区总人口呈缓慢增加趋势，但增长十分缓慢，年均增长率为 0.54‰ 左右。总体来看，未来我国四大区域总人口仍以东部地区最多，且增长速度也最快，而东北地区总人口最少。由于属于人口流出地区，西部地区未来总人口将呈现下降趋势，见图 1-18。

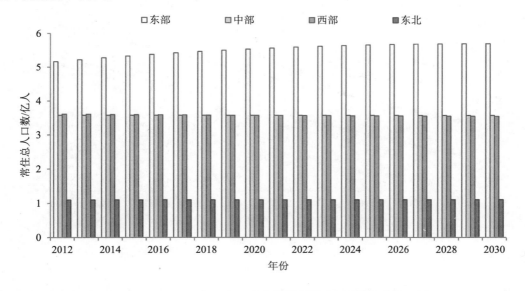

**图 1-18　2012—2030 年四大区域常住总人口数变化趋势预测**

一般而言，城市化率由 30% 到 70% 的阶段是城市化进程加速的阶段。1992—2011 年，以建立经济开发区、城市建设和改造以及小城镇发展为主要驱动力，我国城市化率由 27.5% 提升至 51.7%，年均增长 1.3 个百分点，呈快速增长趋势。目前中国城市化进程正步入第二个加速阶段，预计 2011—2030 年，中国城市化率将完成由 50% 至 70% 的跨越，城镇化率将呈现加快增长趋势。到 2020 年，我国城镇化率将达到 60%；2030 年，城镇化率将进一步突破 70%，达到先进发达国家水平。

从四大区域来看（图 1-19），东部地区城镇化率仍然最高，2015 年、2020 年、2030 年分别达到 64.3%、68.8%、78.8%，分别较 2010 年提高 5.4 个、10 个、20 个百分点，2030

年比全国平均水平高出 8.8 个百分点。东北地区未来城镇化率排在第二位，2015 年、2020 年、2030 年分别达到 60.1%、62.1%、67.1%，分别较 2010 年提高 2.3 个、4.3 个、9.3 个百分点，城镇化率增长速度明显要低于其他地区，在 2025 年将低于全国平均水平。中部地区未来城镇化率排在第三位，总体低于全国平均水平，2015 年、2020 年、2030 年分别达到 49.2%、53.9%、64.2%，但增速明显，分别较 2010 年提高 5.3 个、10 个、20.4 个百分点，到 2030 年仅相当于东部地区"十二五"期间水平。西部地区未来城镇化率仍然处于全国最低水平，2015 年、2020 年、2030 年分别达到 47.0%、51.9%、62.6%，增速同样比较明显，分别较 2010 年提高 5.7 个、10.6 个、21.3 个百分点，是城镇化率增长幅度最大的区域。总体来看，四大区域未来城镇化率都将呈现增长趋势，东部、西部、中部地区增幅最大，而东北地区增幅相对要小一些。但从城镇化水平来看，东部和东北地区仍然是我国城镇化率最高的区域，中部和西部地区虽然增长速度最快，但由于基础较低，未来仍然是我国城市化水平最低的地区。

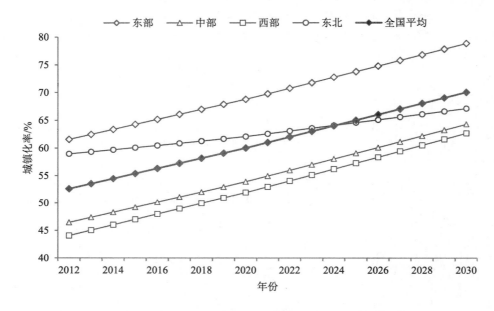

图 1-19　2012—2030 年四大区域城镇化率发展趋势比较

从四大区域各省、市、自治区来看（表 1-10），东部地区中上海、北京、天津 3 个直辖市仍然是城镇化水平最高的城市，到 2015 年将分别达到 89.3%、86.6%、82.5%，均超过 80%；到 2030 年将进一步增长到 94.3%、92.3%、92%，成为世界性大都市。未来城镇化水平最低的东部省份分别是海南、河北、山东，到 2015 年将分别达到 52.7%、49.2%、54.1%，均低于 60%；到 2030 年分别达到 62.9%、63.9%、67.5%，该 3 个省份均是农业省份，因此城镇化水平在东部地区仍属较低水平。

中部地区中湖北、山西未来城镇化率最高，到 2015 年将分别达到 55.3%、53.1%，均超过 50%；到 2030 年将进一步增长到 70.0%、67.4%，接近全国平均水平。安徽和湖南在中部省份中城镇化率最低，到 2015 年将分别达到 48.1%、47.9%，均不超过 50%；到 2030 年分别为 61.5%、59.7%，低于全国平均水平近 10 个百分点。

西部地区中内蒙古、重庆、宁夏城镇化率在西部地区最高，2015 年将分别达到 60.4%、58.5%、53.3%，均超过 50%；到 2030 年将进一步增长到 74.4%、73.4%、68.1%，超过或接近全国平均水平。云南、贵州、西藏在西部省、市、自治区中城镇化率最低，到 2015 年将分别为 40.6%、38.8%、25.8%，均不超过 41%；到 2030 年分别为 55.5%、53.6%、37.5%，均远低于全国平均水平近 15 个百分点。

东北地区中辽宁省城镇化率最高，2015 年将达到 66.9%，超过全国平均水平；到 2030 年将进一步增长到 78.6%，超过全国平均水平 8.6 个百分点。吉林省在东北省份中城镇化率最低，到 2015 年仍为 53.1%，低于全国平均水平；到 2030 年为 60%，低于全国平均水平近 10 个百分点。

表 1-10　2012—2030 年四大区域各省、市、自治区城镇化率发展趋势比较　　　　单位：%

| 区域 | 排序 | 省、市、自治区 | 2010 年 | 2015 年 | 2020 年 | 2030 年 |
|---|---|---|---|---|---|---|
| 东部地区 | 1 | 上　海 | 87.3 | 89.3 | 90.5 | 94.3 |
| | 2 | 北　京 | 83.2 | 86.6 | 88.1 | 92.3 |
| | 3 | 天　津 | 76.3 | 82.5 | 85.4 | 92.0 |
| | 4 | 浙　江 | 59.9 | 66.8 | 72.6 | 85.5 |
| | 5 | 江　苏 | 58.5 | 66.3 | 71.9 | 84.5 |
| | 6 | 福　建 | 54.4 | 63.3 | 69.9 | 84.3 |
| | 7 | 广　东 | 64.6 | 69.2 | 73.1 | 82.0 |
| | 8 | 山　东 | 49.4 | 54.1 | 58.2 | 67.5 |
| | 9 | 河　北 | 44.0 | 49.2 | 53.8 | 63.9 |
| | 10 | 海　南 | 49.3 | 52.7 | 55.8 | 62.9 |
| 中部地区 | 1 | 湖　北 | 48.7 | 55.3 | 59.9 | 70.0 |
| | 2 | 山　西 | 47.6 | 53.1 | 57.5 | 67.4 |
| | 3 | 江　西 | 44.2 | 50.0 | 55.4 | 67.1 |
| | 4 | 河　南 | 39.2 | 45.1 | 50.8 | 62.9 |
| | 5 | 安　徽 | 43.4 | 48.1 | 52.2 | 61.5 |
| | 6 | 湖　南 | 44.0 | 47.9 | 51.5 | 59.7 |
| 西部地区 | 1 | 内蒙古 | 55.3 | 60.4 | 64.7 | 74.4 |
| | 2 | 重　庆 | 52.7 | 58.5 | 63.1 | 73.4 |
| | 3 | 宁　夏 | 47.5 | 53.3 | 57.9 | 68.1 |
| | 4 | 陕　西 | 45.3 | 51.3 | 56.4 | 67.5 |
| | 5 | 青　海 | 43.7 | 50.3 | 55.4 | 66.7 |
| | 6 | 四　川 | 40.2 | 46.3 | 51.7 | 63.6 |
| | 7 | 新　疆 | 41.2 | 47.4 | 52.2 | 62.8 |
| | 8 | 广　西 | 40.2 | 45.4 | 49.9 | 59.7 |
| | 9 | 甘　肃 | 34.8 | 41.1 | 46.0 | 56.5 |
| | 10 | 云　南 | 35.2 | 40.6 | 45.3 | 55.5 |
| | 11 | 贵　州 | 32.5 | 38.8 | 43.5 | 53.6 |
| | 12 | 西　藏 | 23.1 | 25.8 | 29.5 | 37.5 |
| 东北地区 | 1 | 辽　宁 | 62.1 | 66.9 | 70.4 | 78.6 |
| | 2 | 黑龙江 | 56.0 | 57.1 | 58.4 | 62.0 |
| | 3 | 吉　林 | 53.3 | 53.1 | 55.5 | 60.0 |

从城镇人口总量来看（图 1-20），未来东部地区城镇人口逐步增长，2015 年、2020 年、2030 年将分别达到 3.43 亿人、3.81 亿人、4.5 亿人，分别较 2010 年增加了 0.4 亿人、0.8 亿人、1.5 亿人；中部地区城镇人口也呈逐步增长趋势，但增速较缓，2015 年、2020 年、2030 年将分别达到 1.77 亿人、1.94 亿人、2.32 亿人，分别较 2010 年增加了 0.2 亿人、0.4 亿人、0.8 亿人；西部地区城镇人口也呈逐步增长趋势，2015 年、2020 年、2030 年将分别达到 1.69 亿人、1.86 亿人、2.23 亿人，与中部地区基本相同，分别较 2010 年增加了 0.2 亿人、0.4 亿人、0.7 亿人；东北地区城镇人口增长缓慢，2015 年、2020 年、2030 年将分别达到 0.66 亿人、0.68 亿人、0.74 亿人，分别较 2010 年增加了 0.1 亿人、0.2 亿人、0.3 亿人。总体来看，未来随着我国城镇化快速推进，四大区域城镇人口也将快速增长。东部地区仍然是我国城镇人口最多的区域，而东北地区由于城镇化水平本来就高，其增长幅度要低于其他三个地区。城镇人口的增加将一定程度上生产更多的生活污染物，尤其将推动私家车的快速增长，对我国大气环境和水环境带来巨大压力。

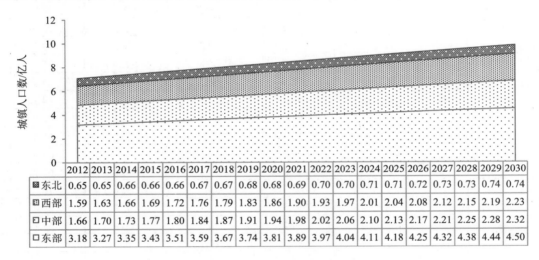

| | 2012 | 2013 | 2014 | 2015 | 2016 | 2017 | 2018 | 2019 | 2020 | 2021 | 2022 | 2023 | 2024 | 2025 | 2026 | 2027 | 2028 | 2029 | 2030 |
|---|---|---|---|---|---|---|---|---|---|---|---|---|---|---|---|---|---|---|---|
| 东北 | 0.65 | 0.65 | 0.66 | 0.66 | 0.66 | 0.67 | 0.67 | 0.68 | 0.68 | 0.69 | 0.70 | 0.70 | 0.71 | 0.71 | 0.72 | 0.73 | 0.73 | 0.74 | 0.74 |
| 西部 | 1.59 | 1.63 | 1.66 | 1.69 | 1.72 | 1.76 | 1.79 | 1.83 | 1.86 | 1.90 | 1.93 | 1.97 | 2.01 | 2.04 | 2.08 | 2.12 | 2.15 | 2.19 | 2.23 |
| 中部 | 1.66 | 1.70 | 1.73 | 1.77 | 1.80 | 1.84 | 1.87 | 1.91 | 1.94 | 1.98 | 2.02 | 2.06 | 2.10 | 2.13 | 2.17 | 2.21 | 2.25 | 2.28 | 2.32 |
| 东部 | 3.18 | 3.27 | 3.35 | 3.43 | 3.51 | 3.59 | 3.67 | 3.74 | 3.81 | 3.89 | 3.97 | 4.04 | 4.11 | 4.18 | 4.25 | 4.32 | 4.38 | 4.44 | 4.50 |

图 1-20　2012—2030 年四大区域城镇人口数比较

### 1.2.5　汽车保有量

截至 2011 年，全球处于使用状态的各种汽车，包括轿车、卡车以及公共汽车等的总保有量已突破 10 亿辆。其中，美国是目前最大的汽车拥有国，其汽车注册量达 2.4 亿辆；中国次之，汽车拥有量为 7 800 万辆；日本的汽车拥有量为 7 400 万辆。统计数据显示，2010 年全球汽车平均拥有量为 1∶6.75，即每 6.75 个人拥有 1 辆汽车。在美国，这个比例是 1∶1.3；在法国、日本和英国，这个比例大约为 1∶1.7；在中国，这个比例约为 1∶17.2。

未来，随着中国经济快速发展，中国将逐渐跨入高收入国家行列，居民收入水平将不断提高，其对汽车的需求量也将不断上升。预测结果表明，未来我国汽车保有量将呈逐渐快速增长趋势，但考虑到未来面临的城市拥堵、能源消耗等因素，汽车保有量增速也持续走低。到 2015 年，我国汽车保有量将达到 1.54 亿辆，较 2010 年增加了 7 636 万辆，增加了近 1 倍，年均增长率达到 14.6%；到 2020 年，我国汽车保有量将达到 2.26 亿辆，较 2015 年再增加 7 200 万辆，年均增长率下降到 8%；到 2030 年，我国汽车保有量将达到 3.44 亿辆，较 2020 年再增加 1.18 亿辆，年均增长率下降到 4.3%。

从四大区域来看（图 1-21），东部地区未来汽车保有量仍然最大，2015 年将达到 7 680 万辆，年均增长率为 13.4%，低于全国平均水平，所占比重为 49.7%；2020 年将达到 10 985 万辆，年均增长率为 7.4%，所占比重为 48.5%；2030 年将达到 16 192 万辆，年均增长率进一步下降为 4%，所占比重为 47%。总体来看，东部地区汽车保有量增速低于全国平均水平，所占比重也呈缓慢下降趋势，但由于现状保有量基数较大，其实际保有量仍将超过 1 亿辆，成为中国汽车最为密集的地区。

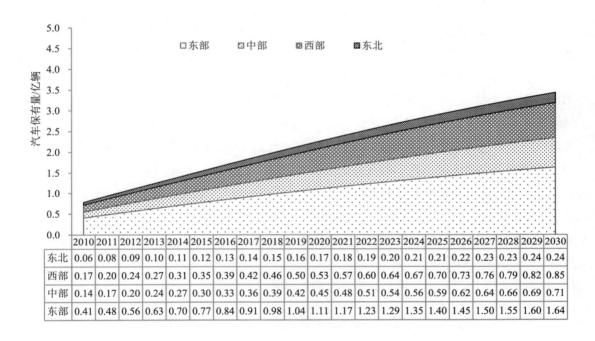

| | 2010 | 2011 | 2012 | 2013 | 2014 | 2015 | 2016 | 2017 | 2018 | 2019 | 2020 | 2021 | 2022 | 2023 | 2024 | 2025 | 2026 | 2027 | 2028 | 2029 | 2030 |
|---|---|---|---|---|---|---|---|---|---|---|---|---|---|---|---|---|---|---|---|---|---|
| 东北 | 0.06 | 0.08 | 0.09 | 0.10 | 0.11 | 0.12 | 0.13 | 0.14 | 0.15 | 0.16 | 0.17 | 0.18 | 0.19 | 0.20 | 0.21 | 0.21 | 0.22 | 0.23 | 0.23 | 0.24 | 0.24 |
| 西部 | 0.17 | 0.20 | 0.24 | 0.27 | 0.31 | 0.35 | 0.39 | 0.42 | 0.46 | 0.50 | 0.53 | 0.57 | 0.60 | 0.64 | 0.67 | 0.70 | 0.73 | 0.76 | 0.79 | 0.82 | 0.85 |
| 中部 | 0.14 | 0.17 | 0.20 | 0.24 | 0.27 | 0.30 | 0.33 | 0.36 | 0.39 | 0.42 | 0.45 | 0.48 | 0.51 | 0.54 | 0.56 | 0.59 | 0.62 | 0.64 | 0.66 | 0.69 | 0.71 |
| 东部 | 0.41 | 0.48 | 0.56 | 0.63 | 0.70 | 0.77 | 0.84 | 0.91 | 0.98 | 1.04 | 1.11 | 1.17 | 1.23 | 1.29 | 1.35 | 1.40 | 1.45 | 1.50 | 1.55 | 1.60 | 1.64 |

**图 1-21　2011—2020 年四大区域机动车保有总量变化趋势**

西部地区未来汽车保有量排在第二位，2015 年将达到 3 525 万辆，年均增长率为 16.4%，高于全国平均水平，所占比重为 22.8%；2020 年将达到 5 374 万辆，年均增长率为 8.8%，所占比重上升为 23.7%；2030 年将达到 8 590 万辆，年均增长率进一步下降为 4.8%，所占比重为 24.9%。总体来看，西部地区汽车保有量增速高于全国平均水平，所占比重也呈缓慢上升趋势，但由于现状保有量基数较小，省份众多，面积最大，西部地区仍然是我国汽车密度最小的地区。

中部地区未来汽车保有量排在第三位，2015 年将达到 3 018 万辆，年均增长率为 16.4%，高于全国平均水平，所占比重为 19.5%；2020 年将达到 4 561 万辆，年均增长率为 8.6%，所占比重上升为 20.1%；2030 年将达到 7 189 万辆，年均增长率进一步下降为 4.7%，所占比重为 20.9%。总体来看，中部地区汽车保有量增速高于全国平均水平，但低于西部地区，所占比重也呈缓慢上升趋势，由于省份少，面积小，中部地区也将成为汽车十分密集的地区。

东北地区未来汽车保有量最少，2015 年将为 1 216 万辆，年均增长率为 13.5%，高于全国平均水平，所占比重为 7.9%，较 2010 年下降了 0.4 个百分点；2020 年增长到 1 718 万辆，年均增长率为 7.2%，所占比重进一步下降为 7.6%；2030 年增长到 2 467 万辆，年均增长率为 3.7%，所占比重为 7.2%。总体来看，东北地区汽车保有量呈增长趋势，但增速明显低于其他地区，所占比重也不断缩小。

从不同汽车类型来看，未来我国汽车保有量类型仍主要以客车为主，其所占比重从 2010 年的 78.5% 持续增长到 2030 年的 84.7%，增速也明显高于汽车总保有量增速，且主要以小型客车为主；货车保有量所占比重从 2010 年的 20.5% 下降到 2030 年的 15%，增速要低于汽车总保有量增速。

东部地区未来汽车保有量类型主要以客车为主，2030 年客车保有量达到 14 337.6 万辆，是 2010 年的 4 倍左右，2030 年客车保有量比重将达到 87.5%，较 2010 年提高 5 个百分点。中部地区未来汽车保有量类型主要以客车为主，2030 年客车保有量达到 5 810.1 万辆，是 2010 年的 6 倍左右，增速明显高于东部地区，但中部地区客车保有量要低于东部地区，但增幅高于东部地区，到 2030 年为 81.7%，较 2010 年提高 7.8 个百分点。西部地区未来汽车保有量类型也以客车为主，2030 年客车保有量达到 6 989.9 万辆，是 2010 年的 5.6 倍左右，增速低于中部地区，客车保有量比重到 2030 年为 82.2%，较 2010 年提高 8.2 个百分点。东北地区未来汽车保有量类型也以客车为主，2030 年客车保有量达到 2 031.5 万辆，是 2010 年的 4 倍左右，增速低于中、西部地区，客车保有量比重到 2030 年为 82.9%，较 2010 年提高 6 个百分点（表 1-11）。综上所述，未来四大区域客车保有量占汽车保有量比重到 2030 年均可以突破 80%，这其中以私家车增长为主。由于汽车尾气大气灰霾贡献占 1/4 以上，因此各地区私家车保有量的迅速增长将对我国城市大气环境质量产生巨大压力。

表 1-11　2012—2030 年按类型划分四大区域汽车保有量预测

| 区域 | 汽车类型 | | 2010 年 | 2015 年 | 2020 年 | 2030 年 |
|---|---|---|---|---|---|---|
| 东部 | 保有量/万辆 | 载客 | 3 374.5 | 6 612.1 | 9 586.0 | 14 337.6 |
| | | 载货 | 679.3 | 1 070.3 | 1 444.0 | 1 997.9 |
| | | 其他 | 39.9 | 42.5 | 50.2 | 43.9 |
| | | 合计 | 4 093.7 | 7 724.9 | 11 080.2 | 16 379.4 |
| | 比重/% | 载客 | 82.4 | 85.6 | 86.5 | 87.5 |
| | | 载货 | 16.6 | 13.9 | 13.0 | 12.2 |
| | | 其他 | 1.0 | 0.5 | 0.5 | 0.3 |
| 中部 | 保有量/万辆 | 载客 | 1 044.2 | 2 364.8 | 3 627.8 | 5 810.1 |
| | | 载货 | 354.6 | 615.6 | 869.5 | 1 275.8 |
| | | 其他 | 14.6 | 18.2 | 23.0 | 21.7 |
| | | 合计 | 1 413.4 | 2 998.6 | 4 520.4 | 7 107.6 |
| | 比重/% | 载客 | 73.9 | 78.9 | 80.3 | 81.7 |
| | | 载货 | 25.1 | 20.5 | 19.2 | 18.0 |
| | | 其他 | 1.0 | 0.6 | 0.5 | 0.3 |

| 区域 | 汽车类型 | | 2010 年 | 2015 年 | 2020 年 | 2030 年 |
|---|---|---|---|---|---|---|
| 西部 | 保有量/万辆 | 载客 | 1 217.3 | 2 774.5 | 4 297.8 | 6 989.9 |
| | | 载货 | 414.4 | 705.2 | 1 000.8 | 1 481.5 |
| | | 其他 | 19.0 | 24.3 | 31.1 | 30.0 |
| | | 合计 | 1 650.8 | 3 504.0 | 5 329.7 | 8 501.3 |
| | 比重/% | 载客 | 73.7 | 79.2 | 80.6 | 82.2 |
| | | 载货 | 25.1 | 20.1 | 18.8 | 17.4 |
| | | 其他 | 1.2 | 0.7 | 0.6 | 0.4 |
| 东北 | 保有量/万辆 | 载客 | 488.1 | 969.6 | 1 391.2 | 2 031.5 |
| | | 载货 | 149.3 | 233.4 | 307.7 | 410.6 |
| | | 其他 | 6.6 | 7.6 | 8.9 | 7.6 |
| | | 合计 | 644.0 | 1 210.5 | 1 707.8 | 2 449.7 |
| | 比重/% | 载客 | 75.8 | 80.1 | 81.5 | 82.9 |
| | | 载货 | 23.2 | 19.3 | 18.0 | 16.8 |
| | | 其他 | 1.0 | 0.6 | 0.5 | 0.3 |

## 1.3　面临的主要问题与对策建议

通过对未来我国及四大区域社会经济现状的分析和预测，全面分析我国未来在经济发展、产业转型及城镇化推进中面临的资源环境问题和挑战，并结合区域特征，以全面建成小康社会和魅力中国为目标导向，提出针对性对策建议，为我国经济实现健康、绿色、低碳、可持续发展提供借鉴。

### 1.3.1　主要问题

（1）产业结构转型面临巨大困难，"两高一资"行业仍呈惯性发展

经济结构调整将是一个较为长期的过程，我国经济结构面临着诸多问题，如投资消费比例不协调，没有摆脱投资拉动经济增长的格局；投资中以重化工行业为主，服务业投资所占比重偏低，服务业发展滞后；工业内部比例不协调，工业增长中过度依赖房地产相关行业和重化工行业；增长方式仍然以粗放型为主，资源、环境、土地的承载力日趋衰落；外贸结构不合理，出口产品仍然是以劳动密集型、初级技术产品为主，成本竞争的压力依然较大等。同时，从区域来看，中部、西部作为农业聚集区，解决农业生产的落后状态问题十分棘手。东部地区从低端制造业向高科技产业的转变过程需要漫长的时间过程，服务业也将受制于其发展所需的基础物质生产的制约，以休闲服务业发展所必须提供的充足的食物保障是制约服务业发展的瓶颈，在农产品供应不能得到充分保障的情况下，过度发展服务业将引起社会矛盾的进一步加剧。东北地区"两高一资"行业所占比重仍较大，其对地方政府带来的经济效益和社会效益仍较为突出，在后续良性产业无法快速培育成型的前提下，对"两高一资"行业依赖程度仍较高，未来"两高一资"行业仍将呈惯性发展。

（2）城镇化发展质量堪忧，人口剧增带来巨大环境压力

从城镇人口、空间形态标准来看，中国整体上已进入初级城市型社会；但从生活方式、

社会文化和城乡协调标准看，目前中国离城市型社会的要求还有较大的差距。中国城镇化质量并没有与城镇化水平同步提高，城镇化速度与质量不匹配。一些地方打着"加快城镇化进程"的旗号，盲目拉大城市框架，滥占耕地，乱设开发区，不断扩大城市面积。部分地区在"经营城市"的理念下，大肆追求土地增值的收益，进一步助长了多占耕地和不合理拆迁的行为。失地农民增多和一些地方后续社会保障跟不上，已成为影响社会稳定的隐患。另一方面，促进农民工在城市落户的制度仍未建立，导致"土地城镇化"速度快于"人口城镇化"速度。若按此模式继续推进城镇化，失地农民的数量还会大量增加，农村人口人均占有耕地资源的数量将进一步减少。农村人口的减少慢于农村耕地的减少，不仅危及国家的粮食安全，而且势必进一步加剧解决"三农"问题的难度。

### 1.3.2　对策建议

（1）实施区域差别化产业发展战略，打造中国经济升级版

未来，四大区域应根据自身发展基础和生态环境现状，因地制宜，实施区域差别化产业发展战略，以环境承载力引导产业布局与发展，形成优势互补经济综合竞争力，实现我国经济整体转型升级。

东部地区作为我国经济最发达的区域，应大力促进产业转移和升级，大力发展新型产业和现代服务业。通过科技创新，逐步增强区域整体竞争力。优先发展以电子信息、生物医药、新材料等为代表的高新技术产业，具有比较优势的先进制造业，都市型、城郊型现代农业以及现代服务业。

中部地区由于资源环境承载能力较强，环境容量大，应积极参与到泛长三角、泛珠三角的产业分工与合作中，实现与东部沿海地区的产业转移对接，加强与西部毗邻地区的资源、技术合作。同时，由于人口密度大，剩余劳动力富足，可承接东部地区劳动密集型产业。同时应抓住农业资源优势，以中部崛起为契机，大力发展生态农业和精细种植业以及农产品深加工业。需要注意的是，中部地区在实现经济全面振兴和发展的同时，需要把生态环境保护放在首位，避免重蹈东部地区先污染、后治理的覆辙。

西部地区是我国的生态脆弱区，也是我国西部和西北地区的生态环境屏障。因此，要转变传统的经济发展模式，以环境容量确定产业布局，以资源优势优化产业结构，利用资源优势，积极发展循环经济。完善环境立法和监督，制定最为严格的环境准入制度，防止高污染、高能耗产业的迁入。针对西部区域丰富的矿产和能源资源，西部地区应做好统筹部署，支持生态环境条件允许的区域进行有规模、合理的开发利用。加大对西部节能、节水、综合利用的循环经济试点工作力度，积极发展风能、太阳能、水能等清洁能源。积极推进特色农牧业及加工、特色旅游及文化产业等特色优势产业的培育壮大，大力发展绿色经济。

东北地区作为我国老工业基地，应加快传统工业产业结构的调整升级，基于资源优势，优化发展能源工业，重点建设千万吨级原油加工基地、精品钢材基地以及现代装备制造业基地，形成一批具有核心竞争力的先导产业和产业集群。加快培育发展光电子、软件信息、

生物制药、新材料等高新技术产业。大力发展现代农业和现代畜牧业，加强商品粮、精品畜牧业以及绿色农产品的基地建设。针对资源枯竭型城市的转型问题，通过产业结构优化升级和经济增长方式转变，因地制宜，尽快形成新的主导产业，培育和壮大接续替代产业。

（2）推进区域一体化进程，打造高质量城镇化体系

针对未来我国城镇化进程快速推进，要重质量、轻数量，以城市生态承载力为基准，以提高居民幸福水平为前提，防止以拆迁征地创造财政收入为目的的城市化大跃进，避免对城镇生态环境的破坏。在城市化发展进程中，加快推进城市环境总体规划试点与实施，以生态红线、安全防线、排污上线、资源底线、质量基线为抓手，推动城市发展的生态化、清洁化、低碳化、绿色化。

东部地区具有很好的城市发展基础，应继续发挥改革开放先行区的优势，率先推进区域经济一体化体制改革和机制创新，积极发展城市群建设，持续推进长三角、珠三角、京津冀等经济圈的经济发展，发挥经济圈对周围地区的辐射带动能力。在城市发展阶段中应更加注重城市化质量，加强机动车等生活源污染管控，以生活质量、环境质量、收入质量为抓手，积极探索绿色城市、低碳城市、生态城市的发展模式，将居民幸福、生活品质提高作为城市发展目标，推进美丽城市样板工程建设，努力打造世界级经济中心和国际大都会区。

中部地区应充分发挥在全国综合运输大通道中的作用，以交通设施发展为基础，不断加快城镇化进程，同时加快建设辐射力和带动力强的城市群和经济圈，围绕武汉、郑州、长沙、合肥、南昌、太原，打造以城市群为主体的区域经济带，增强其辐射带动作用。针对中部六省人口大省、农业大省的实情，积极推进中部地区的中小城镇建设，因地制宜，大力发展生态城镇、美丽乡村。

西部地区要重点保护脆弱的生态环境，重点建设成渝城市圈、关中天水经济带、环天山经济圈等城市群体系，利用资源优势，积极发展循环经济和风能、太阳能等清洁能源，在现有基础上壮大环保产业，加快城镇基础设施建设，提升城镇污水处理设施建设水平，结合西部浓郁的文化特色，大力发展城市特色文化，推进新农村建设。

东北地区要集中整合区域内部资源与实力，重点建设以大连、吉林、哈尔滨为中心的辽中南、哈大齐、吉林长春等城市群，加强区域内部的分工与合作；另一方面，要加强与东、中、西部地区的联系和协作，形成区域合作、互动、多赢的协调机制。加强与周边国家的经济贸易合作，提高在东北亚地区的经济竞争力。积极发展循环经济，以能源、原材料、装备制造业和农产品加工业等为重点，在企业、园区、行政区域等层面开展循环经济试点。加大对水、矿产等重点资源开发的环境评价和环境监管工作力度，积极推进资源开发补偿机制和资源产权交易制度的建立。加大对资源枯竭型城市历史遗留矿山地质环境治理的支持，实现资源型城市经济社会全面协调可持续发展。

# 第2章 四大区域水资源消耗形势分析与预测

## 2.1 水资源消耗形势回顾分析

我国是一个水资源短缺的国家，人均水资源占有量已不足 2 300 m³（本书全国数据统计未含台湾、香港、澳门，下同），约为世界平均水平的 28%，其中黄淮海流域人均水资源占有量不足 450 m³。我国水资源时空变化大、分布不均且与生产力布局不相匹配，不但易造成旱涝灾害，且水资源开发利用难度大，可利用水量有限。受气候和人类活动的影响，更加剧了供需矛盾，水资源短缺已成为经济社会可持续发展的重要制约因素。部分区域水污染严重，加剧了水资源供需矛盾。由于持续干旱和水资源短缺，北方大部分地区过度开发利用水资源，超采地下水和挤占河道内生态环境用水，造成部分河道断流、湖泊和湿地萎缩甚至消失、草原退化和沙化、地面下沉等生态环境问题，水生态与环境形势严峻。我国各地区经济社会发展水平和水资源条件差别较大，面临的水资源约束程度、对节水的需求和节水难易程度各不相同，各地区节水型社会建设的侧重点也有所区别。本章将全国划分为东部、中部、西部、东北四个区域，分析我国经济社会发展总体布局与区域水资源及其开发利用特点，数据主要来源于中国及各省统计年鉴、水资源公报、水资源规划、节水建设规划等资料。

### 2.1.1 水资源状况

我国地域辽阔，气候、地理等自然条件复杂多变，降水受季风气候控制，水资源时空分布不均，各地水资源条件差别很大。我国大部分地区属季风气候区，降水量年际变化大，年内季节分布不均。受降水时空分布不均的影响，河川径流量也呈现与此相似的特点。我国水资源的空间分布表现出南方多、北方少，山区多、平原少的特点。这种水资源南多北少、东多西少和汛期水量集中的时空分布格局，是我国水旱灾害频繁发生、北方地区水资源严重短缺和生态环境极其脆弱的主要原因。海河区、淮河区、辽河流域、黄河中下游地区及西北诸河的河西内陆河等地区，是我国水资源短缺、生态脆弱最严重地区。我国水资源禀赋条件较好、水资源相对丰富的地区主要分布在除金沙江、嘉陵江、汉江、太湖流域等地区外的南方大部分地区。根据"十一五"期间系列资料计算，2010 年全国水资源总量为 30 906.4 亿 m³，其中地表水资源量为 29 797.6 亿 m³（图 2-1），地下水资源量为 8 417.0 亿 m³，地表与地下水资源重复计算水量为 7 308.2 亿 m³。我国水资源总量约占世界淡水资源量的 6%，居世界第 6 位。我国降水及降水转化为水资源量的产水水平均低于欧美等国的水平，平均河川径流深为 288 mm，低于全球平均径流深（314 mm）。我国人均水资源占有量约为 2 300 m³，为世界平均值的 28%；耕地亩均水资源占有量为 1 400 m³ 左右，为世界平均值的一半。

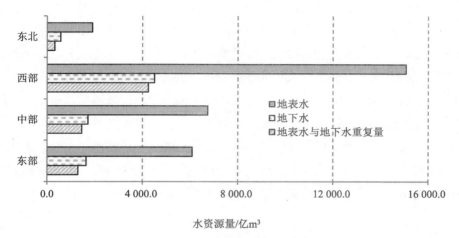

**图 2-1　2010 年各区域水资源情况**

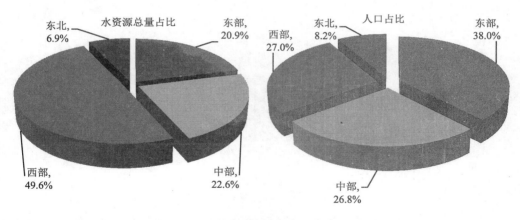

**图 2-2　2010 年各区域水资源总量和人口占全国的比例**

东部地区水资源总量为 6 430.5 亿 m³（图 2-3），占全国水资源总量的 20.9%（图 2-2），但东部总人口数却占了全国的 38.0%，人均水资源量仅为 1 269.3 m³，是全国平均水平（2 317.1 m³/人）的 54.8%，不足世界平均水平的 1/6（我国人均水资源量不足世界的 1/3），按照国际公认标准评价，东部地区属于中度缺水地区。东部地区经济发达，人口众多，是我国经济发达但水资源最短缺的地区。

中部地区水资源总量为 7 000.1 亿 m³，占全国水资源总量的 22.6%，中部总人口数占了全国的 26.8%，人均水资源量为 1 961.0 m³，是全国平均水平的 84.63%，按照国际公认标准评价，中部地区属于轻度缺水地区。中部地区气候相对湿润，还有大量过境水可以利用，是我国水资源相对丰富和经济发达的地区。

西部地区水资源总量为 15 329.0 亿 $m^3$，占全国水资源总量的 49.6%（表 2-1），西部总人口数占了全国的 27.0%，人均水资源量为 4 249.9 $m^3$，是全国平均水平的 183.4%，西部地区的水资源地域分布可划分为西北和西南两个大区。西部地区水土资源分布极不均衡，西北地区水少地多，西南地区水多地少，自然条件有很大不同。西南地区是我国水资源最丰富的地区，是长江、珠江和怒江、澜沧江、雅鲁藏布江等江河的上游区，湿润多雨，水系发育，但由于山高地少，人口密度较稀，经济相对不太发达。由于田高水低、工程系缺水问题普遍存在，西北地区有 2/3 的地区属干旱和半干旱地区，其地域分布与土地、矿产资源等不匹配。西北地区由于多沙漠和戈壁滩，多数地区不适宜人类居住，人口稀少，经济相对欠发达。由于气候干燥，蒸发能力很大，干旱缺水严重，灌溉需水量很大，同时能源较为丰富，可耕地广阔，是我国大开发、大发展，但缺水严重的地区。

东北地区水资源总量为 2 146.8 亿 $m^3$，占全国水资源总量的 6.9%，东北总人口数占了全国的 8.2%，人均水资源量为 1 959.7 $m^3$，是全国平均水平的 84.6%。但多数地方气候相对湿润，嫩江、黑龙江等还有过境水可以利用，缺水形势不太严峻。

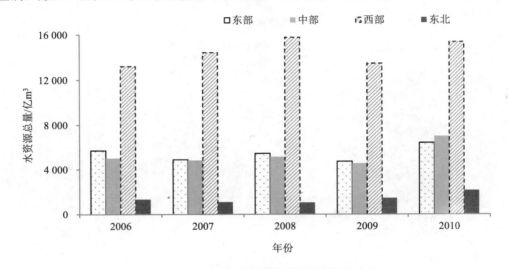

图 2-3　"十一五"期间各区域水资源总量变化

表 2-1　"十一五"期间各区域水资源总量及比重变化

| 项目 | 区域 | 2006 年 | 2007 年 | 2008 年 | 2009 年 | 2010 年 |
|---|---|---|---|---|---|---|
| 水资源总量/亿 $m^3$ | 东部 | 5 741.7 | 4 902.0 | 5 475.2 | 4 731.6 | 6 430.5 |
| | 中部 | 5 030.7 | 4 835.6 | 5 148.1 | 4 540.3 | 7 000.1 |
| | 西部 | 13 214.8 | 14 418.0 | 15 751.2 | 13 449.7 | 15 329.0 |
| | 东北 | 1 342.9 | 1 099.6 | 1 060.0 | 1 458.6 | 2 146.8 |
| | 全国 | 25 330.1 | 25 255.2 | 27 434.5 | 24 180.2 | 30 906.4 |
| 占全国的比重/% | 东部 | 22.7 | 19.4 | 20.0 | 19.6 | 20.9 |
| | 中部 | 19.8 | 19.1 | 18.8 | 18.8 | 22.6 |
| | 西部 | 52.2 | 57.1 | 57.3 | 55.6 | 49.6 |
| | 东北 | 5.3 | 4.4 | 3.9 | 6.0 | 6.9 |

从各区域水资源总量对比看来（表 2-2），西部地区最高，中部和东部地区相当，东北地区水资源总量最低。从各区域人均水资源量对比来看（图 2-4），西部地区最高，在全国平均水平之上，东部、中部、东北都在全国平均水平之下，人均水资源量最低的为东部地区。位于中部地区的山西省人均水资源量仅为 261.5 $m^3$/人，西部地区的宁夏人均水资源量仅为 143.6 $m^3$/人，东部地区的江苏、山东、河北、上海、北京、天津人均水资源量都低于500 $m^3$/人，均为极度缺水地区。而位于西部地区的西藏人均水资源量为 161 170.6 $m^3$/人，是全国人均水资源量的 70 倍。

表 2-2    2010 年各区域水资源情况

| 区域 | 水资源总量/亿 $m^3$ | 水资源量/亿 $m^3$ | | | 人均水资源量/($m^3$/人) |
| --- | --- | --- | --- | --- | --- |
| | | 地表水资源量 | 地下水资源量 | 地表水与地下水资源重复量 | |
| 东部 | 6 430.5 | 6 088.7 | 1 637.8 | 1 295.9 | 1 269.3 |
| 中部 | 7 000.1 | 6 738.5 | 1 712.8 | 1 451.2 | 1 961.0 |
| 西部 | 15 329.0 | 15 069.1 | 4 500.0 | 4 240.1 | 4 249.9 |
| 东北 | 2 146.8 | 1 901.3 | 566.5 | 321.0 | 1 959.7 |
| 全国 | 30 906.4 | 29 797.6 | 8 417.0 | 7 308.2 | 2 317.1 |

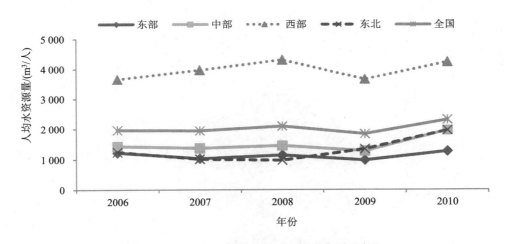

图 2-4    "十一五"期间各区域人均水资源量变化

## 2.1.2    水资源开发利用状况

"十一五"时期，我国节水型社会建设取得了明显成效，完成了"十一五"规划确定的主要目标任务，不断提高水资源利用效率和效益。单位 GDP 用水量下降比较迅速，降低 20%的目标已经提前完成。单位工业增加值用水量提前实现"十一五"规划纲要确定 5年降低 30%的目标，农田灌溉水有效利用系数由 0.45 提高到 0.50，在保障粮食连续增产的同时实现了农业灌溉用水总量零增长。江河流域水量分配逐步开展，省级行政区用水定额指标体系基本建立，水资源有偿使用制度逐步完善，水资源论证和取水许可工作不断强化,水权转换深入实践,开展了 100 个国家级和 200 个省级节水型社会建设试点。水资源保护力度加大,流域和省级地表水功能区划全面完成,太湖流域水功能区划得到国务院批复,饮用水水源地保护不断加强。

(1)用水总量

2010 年全国(除台湾、香港、澳门外,下同)用水总量为 6 037.7 亿 m³,其中地表水、地下水和其他水源供水量分别为 4 881.6 亿 m³、1 107.3 亿 m³、33.1 亿 m³,分别占全国供水总量的 81.1%、18.4%和 0.5%。

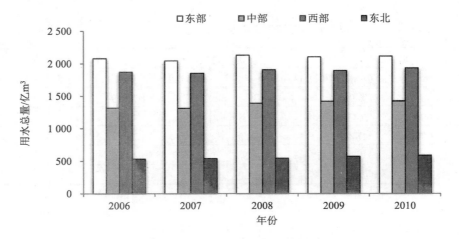

图 2-5    "十一五"期间各区域用水总量变化

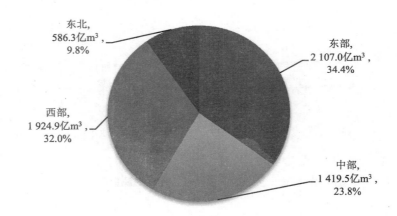

图 2-6    2010 年各区域用水总量及比例

东部地区用水总量在 2 075.6 亿~2 107.0 亿 m³ 之间波动,2010 年用水总量为 2 107.0 亿 m³,占全国用水总量的 34.4%(图 2-6),"十一五"期间用水总量增长 0.8%。

中部地区用水总量逐年增加,2006 年中部地区用水总量为 1 316.7 亿 m³(表 2-3),2010 年达到 1 419.5 亿 m³,占全国用水总量的 23.8%,"十一五"期间用水总量增长 8.6%,平均每年增长约 23 亿 m³。

西部地区用水量缓慢增加,2006 年西部地区用水总量为 1 870.5 亿 m³,2010 年增加到

1 924.9 亿 m³，占全国用水总量的 32.0%，"十一五"期间用水总量增长 2.0%，平均每年增长约 7 亿 m³。

东北地区用水量增长较快，2006 年东北地区用水总量为 530.3 亿 m³，2010 年增加到 586.3 亿 m³，占全国用水总量的 9.8%，"十一五"期间用水总量增长 11.0%，平均每年增长约 11 亿 m³。

表 2-3　"十一五"期间各区域用水总量变化

| 地区 | 用水总量/亿 m³ | | | | |
| --- | --- | --- | --- | --- | --- |
| | 2006 年 | 2007 年 | 2008 年 | 2009 年 | 2010 年 |
| 东部 | 2 075.6 | 2 039.7 | 2 123.6 | 2 095.0 | 2 107.0 |
| 中部 | 1 316.7 | 1 312.3 | 1 386.8 | 1 416.3 | 1 419.5 |
| 西部 | 1 870.5 | 1 850.6 | 1 903.5 | 1 888.9 | 1 924.9 |
| 东北 | 530.3 | 535.7 | 542.9 | 568.3 | 586.3 |
| 全国 | 5 793.1 | 5 738.3 | 5 956.8 | 5 968.5 | 6 037.7 |

"十一五"期间，东部、中部、西部、东北地区的用水总量总体都是呈增长的趋势，东部用水量最高，西部次之，东北用水量最低。东北地区用水量增长速度最快，其次是东部地区，西部地区用水量增长速度较慢，东部地区用水量变化不大（图 2-5）。

（2）用水效率

"十一五"期间，全国单位 GDP 耗水量呈显著下降的趋势（图 2-7），从 2006 年的 217.7 m³/万元（以 2010 年 GDP 不变价计算）降到了 2010 年的 150.4 m³/万元，"十一五"期间单位 GDP 耗水量降低 30.9%，并提前实现了水利节能减排 30% 的目标。全国万元工业增加值用水量也呈下降趋势（图 2-8），从 2006 年的 114 m³（以 2010 年 GDP 不变价计算)降到了 2010 年的 81.6 m³/万元，"十一五"期间全国万元工业增加值用水量降低 28.4%。

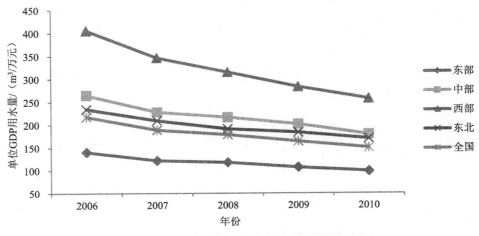

图 2-7　"十一五"期间各区域万元 GDP 用水量变化

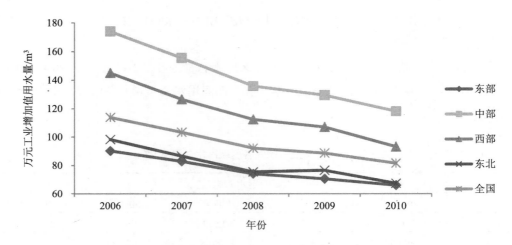

图 2-8　"十一五"期间各区域万元工业增加值用水量变化

东部地区万元 GDP 用水量和万元工业增加值用水量都是四大区域中最低的，低于全国平均水平。2010 年东部地区单位 GDP 用水量为 98.8 $m^3$，为全国单位 GDP 用水量的 65.7%，"十一五"期间降低 29.7%，低于同期内全国总体下降速率 30.9%。2010 年东部地区万元工业增加值用水量为 66.0 $m^3$，为全国万元工业增加值用水量的 80.9%，"十一五"期间降低 26.8%，是同期内四大区域中下降速度最慢的（表 2-4，表 2-5）。

中部地区万元工业增加值用水量在四大区域中是最高的，万元 GDP 用水量高于全国平均水平。2010 年中部地区单位 GDP 用水量为 179.4 $m^3$，为全国单位 GDP 用水量的 119.3%，"十一五"期间降低 32.3%，高于同期内全国总体下降速度。2010 年中部地区万元工业增加值用水量为 118.1 $m^3$，为全国万元工业增加值用水量的 144.8%，"十一五"期间降低 32.2%，高于同期内全国总体下降速度。

西部地区万元 GDP 用水量是四大区域中最高的，万元工业增加值用水量高于全国平均水平。2010 年西部地区单位 GDP 用水量为 257.4 $m^3$，为全国单位 GDP 用水量的 171.2%，"十一五"期间降低 36.5%。2010 年西部地区万元工业增加值用水量为 93.2 $m^3$，为全国万元工业增加值用水量的 114.2%，"十一五"期间降低 35.8%，万元 GDP 用水量和万元工业增加值用水量降低速度均是四大区域中降低速度最快的。

东北地区万元 GDP 用水量高于全国平均水平，万元工业增加值用水量低于全国平均水平。2010 年东北地区单位 GDP 用水量为 170.2 $m^3$，为全国万元 GDP 用水量的 113.2%，"十一五"期间降低 27.4%，是同期内四大区域中下降速度最慢的。2010 年东北地区万元工业增加值用水量为 67.4 $m^3$，为全国万元工业增加值用水量的 82.6%，"十一五"期间降低 31.4%，高于同期内全国总体下降速度。

"十一五"期间，四大区域的万元 GDP 用水量都呈逐年下降趋势，万元工业增加值用水量也呈总体下降的趋势。万元 GDP 用水量仅东部地区低于全国平均水平，西部最高，中部次之。万元工业增加值用水量东部最低，东北也较低，均低于全国平均水平，中部最高，西部次之，均高于全国平均水平。

表 2-4　"十一五"期间各区域万元 GDP 用水量变化

| 地区 | 万元 GDP 用水量/m³ | | | | |
|------|--------|--------|--------|--------|--------|
| | 2006 年 | 2007 年 | 2008 年 | 2009 年 | 2010 年 |
| 东部 | 140.6 | 121.9 | 117.8 | 107.0 | 98.8 |
| 中部 | 264.9 | 228.1 | 216.7 | 201.5 | 179.4 |
| 西部 | 405.6 | 346.5 | 315.1 | 283.2 | 257.4 |
| 东北 | 234.4 | 209.4 | 191.3 | 183.6 | 170.2 |
| 全国 | 217.7 | 188.9 | 178.9 | 164.0 | 150.4 |

表 2-5　"十一五"期间各区域万元工业增加值用水量变化

| 地区 | 万元工业增加值用水量/m³ | | | | |
|------|--------|--------|--------|--------|--------|
| | 2006 年 | 2007 年 | 2008 年 | 2009 年 | 2010 年 |
| 东部 | 90.2 | 82.9 | 74.1 | 70.5 | 66.0 |
| 中部 | 174.1 | 155.5 | 135.8 | 129.4 | 118.1 |
| 西部 | 145.1 | 126.5 | 112.3 | 106.9 | 93.2 |
| 东北 | 98.2 | 86.6 | 75.5 | 76.6 | 67.4 |
| 全国 | 113.9 | 103.3 | 92.2 | 88.7 | 81.6 |

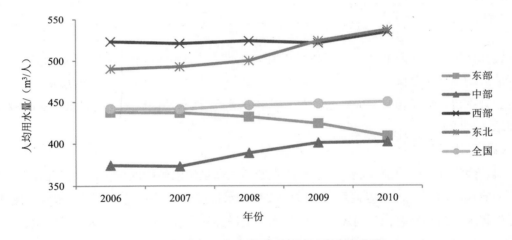

图 2-9　"十一五"期间各区域人均用水量变化

"十一五"期间，全国人均用水量呈逐年上升的趋势（图 2-9），从 2006 年的 442.0 m³/人增长到了 2010 年的 450.2 m³/人，"十一五"期间人均用水量增长 1.9%。

东部地区人均用水量低于全国平均水平，并逐年减少，而且这种下降的幅度也很大，从 2006 年的 437.8 m³/人减少到了 2010 年的 408.8 m³/人（表 2-6），比全国平均水平低 41.4 m³/人，"十一五"期间人均用水量降低了 6.6%。一方面由于东部地区水资源短缺形势严峻、人均水资源量少；另一方面，东部地区加强节水建设，再生水使用力度不断加大，人们节水意识逐渐增强，用水效率大大提高，人均用水量逐年减少。

中部地区人均用水量低于全国平均水平，并逐年增加，与东部地区的正好相反，而且这种上升的幅度也很大，从 2006 年的 374.5 m³/人增加到了 2010 年的 401.8 m³/人，低于东部地区 2010 年的 408.8 m³/人，比全国平均水平低 48.4 m³/人，但未来中东部地区很快就会出现交叉，"十一五"期间中部地区人均用水量增加了 7.3%。

西部地区人均用水量高于全国平均水平，总体呈增长趋势，但这种上升的幅度很小，从 2006 年的 532.0 m³/人增加到了 2010 年的 534.4 m³/人，比全国平均水平高出 84.2 m³/人，高于中、东部地区，"十一五"期间西部地区人均用水量增加了 0.45%。

东北地区人均用水量低于全国平均水平，并逐年增加，趋势同中部地区，上升的幅度也很大，从 2006 年的 490.3 m³/人增加到了 2010 年的 537.4 m³/人，比全国平均水平高出 87.2 m³/人，到 2010 年已经高于其他三个地区，"十一五"期间西部地区人均用水量增加了 9.6%。

表 2-6 "十一五"期间各区域人均用水量变化　　　　　　　　单位：m³/人

| 人均用水量 | 2006 年 | 2007 年 | 2008 年 | 2009 年 | 2010 年 |
|---|---|---|---|---|---|
| 东部 | 437.8 | 437.1 | 432.3 | 424.0 | 408.8 |
| 中部 | 374.5 | 373.4 | 388.9 | 400.8 | 401.8 |
| 西部 | 523.0 | 520.8 | 523.9 | 521.1 | 534.4 |
| 东北 | 490.3 | 493.0 | 500.2 | 523.8 | 537.4 |
| 全国 | 442.0 | 441.5 | 446.2 | 448.0 | 450.2 |

四大区域中，东北和西部地区高于全国平均水平，中部地区和东部地区比较低。东部地区的人均用水量是降低的，其余地区都是升高的。其中，东北地区上升幅度最大，西部地区上升缓慢，到 2010 年，东北地区人均用水量最大，西部地区比东北地区仅低 3 m³/人，中部地区最低。

（3）用水结构

随着经济社会的快速发展、用水量的不断增长和供用水结构的变化，水资源开发利用过程中的供、用、排、耗等关系发生较大改变，水资源供需矛盾日益突出，水资源短缺、水污染和水生态环境恶化等问题已经成为我国国民经济和社会发展的严重制约因素。

"十一五"期间，全国用水总量逐年上升，由 2006 年的 5 795.0 亿 m³ 增加到 2010 年的 6 022.0 亿 m³。农业用水量变化呈先降后增又降的波动趋势，农业用水量受用水水平、气候、土壤、作物、耕作方法、灌溉技术以及渠系利用系数等因素的影响，节水灌溉面积扩大以及节水技术进步，使得种植业单位产量用水量减少，从而农业用水量降低；农作物播种面积和有效灌溉面积的扩大，将加大农业灌溉用水压力。从 2006 年的 3 664.4 亿 m³ 变化到 2010 年的 3 689.0 亿 m³，在 2009 年达到 3 723.1 亿 m³，占用水总量的比例总体呈变小趋势，由 2006 年的 63.2% 减少到 2010 年的 61.2%，降低 2 个百分点，2010 年农田实灌亩均用水量 419 m³；工业用水与农业用水变化波动趋势正好相反，从 2006 年的 1 343.8 亿 m³ 变化到 2010 年的 1 447.3 亿 m³，占用水总量的比例由 2006 年的 23.2% 增加到 2010 年的 24.0%；生活用水量和占比逐年上升，2010 年生活用水量为 765.8 亿 m³，"十一五"

期间增长 10.4%，占用水总量的比例由 12.0%提高到 12.7%；生态用水量和占比也逐年上升，2010 年全国生态用水量为 119.8 亿 m³，占用水总量的比例由 1.6%提高到 2.0%（图 2-10）。

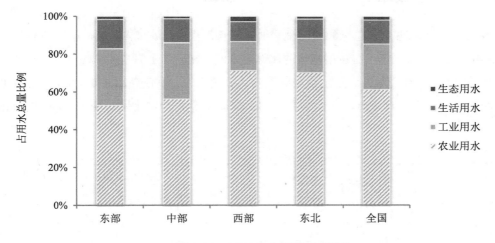

图 2-10　2010 年各区域用水结构

东部地区农业用水量在 1 099 亿～1 094 亿 m³ 之间，约占用水总量的 53%，波动变化；工业用水量在 620 亿 m³ 左右，约占用水总量的 30%；生活用水量从 2006 年的 292.7 亿 m³ 逐年增加，到 2010 年达到 320.2 亿 m³，占用水总量的比例由 14%提高到 15%；生态用水量占用水总量的 2%左右。2010 年东部地区农业、工业、生活、生态用水比例分别比全国平均比例低 8.4 个百分点、高 5.9 个百分点、高 2.7 个百分点、低 0.2 个百分点，农田实灌亩均用水量 383 m³，比全国平均水平低 36.5 m³。

中部地区农业用水量呈波动变化的趋势，从 2006 年占用水总量的 59.46%，到 2010 年占用水量的 56.15%；工业用水量呈逐年增长的趋势，从 2006 年的 362.8 亿 m³ 增长到 2010 年的 426.4 亿 m³，约占用水总量的 28.5%；生活用水量从 2006 年的 162.0 亿 m³ 逐年增加，到 2010 年达到 183.2 亿 m³，占用水总量的比例由 12.3%提高到 12.8%；生态用水量和占用水总量的比例也是上升的，从 2006 年的 0.79%上升到 2010 年的 1.36%。2010 年中部地区农业、工业、生活、生态用水比例分别比全国平均比例低 5.1 个百分点、高 5.7 个百分点、高 0.1 个百分点、低 0.6 个百分点，农田实灌亩均用水量 334 m³，比全国平均水平低 85.1 m³。

西部地区农业用水量呈缓慢减少的趋势，从 2006 年占用水总量的 74.57%，到 2010 年占用水量的 71.38%；工业用水量呈逐年增长的趋势，从 2006 年的 254.1 亿 m³ 增长到 2010 年的 293.8 亿 m³，占用水总量的比例由 13.44%上升到 15.24%；生活用水量从 2006 年的 183.2 亿 m³ 逐年增加，到 2010 年达到 203 亿 m³，占用水总量的比例由 9.69%提高到 10.53%；生态用水量和占用水总量的比例基本保持不变。2010 年西部地区农业、工业、生活、生态用水比例分别比全国平均比例高 10.1 个百分点、低 8.8 个百分点、低 2.2 个百分点、高 0.9 个百分点，农田实灌亩均用水量 523 m³，比全国平均水平高 104.3 m³。

东北地区农业用水量呈缓慢增加的趋势，从 2006 年占用水总量的 69.79%，到 2010

年占用水量的 70.60%；工业用水量呈逐年增长的趋势，从 2006 年的 100.2 亿 m³ 增长到 2010 年的 107.1 亿 m³，占用水总量的比例由 18.88% 降低到 18.26%；生活用水量从 2006 年的 55.8 亿 m³ 逐年增加，到 2010 年达到 56.2 亿 m³，但占用水总量的比例有所下降，由 10.52% 降到 9.59%；生态用水量和占用水总量的比例呈增加的趋势，生态用水量从 2006 年的 4.3 亿 m³ 增加到 2010 年的 8.9 亿 m³，占总用水量的比例由 0.81% 提高到 1.51%。2010 年东北地区农业、工业、生活、生态用水比例分别比全国平均比例高 8.9 个百分点、低 5.8 个百分点、低 2.6 个百分点、低 0.5 个百分点，农田实灌亩均用水量 458 m³，比全国平均水平高 38.7 m³。

表 2-7　　2010 年各区域用水量　　　　　　　　　　单位：亿 m³

| 区域 | 用水总量 | 农业用水量 | 工业用水量 | 生活用水量 | 生态用水量 |
|---|---|---|---|---|---|
| 东部 | 2 107.0 | 1 113.3 | 620.0 | 336.4 | 36.4 |
| 中部 | 1 419.5 | 794.0 | 426.4 | 180.0 | 19.5 |
| 西部 | 1 924.9 | 1 392.8 | 293.8 | 184.0 | 55.0 |
| 东北 | 586.3 | 414.2 | 107.1 | 56.2 | 8.9 |
| 全国 | 6 037.7 | 3 714.3 | 1 447.3 | 756.6 | 119.8 |

从四大区域的对比分析可得，四大区域的用水量仍以农业用水为主，农业用水量占用水总量的比例西部最高，东部最低；工业用水量占比东部最高，西部最低；生活用水量占比东部最高，东北最低；生态用水量占比西部最高，中部最低（表 2-7）。

## 2.2　水资源消耗发展趋势预测

随着我国人口的持续增长、经济的快速发展、城镇化水平和人民生活水平的不断提高，对水资源的开发利用和保护提出了更高的要求，要满足社会发展对饮水安全的要求，满足经济快速发展和人口增长对保障经济供水安全和粮食安全的要求，满足人民生活水平提高和保持社会稳定对改善生态环境等方面的要求。社会经济的发展以及城市化进程的加快使得我国水资源使用量将不断增加，水资源压力将十分突出。由现状分析可以看出，现阶段我国水资源使用主要以农业用水为主，随着未来我国建设进程的不断加快，社会经济发展水平及城市化建设水平不断提高，将不同程度地增加农业、工业及生活用水量。各地区水资源在未来是否能够满足自身的地区消耗是现阶段需要认真研究的问题之一。本研究在各区域用水现状基础上，预测出各省未来年份人均日用水量、单位工业增加值用水量等数据，并根据未来发展趋势预测这些系数的变化趋势，最终获得各区域用水量及用水结构。

区域用水量预测主要包括农业、工业、生活、生态用水量四大类。其中，农业用水量主要包括农田灌溉用水量和林木渔畜用水量两类，农田灌溉用水量通过有效灌溉面积乘以单位灌溉面积用水量获得；工业用水量则通过工业增加值乘以单位工业增加值用水系数获得；生活用水量主要通过人口乘以居民人均日用水系数获得；生态用水量主要指生态修复和环境景观所需的用水量，主要通过参考各省份未来规划区绿地面积和水域面积，根据生态用水量占其他三类主要用水量的比例估算生态用水量。

### 2.2.1　用水总量

　　我国水资源总量不足，属于缺水型国家。受地理环境和气候条件的影响，水资源分布很不均匀。由于各行各业水资源需求量逐年飙升，不少地方也出现资源性缺水。近年来虽然单位 GDP 的用水量逐年递减，全国的人均用水量却在不断攀升，随着人口的增加，工业化、城市化水平进一步提高，全国的总用水量仍将不断上涨。虽然从总量上来看，目前水资源的供需基本平衡，但随着用水量的不断提高，受水污染等不确定因素的影响，在未来的 20 年内极有可能出现水资源的供需缺口。2011 年最严格水资源管理制度提升为国家战略，用水总量、用水效率和水功能区限制纳污"三条红线"拧紧用水阀门，从供水管理向需水管理转变。目前全国 25 条跨省江河流域水量分配技术方案基本完成，"三条红线"指标将完成逐级分解，基本建立覆盖省市县的指标体系；火电、钢铁、纺织等高耗水行业用水定额更为严格；初步建立了水功能区达标评价体系，推进入河湖排污总量的动态监控；全国 78% 的县级以上行政区实行城乡水务一体化管理。

　　据预测，在农业和工业用水强度逐步下降情况下，我国用水量仍将持续上升，但用水结构将发生明显变化。2010 年用水总量为 6 037.7 亿 $m^3$，"十二五"期间，我国用水总量将继续上升，在 2015 年前后达到 6 163.2 亿 $m^3$，比 2010 年增加 2.1%；到 2020 年，用水总量上升为 6 356.7 亿 $m^3$，比 2015 年增加 3.1%；2030 年达到 6 715.5 亿 $m^3$，比 2020 年增加 5.6%。

　　东部地区未来 20 年用水总量呈逐年降低趋势。从东部地区用水总量预测结果可以看出，在采取较为严厉的节水措施，不断提高工业用水重复利用率以及居民节水意识不断增强的情景下，东部地区 2015 年用水总量将从 2010 年的 2 107.0 亿 $m^3$ 降低到 2 032.8 亿 $m^3$，用水总量逐年下降，2020 年用水总量降低到 1 988.5 亿 $m^3$，"十二五"、"十三五"降低率分别为 3.5% 和 2.2%，相对于社会经济和城市化水平的快速发展，用水总量反而降低。2030 年用水总量降低到 1 952.2 亿 $m^3$，比 2020 年降低了 1.8%（图 2-11、图 2-12、表 2-8）。

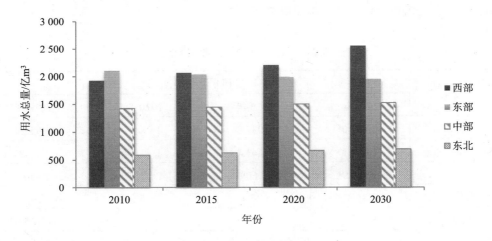

**图 2-11　各区域用水量预测**

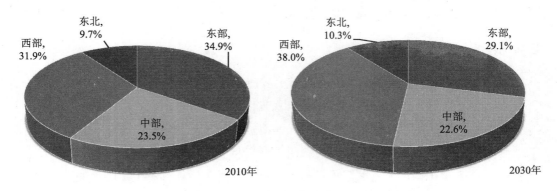

图 2-12　2010 年和 2030 年各区域用水量占全国的比重变化

中部地区用水总量呈逐年增长的趋势，从 2020 年后增长速度开始变缓。从预测结果可以看出，中部地区 2015 年用水总量将从 2010 年的 1 419.5 亿 m³ 增长到 1 443.4 亿 m³，并逐年增长，2020 年用水总量增长到 1 501.1 亿 m³，"十二五"、"十三五"增长率分别为 1.7%和 4.0%，随着中部地区工业用水重复利用率以及居民节水意识不断增强，2020 年后中部地区用水总量增长速度开始变缓，2030 年用水总量增长到 1 521.4 亿 m³，比 2020 年增加了 1.3%。

西部地区用水总量呈逐年增长的趋势。西部地区 2015 年用水总量将从 2010 年的 1 924.9 亿 m³ 增长到 2 060.6 亿 m³，随着西部大开发战略的实施及人口数量的增加，西部地区工业用水和农业用水逐年增加，对区域水资源的需求迅速增加。2020 年用水总量增长到 2 201.3 亿 m³，"十二五"、"十三五"增长率分别为 7.0%和 6.9%，到 2030 年用水总量为 2 550.4 亿 m³，2020—2030 年十年间增长了 15.9%。

东北地区用水总量与中部地区相似，呈逐年增长的趋势，从 2020 年后增长速度开始变缓。东北地区 2015 年用水总量将从 2010 年的 586.3 亿 m³ 增长到 626.4 亿 m³，并逐年增长，2020 年用水总量增长到 665.8 亿 m³，"十二五"、"十三五"增长率分别为 6.8%和 6.3%，2020 年后随着东北地区产业结构的优化以及居民节水意识不断增强，到 2030 年用水总量为 691.6 亿 m³，2020—2030 年十年间降低了 3.9%。

表 2-8　各区域用水量预测结果

| 区域 | 用水总量/亿 m³ | | | |
| --- | --- | --- | --- | --- |
| | 2010 年 | 2015 年 | 2020 年 | 2030 年 |
| 东部 | 2 107.0 | 2 032.8 | 1 988.5 | 1 952.2 |
| 中部 | 1 419.5 | 1 443.4 | 1 501.1 | 1 521.4 |
| 西部 | 1 924.9 | 2 060.6 | 2 201.3 | 2 550.4 |
| 东北 | 586.3 | 626.4 | 665.8 | 691.6 |
| 全国 | 6 037.7 | 6 163.2 | 6 356.7 | 6 715.6 |

## 2.2.2　用水效率

我国近 2/3 的城市不同程度缺水，工程性、资源性、水质性缺水长期并存，水资源约束成为可持续发展的主要瓶颈。今后必须加快推进节水型社会建设，全面实行最严格的水资源管理制度，建立健全节约用水的利益调节机制。"十二五"规划确定的刚性指标，到 2015 年全国万元 GDP 用水量和万元工业增加值用水量比 2010 年分别降低 30%。到 2020 年，全国用水总量将控制在 6 356.7 亿 m³ 以内，基本遏制地下水超采，万元工业增加值用水量降低到 65 m³ 以下，农田灌溉水有效利用系数将提高到 0.55 以上。

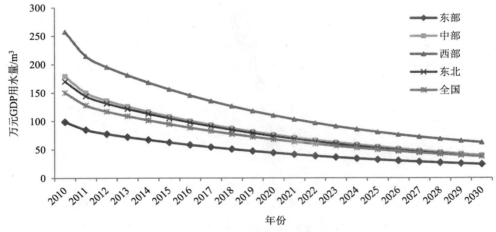

图 2-13　各区域万元 GDP 用水量预测

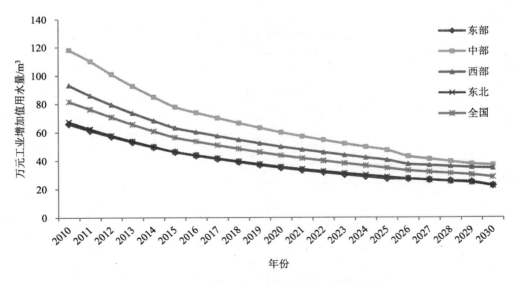

图 2-14　各区域万元工业增加值用水量预测

预测结果表明，未来 20 年，各省通过节水型社会建设，用水效率大大提高。到 2015 年，我国万元 GDP 用水量降低到 95 m³（以 2010 年 GDP 不变价计算），比 2010 年降低 36.8%，2020 年降低到 68 m³，比 2015 年降低 28.4%，2030 年又比 2020 年降低 44.2%，降低到 38 m³。

工业用水效率也大大提高，万元工业增加值用水量 2015 年降低到 56 m³，比 2010 年降低 30.8%，2020 年比 2015 年又降低 22.4%，2030 年降低到 28 m³，比 2020 年降低 34.9%。从四大区域来看，四大区域的万元 GDP 用水量和万元工业增加值用水量都是呈逐年下降的趋势，且下降的速度随着时间的推移变得越来越缓（图 2-13，图 2-14）。

东部地区万元 GDP 用水量和万元工业增加值用水量都是最低的。2015 年万元 GDP 用水量将降到 63 m³，2020 年降到 44 m³，2030 年为 24 m³（表 2-9），降低率分别为 36.6%、29.3%、45.5%；2015 年万元工业增加值用水量为 46 m³，2020 年降到 35 m³，2030 年为 22 m³（表 2-10），降低率分别为 30.0%、24.0%、36.0%。

中部地区万元工业增加值用水量是四大区域中最高的，万元 GDP 用水量比较高，均高于全国平均水平。2015 年万元 GDP 用水量将降到 108 m³，2020 年降到 76 m³，2030 年为 39 m³，降低率分别为 39.7%、29.5%、48.2%；2015 年万元工业增加值用水量为 78 m³，2020 年降到 60 m³，2030 年为 37 m³，降低率分别为 34.1%、23.0%、38.4%。

西部地区万元 GDP 用水量是四大区域中最高的，万元工业增加值用水量比较高，均高于全国平均水平。2015 年万元 GDP 用水量将降到 156 m³，2020 年降到 110 m³，2030 年为 63 m³，降低率分别为 39.2%、29.5%、43.2%；2015 年万元工业增加值用水量为 63 m³，2020 年降到 50 m³，2030 年为 35 m³，降低率分别为 32.3%、21.0%、30.3%。

东北地区万元 GDP 用水量高于全国平均水平，万元工业增加值用水量低于全国平均水平。2015 年万元 GDP 用水量将降到 105 m³，2020 年降到 74 m³，2030 年为 38 m³，降低率分别为 38.2%、29.8%、48.9%；2015 年万元工业增加值用水量 46 m³，2020 年降到 36 m³，2030 年为 22 m³，降低率分别为 31.2%、23.0%、37.6%。

表 2-9　各区域万元 GDP 用水量预测

| 区域 | 万元 GDP 用水量/m³ | | | |
|---|---|---|---|---|
| | 2010 年 | 2015 年 | 2020 年 | 2030 年 |
| 东部 | 98.8 | 63 | 44 | 24 |
| 中部 | 179.4 | 108 | 76 | 39 |
| 西部 | 257.4 | 156 | 110 | 63 |
| 东北 | 170.2 | 105 | 74 | 38 |
| 全国 | 150.4 | 95 | 68 | 38 |

表 2-10　各区域万元工业增加值用水量预测

| 区域 | 万元工业增加值用水量/m³ | | | |
|---|---|---|---|---|
| | 2010 年 | 2015 年 | 2020 年 | 2030 年 |
| 东部 | 66.0 | 46 | 35 | 22 |
| 中部 | 118.1 | 78 | 60 | 37 |
| 西部 | 93.2 | 63 | 50 | 35 |
| 东北 | 67.4 | 46 | 36 | 22 |
| 全国 | 81.6 | 56 | 44 | 28 |

从四大区域用水效率对比来看，万元 GDP 用水量西部最高，中部和东北次之，东部最低，仅东部地区低于全国平均水平，其余三个区域均高于全国平均水平。万元工业增加值用水量中部最高，西部次之，两区域均高于全国平均水平，东部和东北比较低，低于全国平均水平。从四大区域用水效率提高的速度来看，四大区域的万元 GDP 用水量和万元工业增加值用水量降低速度相当。

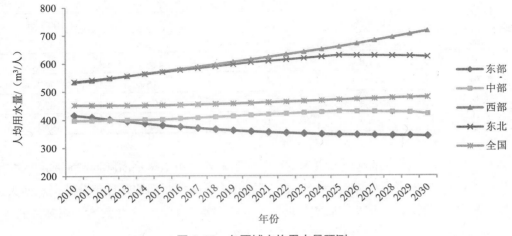

图 2-15　各区域人均用水量预测

2010—2020 年间，全国人均用水量变化不大，2010 年全国人均用水量为 450.2 m³/人，"十二五"期间变化不大，略有降低，2015 年全国人均用水量为 452 m³/人，2020 年为 459 m³/人，2020 年后增长速度加快，2030 年达到 480 m³/人，东部、中部、东北地区在 2020—2030 年间变化不大，主要由于西部地区用水量的迅速增加导致了全国平均水平的升高（图 2-15）。

东部地区人均用水量呈逐年降低的趋势，从 2010 年的 408.8 m³/人降至 2015 年的 381 m³/人，2020 年人均用水量降至 358 m³/人，"十二五"和"十三五"期间分别降低 35 m³/人、23 m³/人，2020 年后降低的趋势开始减缓，2030 年降到 342 m³/人，2020—2030 年降低 16 m³/人（表 2-11）。在东部地区经济快速增长、城市化进程加快推进的过程中，只有加大力度利用经济、税费、行政、科技等多重手段不断提高各行业用水效率，营造节约用水的社会环境，通过结构调整，才能在未来缓解用水压力。

中部地区人均用水量与用水总量变化趋势相同，在 2025 年出现峰值，从 2010 年的 401.8 m³/人增长至 2015 年的 402 m³/人，2020 年人均用水量升至 416 m³/人，"十二五"和"十三五"期间分别增长 4 m³/人、14 m³/人，"十四五"期间人均用水量变化不大，2025 年达到最高值 430 m³/人，2030 年增加到 421 m³/人，比 2020 年增加了 5 m³/人。

西部地区人均用水量呈逐年增加的趋势，2010—2030 年一直呈逐年上涨的趋势，从 2010 年的 534.4 m³/人增长至 2015 年的 572 m³/人，2020 年人均用水量升至 615 m³/人，工业重心逐渐由南向北、由东向中西部转移，2030 年继续上升到 717 m³/人，"十二五"、"十三五"、"十四五"和"十五五"期间每 5 年分别增长 38、43、45 和 57 m³/人。

东北地区人均用水量呈先上升后下降的趋势，在 2025 年达到最高点，从 2010 年的

537.4 m³/人增长至 2015 年的 570 m³/人，2020 年人均用水量升至 604 m³/人，增长速度低于西部地区，2025 年达到峰值 629 m³/人，之后开始下降，2030 年达到 625 m³/人，"十二五"、"十三五"、"十四五"和"十五五"期间每 5 年分别增长 35、34、25 和−5 m³/人。

表 2-11　各区域人均用水量预测结果

| 区域 | 人均用水量/（m³/人） | | | |
|---|---|---|---|---|
| | 2010 年 | 2015 年 | 2020 年 | 2030 年 |
| 东部 | 408.8 | 381 | 358 | 342 |
| 中部 | 401.8 | 402 | 416 | 421 |
| 西部 | 534.4 | 572 | 615 | 717 |
| 东北 | 537.4 | 570 | 604 | 625 |
| 全国 | 450.2 | 452 | 459 | 480 |

从四大区域人均用水量发展趋势来看，未来东部人均用水量逐渐降低，中部和东北地区逐年升高，在 2025 年前后达到最高点，之后开始下降，西部地区逐年升高；从四大区域人均用水量大小来看，2015 年后西部地区的人均用水量最高，东北其次，东部最低。

### 2.2.3　用水结构

预测结果表明，我国农业用水和工业用水的比重在逐年下降，生活用水的比重总体呈上升趋势，生态用水的比重在逐年上升。未来 20 年，我国用水总量逐年增加，农业用水呈增长趋势，从 2010 年的 3 714.3 亿 m³ 增长到 2030 年的 4 097.4 亿 m³，年均增长 0.5%；工业用水呈先降后增的趋势，2015 年工业用水量比 2010 年降低 4.6%，为 1 380.7 亿 m³，2020 年又增长至 1 394.2 亿 m³，2030 年增加至 1 416.8 亿 m³，比 2010 年降低 2.2%；生活用水量和生态用水量逐年升高（图 2-16）。

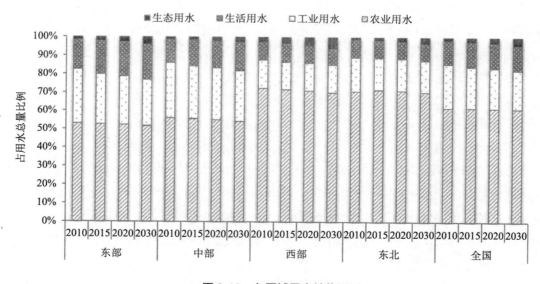

图 2-16　各区域用水结构预测

（1）东部地区

"十二五"和"十三五"期间水资源需求的所有增长都将来自于生活和生态用水。农业用水量逐年降低。东部地区土地开发强度已经较高，单位灌溉面积用水量逐年降低，有效灌溉面积增长的趋势放缓，东部地区农业用水量呈逐渐降低的趋势。2010 年东部地区农业用水量为 1 113.3 亿 $m^3$，到 2015 年农业用水量降低到 1 068.7 亿 $m^3$，五年期间降低 4%，2020 年农业用水量下降到 1 037.0 亿 $m^3$，2030 年农业用水量为 1 007.9 亿 $m^3$，十年期间降低了 2.8%。工业用水量降低速度较快。东部地区万元工业增加值用水量呈逐年下降的趋势，工业用水量也相应地逐年下降。2010 年东部地区工业用水量为 620.0 亿 $m^3$，2015 年为 553.2 亿 $m^3$，2020 年工业用水量降至 523.8 亿 $m^3$，到 2030 年降低到 492.4 亿 $m^3$，降低率分别为 10.8%、5.3%、6.0%。生活用水量呈逐年增加的趋势。东部地区人均生活用水量变化复杂，但总体呈下降的趋势，从 2010 年的 181.9L/（人·d）降低到 2030 年的 178.5 L/（人·d），变化较小。2010 年东部地区生活用水量为 336.4 亿 $m^3$，生活用水量呈逐年增加的趋势，2015 年达到 363.3 亿 $m^3$，2020 年达到 369.0 亿 $m^3$，2030 年达到 372.3 亿 $m^3$，降低率分别为 8.0%、1.6%、0.9%。生态用水量逐年上升。生态用水量呈逐年上升的趋势，从 2010 年的 36.4 亿 $m^3$ 增长到 2020 年的 79.5 亿 $m^3$，增加了一倍多。

从各用水类型来看，农业用水将呈现逐年降低的趋势，所占的比例也逐年降低，2010 年农业用水量占用水总量的比例为 52.8%，2015 年降低到 52.6%，2020 年降低到 52.2%，2030 年降低到 51.6%。工业用水量占用水总量的比例呈逐年下降的趋势，2010 年为 29.4%，2020 年下降到 26.3%，2030 年又降至 25.2%。生活用水量占用水总量的比例总体逐年上升，2010 年为 16.0%，2015 年升至 17.9%，2030 年升至 19.1%。生态用水量的比例呈逐年升高的趋势，从 2010 年的 1.7% 增长至 2030 年的 4.1%。

（2）中部地区

农业用水量呈先升后降的趋势，在 2025 年达到峰值。中部地区有效灌溉面积逐年增加，单位灌溉面积用水量虽逐年降低，但难抵有效灌溉面积增加的速度，2010 年中部地区农业用水量为 794.0 亿 $m^3$，到 2015 年农业用水量增长到 800.9 亿 $m^3$，五年期间增长 0.9%，2020 年农业用水量达到 824.6 亿 $m^3$，2025 年达到峰值 849.4 亿 $m^3$，之后开始下降，2030 年农业用水量为 823.2 亿 $m^3$。工业用水量变化不大。中部地区与东部地区不同，中部地区工业用水量总体呈平稳的趋势，变化不大。2010 年中部地区工业用水量为 426.4 亿 $m^3$，"十二五"期间万元工业增加值减少 34%，2015 年工业用水量将为 414.3 亿 $m^3$，降低率为 2.8%，2020 年工业用水量增长至 426.0 亿 $m^3$，回到 2010 年水平，在 2025 年达到最高值之后，工业用水量开始缓慢下降，到 2030 年减少到 420.8 亿 $m^3$。生活用水量呈逐年增加的趋势。2010 年中部地区生活用水量为 180.0 亿 $m^3$，人均生活用水量变化复杂，但总体呈上升的趋势，从 2010 年的 138.1 L/（人·d）增加到 2030 年的 173.1L/（人·d），增长 25.3%。生活用水量呈逐年增加的趋势，2015 年达到 202.2 亿 $m^3$，2020 年达到 216.1 亿 $m^3$，2030 年达到 228.4 亿 $m^3$，增长率分别为 12.3%、6.9%、5.7%。生态用水量呈逐年上升的趋势。生态用水量也从 2010 年的 19.5 亿 $m^3$ 增长到 2030 年的 49.0 亿 $m^3$，增加了约 1.5 倍。

从各用水类型来看，农业用水将呈现逐渐降低的趋势，所占的比例也逐渐降低，2010 年农业用水量占用水总量的比例为 55.9%，2015 年降低到 55.5%，2030 年降低到 54.1%。工业用水量占用水总量的比例呈降低趋势，2010 年为 30.0%，2020 年降低到 28.7%，2030 年降低至 27.7%。生活用水量占用水总量的比例总体呈逐渐上升的趋势，2010 年为 12.7%，2015 年升至 14.0%，2030 年为 15.0%。生态用水量的比例呈逐年升高的趋势，从 2010 年的 1.4%增长至 2030 年的 3.2%。

（3）西部地区

农业用水量逐年升高。2010 年西部地区农业用水量为 1 392.8 亿 $m^3$，到 2015 年农业用水量增加到了 1 476.0 亿 $m^3$，五年期间增长 6.0%，2020 年农业用水量增加到 1 561.0 亿 $m^3$，2030 年农业用水量为 1 781.6 亿 $m^3$，十年期间增长了 14.1%。工业用水量逐年增加。西部地区工业用水量比同期的东、中部地区要低很多，呈逐年上升的趋势，西部地区万元工业增加值用水量总体呈上升的趋势。2010 年西部地区工业用水量为 293.8 亿 $m^3$，"十二五"、"十三五"期间工业用水量上升趋势较慢，2020 年工业用水量增长至 329.3 亿 $m^3$，2010—2020 年间增长 12.1%，2020—2030 年间工业用水量增长较快，2030 年增长到 384.5 亿 $m^3$，2020—2030 年间增长 16.8%。生活用水量逐年增加。2010 年西部地区生活用水量为 184.0 亿 $m^3$，"十二五"、"十三五"和"十四五"期间西部地区生活用水量均呈逐年增加的趋势，在 2015 年达到 205.6 亿 $m^3$，比 2010 年增加 11.7%，2020 年达到 210.6 亿 $m^3$，五年内上升 2.4%，2030 年达到 229.2 亿 $m^3$。且西部地区人均生活用水量也呈增长的趋势，从 2010 年的 139.8 L/（人·d）增长到 2030 年的 176.5 L/（人·d），增长率为 26.3%。生态用水量逐年增加。生态用水量也从 2010 年的 55.0 亿 $m^3$ 增长到 2030 年的 155.0 亿 $m^3$，增加了近 2 倍。

从各用水类型来看，农业用水将呈现逐渐增加的趋势，所占的比例却逐渐降低，2010 年农业用水量占用水总量的比例为 72.4%，2015 年降低到 71.6%，2030 年降低到 69.9%。随着工业用水量的先降后升，工业用水量占用水总量的比例总体也呈先降后升的趋势，2010 年为 15.3%，2015 年降到 14.7%，2020 年增长到 15.0%，2030 年上升至 15.1%。生活用水量占用水总量的比例总体稳定，呈先上升后下降的趋势，2010 年为 9.6%，2015 年升至 10.0%，2030 年降至 9.0%。生态用水量的比例呈逐年升高的趋势，从 2010 年的 2.9%增长至 2030 年的 6.1%。

（4）东北地区

农业用水量呈先升高后降低的趋势，在 2025 年达到峰值。2010 年东北地区农业用水量为 414.2 亿 $m^3$，到 2015 年农业用水量增加到 447.0 亿 $m^3$，五年期间增长 7.9%，2025 年达到峰值 492.2 亿 $m^3$，从 2025 年后开始出现降低趋势，有效灌溉面积缓慢上升。2030 年农业用水量降低到 484.6 亿 $m^3$。工业用水量发展趋势与西部相同，呈逐年上升的趋势。2010 年东北地区工业用水量为 107.1 亿 $m^3$，上升趋势较慢，2015 年工业用水量为 109.3 亿 $m^3$，2020 年工业用水量增长至 115.1 亿 $m^3$，到 2030 年增长到 119.1 亿 $m^3$。2010 年东北地区生活用水量为 56.2 亿 $m^3$，在 2015 年达到 57.8 亿 $m^3$，比 2010 年增加 2.8%，2020 年达到 61.2 亿 $m^3$，五年内增长 6.0%，2030 年达到 62.9 亿 $m^3$，十年内增长 2.8%。人均生活用水量总体呈增长趋势,从 2010 年的 140.5 L/(人·d)增长到 2030 年的 155.6 L/(人·d),增长率为 10.7%。生态用水量也从 2010 年的 8.9 亿 m³ 增长到 2030 年的 24.9 亿 m³,增加了近两倍。

从各用水类型来看,农业用水将呈现逐渐升高的趋势,但所占比例先升后降,2010 年农业用水量占用水总量的比例为 70.6%,2015 年增加到 71.4%,2030 年又降低到 70.1%。工业用水量占用水总量的比例总体呈下降趋势,2010 年为 18.3%,2020 年降低到 17.3%,2030 年降低到 17.2%。生活用水量占用水总量的比例逐年降低,2010 年为 9.6%,2015 年降低至 9.2%,2030 年降至 9.1%。生态用水量的比例呈逐年升高的趋势,从 2010 年的 1.5%增长至 2030 年的 3.6%。

从四大区域各类型用水量来看,西部地区农业用水量最高,东部地区其次,东北地区最低;东部地区工业用水量最高,紧接着是中部和西部地区;生活用水量东部最高,西部和中部相当;生态用水量西部最高,东部次之。从各类型用水量增长速度来看,西部地区各类型用水量增长都很快,农业用水量东部逐年降低,其余三个区域总体是增加趋势,西部速度最快,东北次之;工业用水量东部和中部总体是降低的,东部降低速度很快,西部和东北总体呈增长趋势,西部增长较快;生活用水量中、西部地区增长较快,高于全国平均增长速度,东部和东北增长较慢;生态用水量增长速度西部最快,东部最慢。从用水结构变化来说,东部、中部、西部、东北农业用水和工业用水的比重均呈下降趋势,生活用水和生态用水的比重均呈上升趋势(图 2-17)。

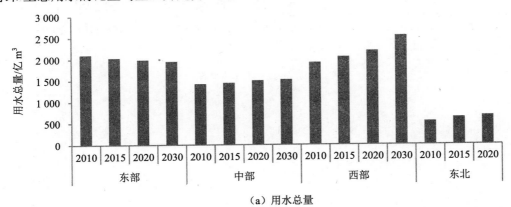

(a) 用水总量

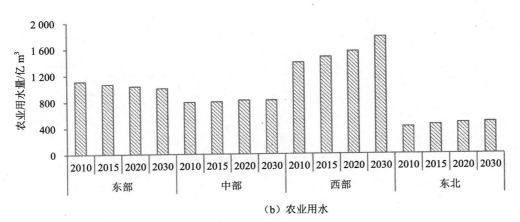

(b) 农业用水

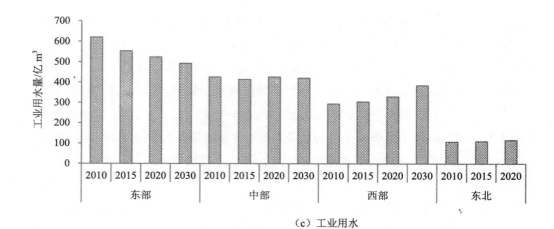

（c）工业用水

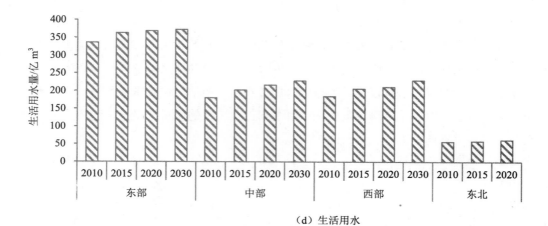

（d）生活用水

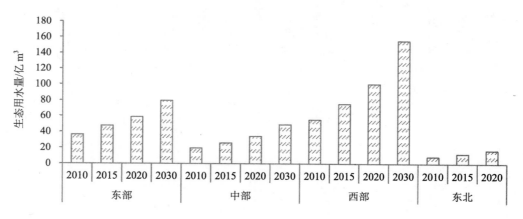

（e）生态用水

图 2-17　各区域用水量预测结果

## 2.3　水资源消耗面临的压力与对策建议

我国各流域由于面积不同，加之自然地理条件的差异，水资源禀赋差别很大，水资源人均量低。目前在淮河流域以北，黄淮海平原、山西能源基地、山东半岛、辽东半岛等地区水资源的供需矛盾已经十分突出。随着全面小康社会的推进，未来我国城市用水需求将有较大幅度的增加，对于华北等水资源短缺的地区，污水量迅速增加将威胁新、老水源的水质安全，做到合理开发和保护饮用水水源的难度加大。根据中科院国情分析小组的研究成果，到 2030 年，我国大部分地区的人均水资源量将低于 1 700 $m^3$/人，有部分地区甚至低于 500 $m^3$/人。到 21 世纪中叶，我国将实现第三步战略目标，达到中等发达国家水平，基本实现现代化，经济总量进入世界前列，人口将达到 16 亿人，城市化率将达到 65%，水资源供需前景不容乐观。

东部地区经济发达、人口众多，人均水资源量很低，是我国经济发达但水资源最短缺的地区。东部地区开发强度已经较高，用水效率的提高、农田实灌亩均用水量的减少和万元工业用水量的减少使得农业用水和工业用水不再增加，但随着城镇化的发展、人口的增加和人们对环境要求的提高，未来 20 年东部地区生活和生态用水的比重将逐渐增加，水资源需求的所有增长都将来自于生活和生态用水。可以看出，如果要达到社会经济及城市化发展目标，东部地区未来将面临较为严峻的水资源压力。近年来，随着全球气候变化以及生态系统不断脆弱，未来东部地区水资源可利用量有可能较少于用水量，未来东部地区所面临的水资源短缺形势有可能较预测结果更加严重。因此，为满足东部地区未来社会经济发展需要，解决水资源制约问题，解决的途径主要有开源和节流。需要制定更加严厉的节水措施，严格实行控制性用水，制定用水优先顺序。同时加快水污染治理，加快蓄水工程的建设。近年来的应用改变了大水漫灌的灌溉方式，积极推广农业喷灌、滴灌技术，遏制水资源浪费，提高农业用水效率。同时加强居民节水意识，加大节水器具使用普及率，坚决杜绝"跑、冒、滴、漏"现象频繁发生。不断提升水资源管理体制水平。

中部地区气候相对湿润，还有大量过境水可以利用，是我国水资源相对丰富和经济发达的地区，但人均水资源量仍很低，未达到全国平均水平。中部地区具备较强的经济基础，随着工业化、城镇化深入发展和扩大内需战略全面实施，中部地区广阔的市场潜力和承东启西的区位优势将进一步得到发挥，未来中部地区随着中部地区崛起战略"三基地、一枢纽"（粮食生产基地、能源原材料基地、现代装备制造及高技术产业基地和综合交通运输枢纽）的建设，用水量逐年增长，农业和工业用水比重虽有所降低，但农业用水量仍呈增长趋势，直到 2025 年出现拐点；万元工业增加值用水量红线控制使得"十二五"期间工业用水利用效率大大提高，工业用水量有所降低，但随着工业用水效率降低幅度和空间的减小，工业用水量在 2015 年后又有所升高，由于受到产业结构调整的积极进展和用水效率的提高等因素的综合影响，到 2025 年后又出现降低趋势；随着人民生活水平的提高，人均生活用水量呈增加趋势，生活和生态用水的比重和用水量也将呈增加趋势。针对中部水资源的压力，一方面应完善和落实最严格水资源管理制度，推行需水管理和节水管理，协调政府、市场和社会之间的关系，促进水资源可持续利用。另一方面应加强流域综合管理、水资源领域技术研发、水环境治理等，提高用水效率和管理水平。

西部地区水资源量相对丰富，人均水资源量高，但水土资源分布极不均衡。西南地区山高地少，人口密度较稀，经济相对不太发达；西北地区气候干燥，干旱缺水严重，灌溉需水量很大，同时能源较为丰富，可耕地广阔，经济欠发达，是我国大开发、大发展，但缺水严重的地区。西南地区的水资源总量虽然丰富，但由于来水与用水在时间和空间上的错位和不协调，大部分调节和供水工程数量不足引起工程性缺水。随着西部大开发的推进、经济与社会的发展，对水资源的需求将会越来越高，水资源的供需矛盾也更加突出。未来整个西部地区的用水结构以农业用水为主，工业、生活和生态用水量也将迅速增长，西部地区的万元 GDP 用水量在四个区域中仍然是最高的，万元工业增加值用水量大于全国平均水平，人均用水量增长迅速。2012 年国务院三号文件《关于实行最严格水资源管理制度的意见》确立各省水资源开发利用控制红线，用水总量控制对西部省份，如宁夏、青海、甘肃等地这些原本就缺水的后发地区挑战比较大，因为经济发展意愿强烈，未来工业的发展会消耗大量的水资源，带来很大的控水压力。因此，为满足西部地区未来社会经济发展需要，化解水资源短缺问题，需要以节约用水、提高水的利用效率和水资源合理开发与优化配置为重点，通过适宜的综合管理措施，改善西部地区生产和生活用水条件，使西部地区用水总量及产业用水量趋于降低或平稳，需水量出现零增长或负增长的趋势，以水资源的可持续利用保障西部地区经济和社会的可持续发展。

东北地区多数地方气候相对湿润，嫩江、黑龙江等还有过境水可以利用，缺水形势不太严峻，但人均水资源量仍很低，未达到全国平均水平。东北地区是我国重要的商品粮基地和粮食新增潜力最大的区域，其中以占中国近 1/6 的耕地，提供了占全国 1/3 左右的商品粮，在国家粮食安全中发挥着举足轻重的作用。东北地区又是以辽中南为典型代表的重工业基地，工农业生产均具有较大的水资源需求量。由于水资源的区域分布不均以及水利工程配套设施不全等原因，东北地区显著存在着水量供给与需求不匹配的格局。未来整个东北地区的用水仍以农业用水为主，工业、生活和生态用水量也将有所增长，"十二五"和"十三五"期间用水总量增长速度超过全国平均水平，人均用水量仍处于较高的水平。因此，为满足东北地区未来社会经济发展需要，解决水资源制约问题，一方面要提高水资源利用率，推行节约节水，最大限度地节约水资源，在各农田灌区普及防渗等节水措施，提高渠系水利用系数。另一方面，提高水资源调度水平，使水资源在整体上发挥最大的经济、社会和环境效益。另外，还需严格控制对地下水资源的超量开采，维护地下水、地表水利用的平衡性，强化水污染治理，通过治污措施，逐步降低工业污染和生活污染对水源地的威胁。

# 第 3 章　四大区域能源消耗形势分析与预测

随着国民经济持续快速发展，我国迅速崛起为世界能源大国，一次能源生产总量跃居世界第一，消费总量世界第二，在国际能源事务中的影响力明显提升。从能源消费结构来看，我国能源消耗仍以煤炭为主，化石能源比例较高，清洁能源比例虽逐年增长，但比例仍不高。目前我国经济发展刚刚进入工业化和城市化迅速推行时期，重工业发展和城市居民对耐用消费品等耗能产品的需求不断升级，在未来相当长的一段时间内，我国仍将保持强劲的能源需求。随着经济建设的发展，特别是石油消耗的增加，煤炭在一次能源消耗中的比例逐步下降，清洁能源比例将逐渐上升。本章将全国划分为东、中、西、东北四个区域，分析我国和各区域能源消费特点，数据主要来源于中国及各省统计年鉴、能源统计年鉴、"十二五"发展规划、新能源发展规划等资料。

## 3.1　能源消耗形势回顾分析

（1）能源总量

"十一五"是我国能源发展史上非常重要的时期。"十一五"期间我国能源供应能力显著增强，人均用能条件不断改善；新能源和可再生能源发展迅速，非化石能源占一次能源消费比重逐步提高，能源结构和生产布局明显优化；节能减排力度加大，单位生产总值能耗逐年下降，全面完成了"十一五"规划确定的各项目标和任务，为保障国民经济持续快速发展作出了重要贡献。2010 年我国能源消耗总量达到 32 亿 t 标准煤。"十一五"期间，我国以能源消费年均 6.6%的增速支撑了国民经济年均 11.2%的增速，能源消费弹性系数由"十五"时期的 1.04 下降到 0.59，缓解了能源供需矛盾。全国单位 GDP 能耗下降 19.1%，$SO_2$ 排放量减少 14.29%，COD 排放量减少 12.45%，累计减少 $CO_2$ 排放 14.6 亿 t。

"十一五"期间东部、中部、西部和东北四大区域的能源消耗总量都是呈逐年增长的趋势。其中东部地区能源消耗量最高，西部、中部次之，东北最低（图 3-1、表 3-1）。但各区域能源消耗总量占全国的比重有所变化，东部、中部地区能源消耗总量占全国的比重呈下降趋势。

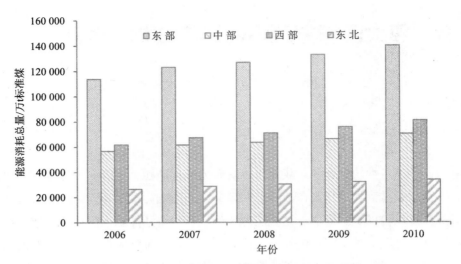

图 3-1 "十一五"期间各区域能源消耗总量变化

表 3-1 "十一五"期间各区域能源消耗总量

| 地区 | 能源消耗总量/万 t 标准煤 | | | | |
|---|---|---|---|---|---|
| | 2006 年 | 2007 年 | 2008 年 | 2009 年 | 2010 年 |
| 东 部 | 113 794.9 | 123 110.8 | 126 859.0 | 132 818.3 | 139 985.7 |
| 中 部 | 56 705.0 | 61 560.8 | 63 483.7 | 66 159.7 | 70 252.6 |
| 西 部 | 61 799.4 | 67 274.7 | 70 898.0 | 75 671.3 | 80 978.3 |
| 东 北 | 26 376.7 | 28 561.6 | 30 207.4 | 31 997.6 | 33 722.4 |
| 全 国 | 258 676.0 | 280 507.9 | 291 448.1 | 306 646.9 | 324 939.0 |

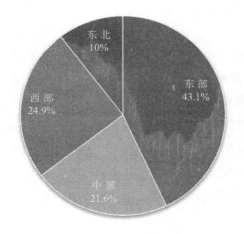

图 3-2 2010 年各区域能源消耗总量占全国的比重

  东部地区经济高速发展，优化区域工业结构的实施使得东部地区能源消费量增长较慢。
2006 年东部地区能源消费量达到 11.379 亿 t 左右标准煤，2010 年达到 13.999 亿 t 左右标准煤，"十一五"期间增长 23.0%，低于全国能源消耗总量增长速度 25.6%，是四个区域中增长速度最低的。东部地区能源消费量占全国能源消耗总量的比例逐年降低，由 44.0%降低到 2010 年的 43.1%，降低 0.9 个百分点（图 3-2）。

由于中部崛起政策的引导，东部地区的产业转移，中部地区工业产业继续发展。2006年中部地区能源消费量达到 5.671 亿 t 左右标准煤，2010 年达到 7.025 亿 t 左右标准煤，"十一五"期间增长 23.9%，低于全国、西部和东北地区能源消耗总量增长速度。中部地区能源消费量占全国能源消耗总量的比例逐年降低，由 21.9%降低到 2010 年的 21.6%，降低 0.3 个百分点。

西部大开发的实施使得西部地区工业产业迅猛发展，人民生活水平日益提高，能源消费量快速增长，2006 年西部地区能源消费量达到 6.180 亿 t 左右标准煤，2010 年达到 8.098 亿 t 左右标准煤，"十一五"期间增长 31.0%，高于全国能源消耗总量增长速度，是四个区域中增长速度最快的。西部地区能源消费量占全国能源消耗总量的比例逐年升高，由 23.9%上升到 2010 年的 24.9%，增加 1.0 个百分点。

由于东北老工业基地振兴的相关政策支持，使得东北地区能源消费增长速度较快。2006 年东北地区能源消费量达到 2.638 亿 t 左右标准煤，2010 年达到 3.372 亿 t 左右标准煤，"十一五"期间增长 27.8%，高于全国能源消耗总量增长速度。东北地区能源消费量占全国能源消耗总量的比例比较稳定，在 10.2%～10.4%之间，2010 年比 2006 年增加 0.2 个百分点。

（2）能源效率

"十一五"期间，全国单位 GDP 能耗逐渐降低，以 2010 年不变价计算，2006 年全国的单位 GDP 能耗为 0.972 t 标准煤/万元，2010 年为 0.809 t 标准煤/万元，2010 年比 2006年降低 16.7%，年均降低 3.6%。四大区域的单位 GDP 能耗均呈逐年降低的趋势。

东部地区单位 GDP 能耗小于全国单位 GDP 能耗。东部地区 2006 年单位 GDP 能耗为 0.771 t 标准煤/万元，2010 年降到了 0.657 t 标准煤/万元，"十一五"期间降低 14.8%，年均降低 3.1%，小于全国单位 GDP 能耗降低速度（表 3-2、图 3-3）。

中部地区单位 GDP 能耗高于全国单位 GDP 能耗。中部地区 2006 年单位 GDP 能耗为 1.141 t 标准煤/万元，2010 年降到了 0.888 t 标准煤/万元，"十一五"期间降低 22.2%，年均降低 4.9%，高于全国单位 GDP 能耗降低速度。

西部地区单位 GDP 能耗高于全国单位 GDP 能耗。西部地区 2006 年单位 GDP 能耗为 1.340 t 标准煤/万元，2010 年降到了 1.083 t 标准煤/万元，"十一五"期间降低 19.2%，年均降低 4.2%，高于全国单位 GDP 能耗降低速度。

东北地区单位 GDP 能耗小于全国单位 GDP 能耗。东北地区 2006 年单位 GDP 能耗为 1.166 t 标准煤/万元，2010 年降到了 0.979 t 标准煤/万元，"十一五"期间降低 16.0%，年均降低 3.4%，小于全国单位 GDP 能耗降低速度。

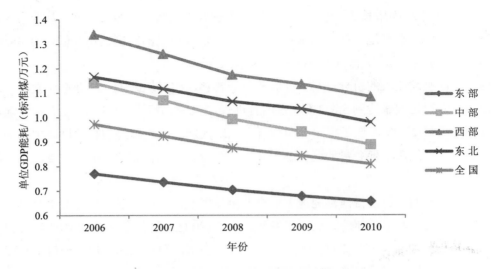

图 3-3 "十一五"期间各区域单位 GDP 能耗

表 3-2 "十一五"期间各区域单位 GDP 能耗

| 地区 | 单位 GDP 能耗/（t 标准煤/万元） | | | | |
|---|---|---|---|---|---|
| | 2006 年 | 2007 年 | 2008 年 | 2009 年 | 2010 年 |
| 东　部 | 0.771 | 0.736 | 0.704 | 0.678 | 0.657 |
| 中　部 | 1.141 | 1.070 | 0.992 | 0.941 | 0.888 |
| 西　部 | 1.340 | 1.260 | 1.174 | 1.134 | 1.083 |
| 东　北 | 1.166 | 1.117 | 1.064 | 1.034 | 0.979 |
| 全　国 | 0.972 | 0.923 | 0.875 | 0.843 | 0.809 |

（3）能源结构

"十一五"期间，中国能源消费总量增加 9 亿 t 标准煤，年均增长 6.6%，到 2010 年已成为世界第一大能源消费国。其中，电力消费量从 2005 年的 2.5 亿 kWh 增加到 2010 年的 4.2 亿 kWh，年均增长 11.1%；煤炭消费量从 2005 年的 23.18 亿 t 增加到 2010 年的 3.122 亿 t，年均增长 6.8%，占能源消耗总量的比重由 70.8% 降低到 68.0%；石油消费量从 3.25 亿 t 增加到 4.325 亿 t，年均增长 5.7%，占能源消耗总量的比重由 19.8% 降低到 19.0%；天然气消费量从 468 亿 $m^3$ 增加到 1 090 亿 $m^3$，年均增长 18.5%，占能源消耗总量的比重由 2.6% 增加到 4.4%；非石化能源消费量从 1.6 亿 t 标准煤增加到 2.789 亿 t 标准煤，年均增长 10.1%，占能源消耗总量的比重由 6.8% 增加到 8.6%（图 3-4，表 3-3）。

东部地区能源消费总量在四个区域中是最高的，煤、天然气的消耗量占了全国的 1/3 以上，石油和其他清洁能源的消费量占了全国的一半以上。2010 年能源消费总量达到 140 171.8 万 t 标准煤，其中煤炭消费量达到 120 632.0 万 t，是 2006 年煤炭消耗量的 1.26 倍，占全国煤炭消费量的 38.6%，煤炭消耗占一次能源的比例由 2006 年的 63.4% 左右下降到 2010 年的 60.9% 左右，但以煤为主的能源消耗结构将长期存在；石油消费量达到 23 854.1 万 t，是 2006 年石油消耗量的 1.48 倍，天然气消耗量的 2.33 倍，占全国石油消费量的 55.2%，占东部地区能源消费总量的 24.3%；天然气消费量为 378.6 亿 m³，占全国天然气消费量的 34.7%，占东部地区能源消费总量的 3.5%。石油、天然气消费量增长速度较快，但占能源消耗总量的比重变化不大。其他清洁能源消费量为 15 885.4 万 t 标准煤，占全国其他清洁能源消费量的 56.8%，占东部地区能源消费总量的 11.3%（表 3-3，表 3-4）。由于可再生能源的大力发展，东部地区可再生能源（水电、核电、风能、生物质能等）占整个能源消费的比例一直比较高。

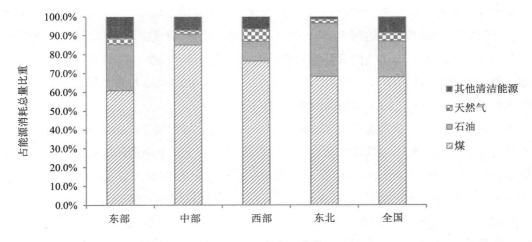

图 3-4　2010 年各区域能源消费构成

表 3-3　2010 年各区域能源消费结构

| 地区 | 占能源消费总量的比例/% | | | |
| --- | --- | --- | --- | --- |
| | 煤 | 石油 | 天然气 | 其他清洁能源 |
| 东部 | 60.9 | 24.3 | 3.5 | 11.3 |
| 中部 | 85.0 | 5.8 | 1.9 | 7.3 |
| 西部 | 76.5 | 10.4 | 6.6 | 6.5 |
| 东北 | 68.3 | 28.1 | 2.2 | 1.4 |
| 全国 | 68.0 | 19.0 | 4.4 | 8.6 |

表 3-4　2010 年各区域能源消费总量和构成

| 地区 | 能源总量/<br>万 t 标准煤 | 煤/<br>万 t | 石油/<br>万 t | 天然气/<br>亿 m³ | 其他清洁能源/<br>万 t 标准煤 |
| --- | --- | --- | --- | --- | --- |
| 东部 | 140 171.8 | 120 632.0 | 23 854.1 | 378.6 | 15 885.4 |
| 中部 | 70 346.0 | 84 483.1 | 2 845.8 | 105.3 | 5 136.4 |
| 西部 | 80 653.8 | 87 199.0 | 5 856.8 | 409.6 | 5 280.3 |
| 东北 | 33 767.2 | 32 595.9 | 6 658.4 | 57.2 | 465.5 |
| 全国 | 324 938.8 | 312 236.5 | 43 245.2 | 1 090.0 | 27 978.6 |

中部地区以煤炭消耗为主，石油消耗量和天然气消耗量较低，能源消费总量在四个区域中比较低。2010 年能源消费总量达到 70 346.0 万 t 标准煤，其中煤炭消费量达到 84 483.1 万 t，占全国煤炭消费量的 27.1%，煤炭消耗占一次能源的比例由 2006 年的 92.2% 降至 85.0%；

石油消费量达到 2 845.8 万 t，占全国石油消费量的 6.6%，占中部地区能源消费总量的 5.8%；天然气消费量为 105.3 亿 m³，占全国天然气消费量的 9.7%，占中部地区能源消费总量的 1.9%；其他清洁能源消费量为 5 136.4 万 t 标准煤，占全国其他清洁能源消费量的 18.4%，占一次能源的比例从 2006 年的 0% 增长到 2010 年的 7.3% 左右，低于全国平均水平（图 3-5）。

西部地区天然气消费量在四个区域中最高，能源消费总量在四个区域中比较高，煤、石油、其他清洁能源的消耗量也是比较高的。2010 年能源消费总量达到 80 653.8 万 t 标准煤，其中煤炭消费量达到 87 199.0 万 t，占全国煤炭消费量的 24.8%，占西部地区能源消费总量的 76.5%；石油消费量达到 5 856.8 万 t，占全国石油消费量的 13.5%，占西部地区能源消费总量的 10.4%；天然气消费量为 409.6 亿 m³，占全国天然气消费量的 37.6%，占西部地区能源消费总量的 6.6%；其他清洁能源消费量为 5 280.3 万 t 标准煤，占全国其他清洁能源消费量的 18.9%，占西部地区能源消费总量的 6.5%。

东北地区石油占一次能源的比例在四个区域中最高，其他清洁能源比重最低。能源消费总量、煤、石油、天然气和其他清洁能源消费量在四个区域中都是最低的。2010 年能源消费总量达到 33 767.2 万 t 标准煤，其中煤炭消费量达到 32 595.9 万 t，占全国煤炭消费量的 10.4%，占东北地区能源消费总量的 68.3%；石油消费量达到 6 658.4 万 t，占全国石油消费量的 15.4%，占东北地区能源消费总量的 28.1%；天然气消费量为 57.2 亿 m³，占全国天然气消费量的 5.3%，占东北地区能源消费总量的 2.2%；其他清洁能源消费量为 465.5 万 t 标准煤，占全国其他清洁能源消费量的 1.7%，占东北地区能源消费总量的 1.4%。

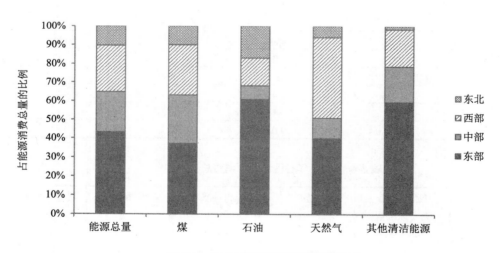

图 3-5　2010 年各区域能源消费构成

"十一五"期间我国能源消费特点：能源消费总量居世界第一，但人均能源消费量低于世界平均水平；能耗强度逐步下降，但节能空间依然较大；能源消费主要集中在东部地区，但中、西部地区用能增长较快；煤炭消费占主导地位，但清洁能源比重有所上升；工业用能占主导地位，但生活、商业用能比重有所提高。

## 3.2　能源消耗发展趋势预测

随着经济不断的发展，能源消耗也在不断增加，但由于能源利用率不断提高，能耗上升的速度比 GDP 的增长速度低得多。然而，能源效率不断提高趋势在"十一五"期间出现逆转。尽管国家在替代能源领域投入了大量资金，包括风能、太阳能、水能及核能，但由于经济发展仍然以煤炭作为主要能源，能耗增加对环境的影响被放大。能源消费结构是影响大气环境质量的主要因素，在未来几年内将仍然是中国所要面临的一个重大挑战。

### 3.2.1　能源总量

在 2030 年前我国经济仍将以重化工业发展为主，这些重化工业多是高耗能企业，因此在未来相当长的一段时间内，我国经济发展仍将以大量资源、能源消耗为基础，截至 2030 年，我国能源消耗总量不断上升，能源消费总量将比 2010 年上涨 98%，成为我国经济发展的重要约束条件，同时也为环境保护工作带来巨大压力。2010 年我国能源消费总量为 32.494 亿 t 标准煤，2015 年达到 42.021 亿 t 标准煤，预计在"十二五"期间增长 29.3%，年均增长 5.3%，2020 年达到 50.093 亿 t 标准煤，预计在"十三五"期间增长 19.2%，年均增长 3.6%，2030 年预计能源消费总量为 64.411 亿 t 标准煤，比 2020 年增长 28.9%，在 2020—2030 年间能源消费总量年均增长 2.5%（图 3-6、表 3-5）。

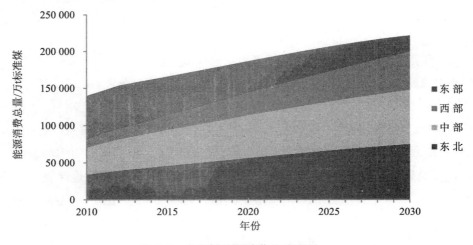

图 3-6　各区域能源消费总量预测

由于东部地区重化工业比重未来仍较高，使得能源消费增长速度大大超过 GDP 的增长速度，能源供需矛盾日益突出。预测结果表明，在现有发展趋势和规划管理下，能源消耗总量是一直上升的，但这种上升的趋势随着时间的推移会有所减缓，东部地区能源消耗总量占全国的比例也将下降，到 2015 年能源消耗总量将会达到 16.597 亿 t 标准煤，"十二五"期间年均增长 3.5%，2020 年将达到 18.671 亿 t 标准煤，"十三五"期间年均增长 2.4%，2030 年能源消耗总量将达到 22.180 亿 t 标准煤（图 3-6、表 3-5），年均增长 1.7%。东部地区能源消耗总量占全国能源消耗总量的比例逐渐下降，由 2010 年的 43.1%降低到 2030 年的 34.4%。2030 年前后，将是东部地区能源消耗总量顶峰时期。如果加上农村非商品能源的消费，能源消费总量进一步加大。2030 年之后，随着东部地区高耗能的重化工业比重逐步下降，能耗相对较低的高附加值制造业和第三产业的比重不断上升以及节能技术和替代能源的快速发展，能源消费总量将会出现下降。

中部崛起战略推动了东部地区的产业转移，未来由于中部地区重化工业比重将会继续增大，使得能源消费增长速度加快。预测结果表明，在正常发展趋势和国家相关政策的指导下，中部地区能源消耗总量是一直上升的，远大于东部地区的能源总量增长速度，到 2015 年能源消耗总量将会达到 9.414 亿 t 标准煤，"十二五"期间年均增长 6.0%，2020 年将达到 11.386 亿 t 标准煤，"十三五"期间年均增长 3.9%，2030 年能源消耗总量将达到 14.766 亿 t 标准煤，年均增长 2.6%。中部地区能源消耗总量占全国能源消耗总量的比例由 2010 年的 21.6%增加到 2030 年的 22.9%，提高 1.3 个百分点。

随着西部大开发的稳步推进，西部地区为东、中部地区提供了大量能源，支持了东、中部地区经济发展和人民生活的需要。未来西部地区不断加快发展，重化工业比重将会越来越高，使得能源消费量增长较快。预测结果表明，在现有趋势和国家政策支持的情况下，西部地区能源消耗总量是一直上升的，到 2015 年能源消耗总量将会达到 11.436 亿 t 标准煤，"十二五"期间年均增长 7.1%，2020 年将达到 14.407 亿 t 标准煤，"十三五"期间年均增长 4.7%，2030 年能源消耗总量将达到 19.973 亿 t 标准煤，年均增长 3.3%。西部地区能源消耗总量占全国能源消耗总量的比例由 2010 年的 24.9%增加到 2030 年的 31.0%，提高 6.1 个百分点。

今后十年是巩固和扩大东北地区等老工业基地振兴成果的重要时期，是统筹实施全国老工业基地调整改造的攻坚时期。由于东北老工业基地振兴，未来重化工业比重仍将升高，使得能源消费增长速度较快。预测结果表明，在现有趋势和国家政策支持的情况下，东北能源消耗总量是一直上升的，到 2015 年能源消耗总量将会达到 4.574 亿 t 标准煤，"十二五"期间年均增长 6.3%，2020 年将达到 5.630 亿 t 标准煤，"十三五"期间年均增长 4.2%，2030 年能源消耗总量将达到 7.493 亿 t 标准煤，年均增长 3.9%。东北地区能源消耗总量占全国能源消耗总量的比例由 2010 年的 10.4%增加到 2030 年的 11.6%，提高 1.2 个百分点。

表 3-5　各区域能源消费总量预测

| 地区 | 能源消费总量/万 t 标准煤 | | | |
|---|---|---|---|---|
| | 2010 年 | 2015 年 | 2020 年 | 2030 年 |
| 东　部 | 139 985.7 | 165 972.7 | 186 707.0 | 221 795.3 |
| 中　部 | 70 252.6 | 94 140.1 | 113 859.1 | 147 656.2 |
| 西　部 | 80 978.3 | 114 355.1 | 144 069.6 | 199 725.2 |
| 东　北 | 33 722.4 | 45 738.6 | 56 298.1 | 74 934.8 |
| 全　国 | 324 939.0 | 420 206.5 | 500 933.8 | 644 111.5 |

### 3.2.2　能源效率

　　我国的能源消费强度随技术进步和能源效率不断提高而逐步降低，其中煤炭消费强度下降幅度最大，石油、天然气以及其他能源的消费强度也都呈明显下降趋势。2010 年能源总消费强度为 0.809 t 标准煤/万元，2015 年下降到 0.677 t 标准煤/万元，降低了 16.3%，2020 年比 2015 年下降了 17.3%，2030 年又比 2020 年下降了 32.6%（图 3-7，表 3-6）。

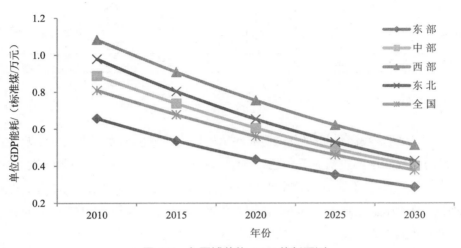

图 3-7　各区域单位 GDP 能耗预测

　　随着经济不断的发展，能源消耗也在不断增加，但能源利用率不断提高，能耗上升的速度比 GDP 的增长速度低得多。从预测结果可以看到，东部地区万元 GDP 能耗一直小于全国平均 GDP 能耗。东部地区 2010 年的单位 GDP 能耗为 0.657 t 标准煤/万元，2015 年降低到 0.535 t 标准煤/万元，"十二五"期间降低 18.5%，2020 年为 0.436 t 标准煤/万元，"十三五"期间降低 18.6%，2030 年为 0.287 t 标准煤/万元，比 2020 年降低 34.1%。

　　预测结果表明，中部地区单位 GDP 能耗一直高于全国平均 GDP 能耗。中部地区 2010 年的单位 GDP 能耗为 0.888 t 标准煤/万元，2015 年降低到 0.738 t 标准煤/万元，"十二五"期间降低 16.9%，2020 年为 0.605 t 标准煤/万元，"十三五"期间降低 18.0%，2030 年为 0.401 t 标准煤/万元，比 2020 年降低 33.7%。

　　从现状分析来看，西部地区虽然能源利用效率是四个区域中最低的，但随着能源结构的优化及节能减排政策的严格实施，未来单位 GDP 能耗仍是下降的。从预测结果可以看到，西部地区万元 GDP 能耗一直高于全国平均 GDP 能耗。西部地区 2010 年的单位 GDP 能耗为 1.083 t 标准煤/万元，高于全国平均水平 0.809 t 标准煤/万元。2015 年降低到 0.908 t 标准煤/万元，"十二五"期间降低 16.1%，2020 年为 0.755 t 标准煤/万元，"十三五"期间降低 16.9%，2030 年为 0.513 t 标准煤/万元，比 2020 年降低 32.0%。

　　东北地区单位 GDP 能耗一直高于全国单位 GDP 能耗和中、东部地区单位 GDP 能耗，但低于西部地区单位 GDP 能耗。东北地区 2010 年的单位 GDP 能耗为 0.979 t 标准煤/万元，高于全国平均水平 0.809 t 标准煤/万元。2015 年降低到 0.803 t 标准煤/万元，"十二五"期间降低 17.9%，2020 年为 0.654 t 标准煤/万元，"十三五"期间降低 18.6%，2030 年为 0.428 t 标准煤/万元，比 2020 年降低 34.5%。

表 3-6　各区域单位 GDP 能耗预测

| 地区 | 单位 GDP 能耗/（t 标准煤/万元） | | | |
|---|---|---|---|---|
| | 2010 年 | 2015 年 | 2020 年 | 2030 年 |
| 东部 | 0.657 | 0.535 | 0.436 | 0.287 |
| 中部 | 0.888 | 0.738 | 0.605 | 0.401 |
| 西部 | 1.083 | 0.908 | 0.755 | 0.513 |
| 东北 | 0.979 | 0.803 | 0.654 | 0.428 |
| 全国 | 0.809 | 0.677 | 0.561 | 0.378 |

### 3.2.3　能源结构

"十二五"期间，我国将把大力调整能源结构作为改变能源发展方式的主攻方向，传统能源的清洁高效利用将扮演重要角色，新能源和可再生能源发展也将得到大力的推动。"十二五"规划纲要给新能源和可再生能源的发展规定了硬性任务：到 2015 年，非化石能源占一次能源消费比重达到 11.4%，单位国内生产总值能源消耗降低 16%，单位国内生产总值 $CO_2$ 排放降低 17%。

2010 年我国煤炭消费量占能源消费总量的 68.0%，石油消费量占能源消费总量的 19.0%，天然气消费量占能源消费总量的 4.4%，其他能源仅占 8.6%。我国的煤炭消费逐年呈现下降趋势，到 2015 年煤炭消费量占能源消费总量的比例为 64.6%，比 2010 年降低 3.4 个百分点，2020 年该比例为 61.5%，比 2015 年又降低了 3.1 个百分点。石油、天然气和其他能源的消费量逐年上升，但石油消费量占能源消费总量的比例在"十二五"期间预计降低 2.5 个百分点，2020 年预计比 2015 年再降低 2.0 个百分点，2030 年比 2020 年降低 2.2 个百分点；天然气消费量占能源消费总量的比例在"十二五"期间预计增长 3.1 个百分点，2020 年比 2015 年再增加 1.5 个百分点，2030 年比 2020 年再增加 2.7 个百分点；其他能源消费量占能源消费总量的比例在"十二五"期间预计增长 2.8 个百分点，2020 年比 2015 年再增加 3.6 个百分点，2030 年比 2020 年再增加 5 个百分点（图 3-8）。由于煤炭消费比例已经呈现下降趋势，因此煤炭消费强度下降的趋势最为明显；石油、天然气以及其他能源虽然消费比例呈现上升趋势，但消费强度仍然呈现逐年下降的趋势。

四大区域在一次能源消费结构和消费量的变化趋势是相同的。从一次能源消费结构来看，2010—2015 年期间，煤炭消费所占比重将呈逐年下降的趋势，但煤炭消费量仍然很高。从各种能源消费量来看，能源消耗总量呈逐年上升的趋势，虽然煤炭和石油占一次能源的比重在下降，但煤炭和石油的消耗量仍在增长，天然气和水电、核电、风能、生物质能等清洁能源消费量将不断提高，占整个一次能源消费的比例也将逐年增加。

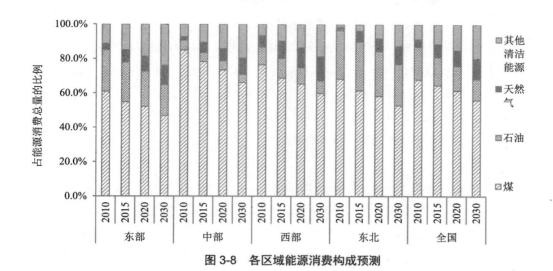

**图 3-8　各区域能源消费构成预测**

（1）东部地区

2010 年，东部煤炭消费量占一次能源消费总量的 60.9%，到 2015 年将下降为 54.8%，到 2020 年下降为 52.1%，比 2010 年降低 8.8 个百分点，2030 年该比例为 46.9%，比 2020 年又降低 5.2 个百分点。石油消费比例将逐年下降，天然气和其他能源的消费比例将逐年上升，其中石油消费量在"十二五"期间预计降低 1.2 个百分点，天然气消费量预计增长 3.5 个百分点，到 2030 年东部的石油、天然气消费占整个能源消费的比例将达到 23.9% 以上。

东部地区煤炭消耗量由 2010 年的 120 632 万 t 增长到 2030 年的 146 880 万 t（图 3-9），20 年期间增长 21.8%，石油同期增长 16.9%。2030 年天然气消耗量将会达到 1 929.3 亿 $m^3$，是 2010 年的 5 倍多，其他清洁能源消耗量将会达到 53 060.8 万 t 标准煤，是 2010 年的 3.3 倍。

（2）中部地区

2010 年，中部地区煤炭消费量占一次能源消费总量的 85.0%，到 2015 年将下降为 78.2%，到 2020 年下降为 73.5%，比 2010 年降低 11.5 个百分点，2030 年该比例为 66.1%，比 2020 年又降低 7.4 个百分点。石油消费比例一直下降，天然气和其他能源的消费比例将逐年上升，其中石油消费量在"十二五"期间预计降低 0.4 个百分点，天然气消费量预计增长 3.9 个百分点，水电、核电、风能、生物质能等清洁能源消费量将不断提高，到 2030 年占整个能源消费的比例将达到 19.4% 以上。

2030 年中部地区煤炭消耗量比 2010 年增长 63.4%，同期石油消耗量增长 72.6%，2030 年天然气消耗量将会达到 1 084.1 亿 $m^3$，是 2010 年的 9.7 倍，其他清洁能源消耗量将会达到 28 908.1 万 t 标准煤，是 2010 年的 5.4 倍。

（3）西部地区

2010 年，西部煤炭消费量占一次能源消费总量的 76.5%，低于中部地区的 85.0%，到 2015 年将下降为 68.9%，2020 年下降为 65.4%，比 2010 年降低 11.1 个百分点，2030 年该比例为 59.9%，比 2020 年又降低 5.5 个百分点。石油消费比例与东、中部地区不同，呈先升高再下降趋势，天然气和其他能源的消费比例将逐年上升，其中石油消费量在"十二五"

期间预计升高 0.9 个百分点，天然气消费量预计增长 3.5 个百分点，水电、核电、风能、生物质能等清洁能源消费量将不断提高，到 2030 年占整个能源消费的比例将达到 18.7%。

2030 年西部地区煤炭消耗量达到 169 114.5 万 t，比 2010 年增长 93.9%，同期石油消耗量增长 76.9%，在 2020 年，天然气和清洁能源消耗量将首次超过石油的消耗量。2030 年天然气消耗量将会到达 2 148.3 亿 m³，约为 2010 年的 5 倍，其他清洁能源消耗量将会达到 37 388.0 万 t 标准煤，达到 2010 年的 7.1 倍。

（4）东北地区

2010 年，东北煤炭消费量占一次能源消费总量的 68.3%，低于中、西部地区，到 2015 年将下降为 61.5%，2020 年下降为 58.4%，比 2010 年降低 9.9 个百分点，2030 年该比例为 52.9%，比 2020 年又降低 5.5 个百分点。石油消费比例与西部地区相同，呈逐渐下降的趋势，天然气和其他能源的消费比例将逐年上升，其中石油消费量在"十二五"期间预计升高 0.4 个百分点，天然气消费量预计增长 4.0 个百分点，水电、核电、风能、生物质能等清洁能源消费量将不断提高，到 2030 年占整个能源消费的比例将达到 12.6% 以上。

2030 年东北地区煤炭消耗量达到 55 971.3 万 t（图 3-9），比 2010 年增长 71.7%，石油的消耗量呈逐年增加的趋势，比 2010 年增长 90.4%，天然气和其他清洁能源的消耗量增长速度较快。2030 年天然气消耗量将会达到 598.7 亿 m³，约为 2010 年的 10 倍，其他清洁能源消耗量将会达到 9 476.6 万 t 标准煤，达到 2010 年的 19 倍。

"十二五"期间将推动传统能源的清洁高效利用，建设一批大型煤炭基地、大型油气基地。布局火电，通过上大压小、热电联产等实现火电优化发展。同时，将加快开发新能源和可再生能源，在保护生态的前提下积极发展水电，在确保安全的基础上高效发展核电，积极发展风电，稳步发展太阳能，促进生物质能和地热能的开发利用。优化能源发展区域布局，统筹东、中、西部能源开发，建设现代能源储运体系，加强农村和民族地区能源建设。尽管国家在替代能源领域投入了大量资金，包括风能、太阳能、水能及核能，但由于经济发展仍然以煤炭作为主要能源，能耗增加对环境的影响被放大。能源消费结构是影响大气环境质量的主要因素，在未来几年内将仍然是中国所要面临的一个重大挑战。

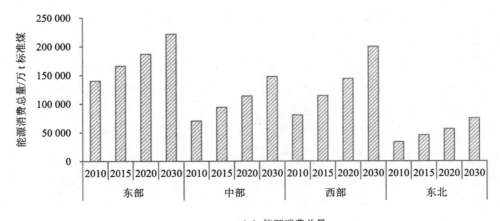

（a）能源消费总量

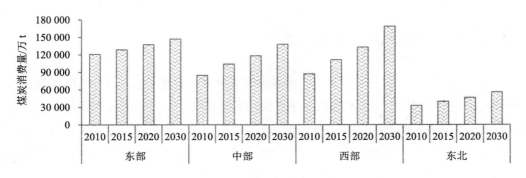

（b）煤炭消费

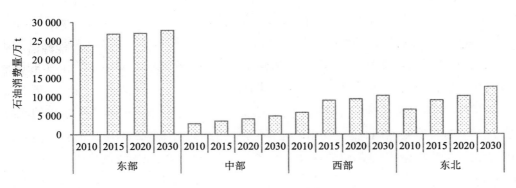

（c）石油消费

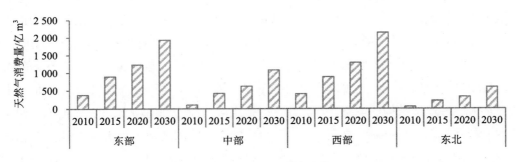

（d）天然气消费

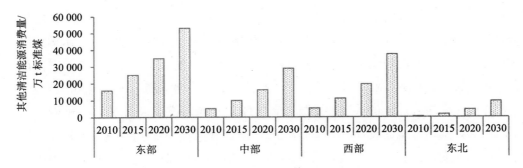

（e）其他清洁能源消费

图 3-9　各区域能源消费结构预测

### 3.3 能源消耗面临的压力与对策建议

由于我国重化工业比重未来仍较高，使得能源消费增长速度大大超过 GDP 的增长速度，能源供需矛盾日益突出。由于我国未来能源消费需求的上升和以煤为主的能源结构的长期存在，使得污染物排放量逐年上升。推动能源结构优化，大力开发和利用可再生能源是我国缓解资源瓶颈性约束和环境污染压力，保证能源可持续供应以及促进经济、社会可持续发展的根本出路，也是我国制定和实施应对气候变化战略的重要措施。

东部地区经济比较发达，在发展的同时必须充分保证经济发展和城市化水平提高所需的能源，同时需要大幅度降低单位 GDP 能耗水平。因而，从能源角度来说，东部地区的建设，不仅面临着能源供应侧的能源来源、输送等方面的巨大挑战，还面临着能源消费侧节能水平要求迅速提高的挑战。东部地区在发展的过程中，高速的能源需求增长对基础能源供应、能源输送、能源存储等诸多方面的要求都将非常高。为了应对这一挑战，东部地区一方面需要发挥地理的优势，增加这些能源对整个区域的供应量，并提升区域内的能源输送能力；另一方面需要因地制宜，利用风电等清洁能源，应对本地迅速增加的电力需求。

中部地区是我国能源安全的重要保障，区域内煤炭资源和水能资源优势明显，是我国重要的能源生产和输出基地。中部地区从整体上具有明显的煤炭资源优势，未来煤炭消耗占一次能源的比重很高，短期内能源结构很难改变。中部地区的总能耗需求对 GDP 增长速度的敏感程度，大大高于其对单位 GDP 能耗水平的敏感程度。在一定的社会发展水平下，一个区域的 GDP 总量有望通过一些刺激政策在短期内有较大的改变，而单位 GDP 能耗水平的下降速度在短时期内空间有限，除非在产业结构上有根本性的调整。在未来的经济发展过程中，一方面要进一步优化产业结构，逐步降低高能耗产业在经济中的比重；另一方面要加大能源消费结构的调整。在近期，应把煤炭的清洁利用和节能作为重点，不断提高能源的利用效率；在中期，要大幅提高可再生能源在能源消费中的比重，推进新能源技术的应用；从更长远来看，要逐步建立以可再生能源、先进核能、洁净煤等为主体的可持续能源体系。

西部地区不仅是我国能源资源的富集区和主储区，也是我国"西煤东运"、"西气东输"、"西电东送"的重要源头之一，在我国能源产业发展格局中居于重要战略地位。东部环境与土地容量趋于饱和，资源日趋枯竭，重工业重心、能源开发重心西移，西部承接东部部分产业和技术转移，并伴随产业升级。近年来，虽然西部经济增速高于东部地区，能源资源赋存丰富，但经济增长过于倚重资源能源，单位 GDP 能耗较高。未来 20 年，随着西部大开发不断深入，基础设施建设将急剧增加，由此导致的能源消费也将快速上升，能源结构短期内难根本改变，2030 年煤的消耗量约为 2010 年的 2 倍。西部地区要想落实好国家节能降耗的措施，一个重要方面就是要加大抑制产能过剩行业发展各项政策措施的贯彻落实力度，更重要的是，要从改变经济增长方式入手，切实降低能源消耗水平。另外，西部地区生态环境较为脆弱，所以在经济发展过程中，要大力发展能源节约型的特色优势产业，促进经济可持续发展。西部省份在承接产业转移和投资建设时，绝不能再走东部地区先破坏、再治理的老路，应更重视发展质量。

　　东北地区作为我国的老工业基地、重工业基地，其能源利用对国家整体战略实施有一定的影响。"振兴东北老工业基地"政策提出以来，东北地区加快了经济发展的步伐，能源需求量进一步加大。东北地区有丰富的煤炭和石油资源，能源消费可以拉动经济增长。未来东北地区的能源消耗仍以煤、石油为主，煤、石油的消耗量持续增长，且单位 GDP 能耗高于国家平均水平，在未来的经济发展过程中，一方面优化产业结构，由资源密集型产业向智力密集型以及劳动密集型产业转型，另一方面开发和引进节能增效技术，提高能源的转化和利用效率，同时减少煤炭、石油在能源消耗中的比重，开发利用新能源和可再生能源，有效地降低能源消耗所带来的环境污染，缓解环境的压力。

# 第4章 四大区域水环境形势分析与预测

## 4.1 水环境形势回顾分析

当前，我国废水排放量仍然很大，且呈逐年增长趋势，从 2005 年的 524.5 亿 t 增加到 2010 年的 617.3 亿 t。尽管在"十一五"期间我国主要水污染物排放控制的局面有了很大改观，全国废水、工业废水和生活污水中 COD、氨氮排放量均呈现逐年下降趋势，其中全国 COD 排放总量较 2005 年下降了 12.5%，超额完成了"十一五"总量减排任务，但污染物的排放总量依然很大，存量问题依然严重，大部分地区主要污染物排放量远远超过了其水环境自净能力，导致我国水环境污染形势极为严峻。本章主要从区域水污染物排放总量分布、区域污染物排放强度以及排放结构等方面来描述我国四大区域的水环境污染形态变化特征，并进行对比分析。

### 4.1.1 COD 排放情况

（1）排放总量

由于各地区地理和资源条件差别较大，经济发展水平和产业结构不同，使得我国主要污染物排放具有明显的区域特征，也直接影响不同地区的减排效果。从我国"十一五"期间四大区域 COD 排放总量以及削减率的情况（图 4-1）来看，四大区域废水中 COD 排放总量均呈下降趋势，但幅度有所差别。2010 年，我国东部、中部、西部和东北地区的 COD 排放量分别为 420.9 万 t、316.5 万 t、366.8 万 t 和 133.8 万 t，相比 2005 年分别下降约 17.6%、10.1%、7.4% 和 13.9%，年均下降率分别为 3.8%、2.1%、1.5% 和 3.0%。显然，东部地区下降最为明显，高于全国 COD 削减比例 5.1 个百分点，对全国 COD 减排的贡献度达 50.9%，减排效果显著。其次是东北、中部、西部地区，其中，东北地区减排比例略高于全国 COD 削减水平，对全国 COD 减排的贡献度达 12.3%，而中、西部地区低于全国 COD 削减水平，对全国 COD 污染减排的贡献度分别为 20.1% 和 16.7%，污染减排进展相对滞后。

从整体上来看，我国四大区域的 COD 排放量仍很大，全国历年排放总量均超过 1 000 万 t，未来污染减排压力仍较大。其中，东部地区多年来处于排放总量最高水平，但其在全国 COD 排放中的比重呈现小幅下降趋势，到 2010 年约为 34%。中、西部地区排放总量相对较高，平均占全国 COD 排放量的比重分别为 25.6% 和 29.6%，处于缓慢上升趋势，而东北地区排放量占全国比例近年来总体上稳中有降，2010 年约为 10.8%。2006—2010 年各区域 COD 排放量占全国比重及其 2010 年的比例分布情况如表 4-1、图 4-2 所示。

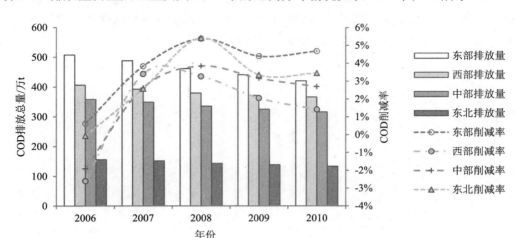

图 4-1　我国 2006—2010 年四大区域 COD 排放及削减率变化情况

表 4-1　我国 2006—2010 年四大区域 COD 排放量占全国比重　　　　　　单位：%

| 地区 | 2006 年 | 2007 年 | 2008 年 | 2009 年 | 2010 年 |
| --- | --- | --- | --- | --- | --- |
| 东部 | 35.5 | 35.3 | 35.0 | 34.6 | 34.0 |
| 中部 | 25.1 | 25.3 | 25.4 | 25.5 | 25.6 |
| 西部 | 28.5 | 28.4 | 28.8 | 29.1 | 29.6 |
| 东北 | 10.9 | 11.0 | 10.8 | 10.8 | 10.8 |

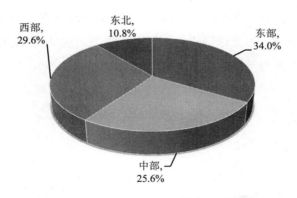

图 4-2　"十一五"末我国四大区域 COD 排放量占全国比例

从各区域省份排放情况来看，差别显著，2010 年数据显示，东部地区的广东、江苏、山东、河北 4 个省份的 COD 排放量较高，均排在全国各地区排放量的前十位，4 个省份 COD 排放总量为 281.3 万 t，占东部 COD 排放量的 66.8%；中部地区的湖南、河南、湖北 3 个省份的 COD 排放量相对较高，排在全国各地区排放量的前八位，3 个省份 COD 排放总量约为 199 万 t，占中部 COD 排放量的 62.9%；西部地区的 COD 排放量主要集中在广西、四川、陕西和新疆等地，其中广西、四川分别排在全国各地区排放量的首位和第五位，广西、四川、陕西和新疆 4 个省区的 COD 排放总量约为 228 万 t，占西部 COD 排放量的 62.2%；东北地区 COD 排放量最大的省份是辽宁省，排在全国各地区排放量的第十位，约为 54.2 万 t，约占东北地区总排放量的 40.5%（图 4-3）。

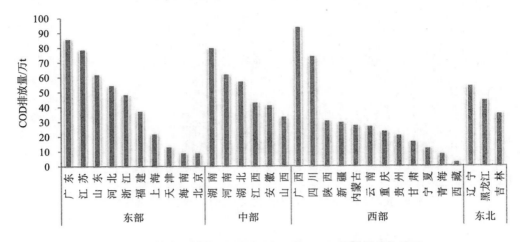

**图 4-3  2010 年我国四大区域各行政区 COD 排放量分布情况**

（2）排放强度

从我国四大区域工业 COD 排放强度（图 4-4）来看，全国及四大区域单位工业产值的 COD 排放量整体呈下降趋势，2006—2008 年各区域工业 COD 排放强度下降幅度相对较大，之后逐渐变缓。到 2010 年，东、中、西和东北地区每亿元工业产值的 COD 排放量分别降为 14.8 t、28.2 t、47.4 t 和 28.0 t，相比 2006 年分别下降了约 41.6%、51.3%、55.8% 和 50.0%，年均下降率为 12.6%、16.5%、18.5% 和 15.9%。其中西部地区的排放强度最高，大约是全国平均水平的 2 倍；中部、东北地区次之，均为全国平均水平的 1.2 倍左右；仅东部地区低于全国平均水平，大约为全国平均水平的 55%。

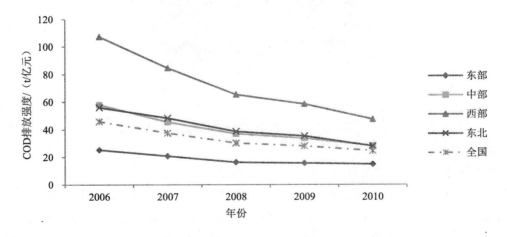

**图 4-4  我国四大区域工业 COD 排放强度变化趋势**

　　由此可见，东部地区的环境污染控制和治理能力最高，在全国范围内走在前列；中部、东北地区的污染控制水平相近，且最接近于全国平均水平，正逐步缩小与东部地区的差距；而西部地区污染治理能力较弱，尽管"十一五"期间西部地区的 COD 排放强度显著降低，但与全国、东部、中部、东北地区仍有很大差距，在全国范围内整体处于落后状态，存在较大下降空间。

　　从我国四大区域各行政区的工业 COD 排放强度（图 4-5）来看，同样呈现出明显的区域特征。工业 COD 排放强度较低的省份出现在东部的北京、上海、天津、广东、福建和江苏等省市，其中，北京的排放强度最低，仅为 1.9 t/亿元，东部地区排放强度最高的省份是海南，为 26.1 t/亿元，东部地区排放强度的平均水平远高于西部、中部、东北部地区。COD 排放强度较高的省份出现在西部的宁夏、广西、新疆和青海等省区，其中宁夏的排放强度最高，为 157.2 t/亿元，而西部地区排放强度最低的省份是贵州，为 11.5 t/亿元，区域内差距较大。中部地区各省份的 COD 排放强度介于 20～35 t/亿元，东北地区各省份的 COD 排放强度介于 25～36 t/亿元，中部、东北地区 COD 排放强度整体表现比较均衡，区域内差距较小（图 4-5）。

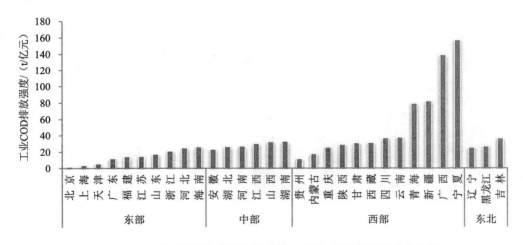

图 4-5　2010 年我国四大区域各行政区工业 COD 排放强度分布情况

（3）排放结构

　　从我国四大区域工业、生活 COD 排放量所占比例来看，"十一五"期间各区域的生活 COD 排放量均大于工业 COD 排放量，其生活排放量占比均达到 50%以上，总体上排放结构变化较小，东部、中部、东北地区生活 COD 排放量占比基本稳定在 60%～70%，西部地区略有升高。由图 4-6、图 4-7 可知，五年来东部、中部地区生活 COD 排放量占其排放总量的比重高于全国生活 COD 排放量所占比重，平均为 68%左右，而东北地区与全国平均生活 COD 排放量占比最为接近，约为 64%，仅西部地区明显低于全国平均生活 COD 排放量占比，约为 57%。由此可见，随着我国城市化进程加快、人口不断增长以及居民生活水平不断提高，生活 COD 产生量日渐增加，然而由于"十一五"期间城镇污水处理水平的不断提高，对于东部、中部、东北地区，其生活 COD 排放量占比总体上有缓慢上升趋势，但并未显著增加，而西部地区的城镇生活污水处理水平还处于落后状态，其生活 COD 排放量占比上升趋势较为明显。

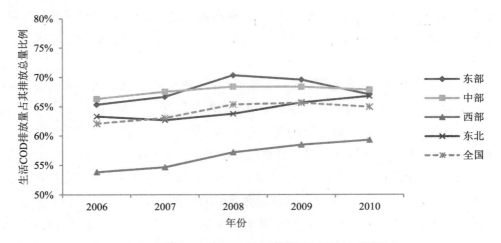

图 4-6　我国四大区域生活 COD 排放量占其排放总量比重

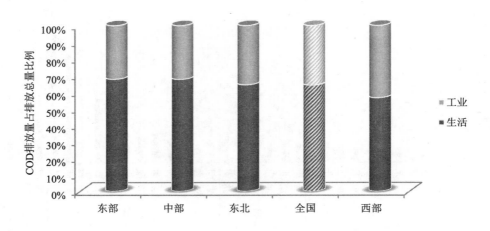

图 4-7　我国四大区域"十一五"期间平均 COD 排放结构

从我国"十一五"期间四大区域工业和生活 COD 排放量（图 4-8）来看，2010 年东部、中部、西部、东北地区的生活 COD 排放量分别约为 282 万 t、215 万 t、217 万 t、89万 t，相比 2006 年分别下降了约 14.9%、9.8%、0.7% 和 9.4%；2010 年东部、中部、西部、东北地区的工业 COD 排放量分别约为 139 万 t、102 万 t、149 万 t 和 45 万 t，相比 2006年分别下降了约 20.9%、15.6%、20.1% 和 21.9%。显然，我国东部地区生活 COD 排放总量最高，其减排力度最大，效果最为显著，西部地区的生活 COD 削减率最低，而总量与中部地区持平，中部与东北地区的削减力度相当；对于工业 COD 排放量，西部地区最高，其次为东部、中部和东北地区，其中东部、西部和东北地区的工业 COD 削减率相对较高，而中部地区略低。总体上，"十一五"期间各区域工业 COD 减排效果明显，未来生活 COD减排压力较大。

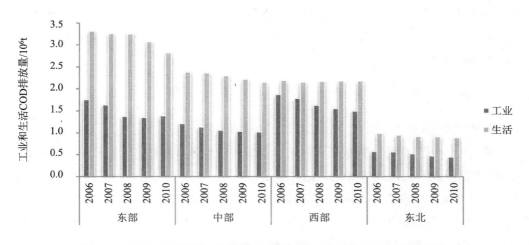

图 4-8　"十一五"期间我国四大区域工业和生活 COD 排放分布情况

从 2010 年我国四大区域各省区的工业和生活 COD 排放量（图 4-9）上看，东部地区的工业 COD 排放主要集中在山东、江苏、浙江、广东、河北等地，其排放量均达到 20 万 t以上，而京津沪地区的工业 COD 排放总量较小，其中北京市最小，仅为 4 882 t，由于北京、上海等省市随着现代服务业发展，以高耗能、高排放为特征的产业明显减少，因而工业污染物排放相对也较少；东部地区的生活 COD 排放主要集中在广东、江苏、河北、山东等地，这些省份经济比较发达，是人口密集地区，其生活 COD 排放量也较大，其中，广东省高达 62 万 t 左右，位居全国排放量之首。中部地区工业 COD 排放量最高的省份为河南省，约为 30 万 t，其次为湖南、湖北等地，整体上排放量较高，略低于东部地区，主要源于中部地区造纸业、重化工等行业的迅速发展；中部地区的生活 COD 排放量主要来自于第二产业和第三产业并驾齐驱发展的湖南和湖北等地，湖南省最高，约为 61 万 t。西部地区的工业和生活 COD 排放量均较高的地区为广西和四川，其中广西的工业 COD 排放量约为 49 万 t，四川省的生活 COD 排放量约为 49 万 t，将面临工业和生活双重减排压力，而西部地区的其他省份工业和生活 COD 排放量较小，其中西藏最小，工业和生活 COD 排

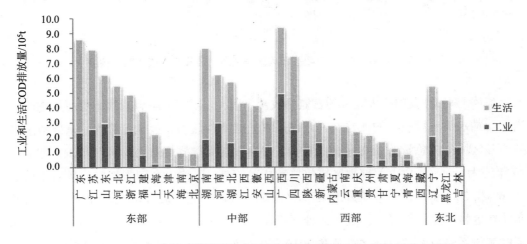

图 4-9　2010 年我国四大区域各行政区工业和生活 COD 排放量分布情况

放量分别约为 1 135 t 和 2.8 万 t。东北地区是我国的老工业基地，产业结构仍偏重，工业和生活污染问题仍比较突出，其中辽宁省的工业和生活 COD 排放量均最大，分别约为 20 万 t 和 34 万 t。

### 4.1.2 氨氮排放情况

（1）排放总量

尽管"十一五"期间，氨氮还未列入污染减排的总量控制指标，但由于二级生化处理对 COD 和氨氮具有协同减排效应，已建成污水处理厂在去除 COD 的同时也去除了氨氮，因此，我国氨氮排放总量一直保持下降趋势。由图 4-10 可见，东部、中部、东北地区废水中氨氮排放总量呈逐年下降趋势，而西部地区在 2007 年出现较为明显下降后开始保持基本稳定。2010 年，我国东部、中部、西部和东北地区的氨氮排放量分别为 42.9 万 t、32.9 万 t、31.7 万 t 和 12.9 万 t，相比 2005 年分别下降约 18.5%、20.1%、16.2% 和 28.9%，年均下降率分别为 4.0%、4.4%、3.5% 和 6.6%。显然，东北地区削减比例最大，高于全国氨氮削减比例 9.3 个百分点，对全国氨氮减排的贡献度达 17.9%，减排效果显著。其次是东部、中部和西部地区，其中，东部、中部地区减排比例与全国氨氮削减比例相近，对全国氨氮减排的贡献较高，分别为 33.0% 和 28.2%，西部地区的削减比例低于全国氨氮削减比例，对全国氨氮减排的贡献度为 20.9%，其略高于东北地区，低于东、中部地区。

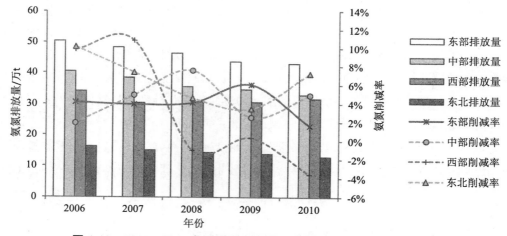

图 4-10　2006—2010 年我国四大区域氨氮排放量及削减率变化情况

从整体上来看，我国四大区域的氨氮排放量仍很大，全国历年排放总量均超过 120 万 t，相当于受纳水体环境容量的 4 倍左右，未来氨氮减排的压力也很大。其中，东部地区多年来处于各区域排放总量的最高水平，五年来占全国氨氮排放量的比重基本在 36% 左右，到 2010 年约为 35.6%；中、西部地区排放总量相对较高，平均占全国氨氮排放量的比重分别为 28.6% 和 24.2%，"十一五"期间中部地区出现小幅波动先升后降，西部地区则先降后升；而东北地区排放量占全国比例近年来处于缓慢下降趋势，2010 年约为 10.7%。2006—2010 年各区域氨氮排放量占全国比重及其 2010 年的比例分布情况如表 4-2、图 4-11 所示。

表 4-2　2006—2010 年我国四大区域氨氮排放量占全国比重　　　　单位：%

| 地区 | 2006 年 | 2007 年 | 2008 年 | 2009 年 | 2010 年 |
|------|---------|---------|---------|---------|---------|
| 东部 | 35.7 | 36.6 | 36.5 | 35.5 | 35.6 |
| 中部 | 28.6 | 29.0 | 28.0 | 28.3 | 27.4 |
| 西部 | 24.2 | 23.0 | 24.2 | 24.9 | 26.3 |
| 东北 | 11.5 | 11.4 | 11.3 | 11.3 | 10.7 |

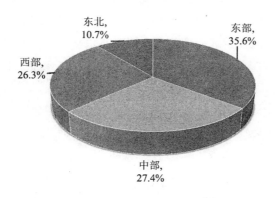

图 4-11　"十一五"末我国四大区域氨氮排放量占全国比例

　　图 4-12 给出了 2010 年我国四大区域各省区氨氮排放量分布情况，由此可知，东部地区的广东、山东、江苏、河北 4 个省份的氨氮排放量较高，其与 COD 类似，均排在全国各地区排放量的前十位，4 个省份氨氮排放总量为 29.1 万 t，占东部氨氮排放量的 67.8%，其中广东省最高，约为 10.7 万 t；中部地区的湖南、河南、湖北 3 个省份的氨氮排放量相对较高，排在全国各地区排放量的前六位，3 个省份氨氮排放总量约为 20.8 万 t，占中部氨氮排放量的 63.2%；西部地区的氨氮排放量主要集中在四川、广西、内蒙古和陕西等地，4 个省区的氨氮排放总量约为 18.1 万 t，占西部氨氮排放量的 57.1%，而西藏、青海等西部地区氨氮排放量较小，低于 2 万 t，可见地域差异显著；东北地区氨氮排放量最大的省份依然是辽宁省，排在全国各地区排放量的第八位，约为 5.6 万 t，约占东北地区总排放量的 43.4%。

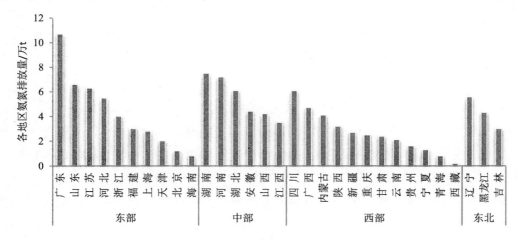

图 4-12　2010 年我国四大区域各行政区氨氮排放量分布情况

（2）排放强度

从我国四大区域工业氨氮排放强度（图 4-13）来看，全国及四大区域单位工业产值的氨氮排放量整体呈下降态势，与 COD 类似，2006—2008 年各区域工业氨氮排放强度下降幅度相对较大，之后渐缓。到 2010 年，东部、中部、西部和东北地区每亿元工业产值的氨氮排放量分别降为 0.9 t、2.4 t、2.5 t 和 1.1 t，相比 2006 年分别下降了约 49.4%、65.2%、61.4% 和 66.0%。其中中部、西部地区的排放强度最高，大约是全国平均水平的 1.7～1.8 倍；东部、东北地区的排放强度低于全国平均水平，分别为全国平均水平的 56%、81%。由此可知，东部地区的工业氨氮控制和治理能力处于全国最高水平，其次为东北地区，略高于全国平均水平，而中、西部地区工业氨氮处理能力较弱，处于偏低水平，具有较大提升空间。

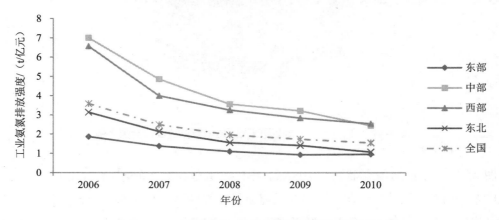

**图 4-13 我国四大区域工业氨氮排放强度变化趋势**

从 2010 年我国四大区域各行政区的工业氨氮排放强度（图 4-14）来看，总体上区域差异显著。工业氨氮排放强度较低的省份出现在东部的北京、上海、广东、天津、江苏和山东等省市，其中，北京市的排放强度最低，仅为 0.15 t/亿元，东部地区排放强度最高的省份是河北省，为 2.1 t/亿元，其平均水平远高于中、西部地区，略高于东北地区。氨氮排放强度较高的省份出现在西部的宁夏、甘肃、广西和青海等省区，其中宁夏的排放强度最高，为 15.1 t/亿元，而西部地区排放强度最低的是西藏，仅为 0.09 t/亿元，区域内差距较大。中部地区的各省份氨氮排放强度介于 2.1～3.0 t/亿元，东北地区的各省份氨氮排放强度介于 0.8～1.3 t/亿元，可见，中部、东北地区氨氮排放强度在区域内的差异较小。

（3）排放结构

从我国四大区域工业、生活氨氮排放量所占比例（图 4-16）来看，"十一五"期间各区域的生活氨氮排放量远大于工业氨氮排放量，其生活氨氮排放量占比均达到 70% 以上，四大区域的生活氨氮排放量占比总体呈小幅上升趋势。由图 4-15～图 4-16 可知，五年来东北、东部地区生活氨氮排放量占其排放总量的比重高于全国生活氨氮排放量所占比重，年平均分别为 84% 和 79% 左右，而西部和中部地区明显低于全国平均生活氨氮排放量占比，分别约为 73% 和 70%。总之，由于我国经济仍将处于工业化和城市化"双快速"发展阶段，人口不断增长以及第三产业比重的不断提高，生活氨氮产生量将日渐增加，各区域的生活氨氮排放量占比仍将保持缓慢上升趋势。

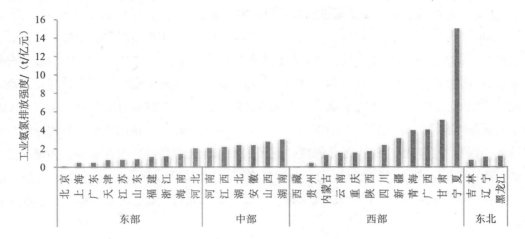

图 4-14　2010 年我国四大区域各行政区工业氨氮排放强度分布情况

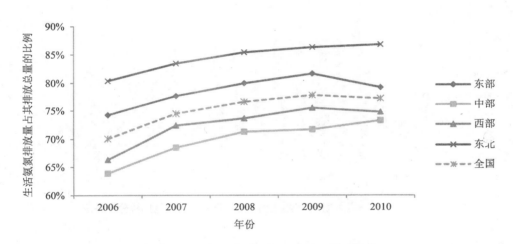

图 4-15　我国四大区域生活氨氮排放量占其排放总量的比例

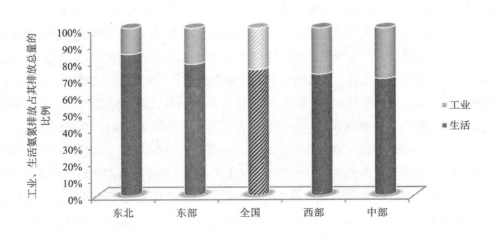

图 4-16　我国四大区域"十一五"期间平均氨氮排放结构

从"十一五"期间我国四大区域工业和生活氨氮排放量（图4-17）来看，2010年东部、中部、西部、东北地区的生活氨氮排放量分别约为34.0万t、24.1万t、23.6万t、11.2万t，相比2006年分别下降了约9.0%、6.9%、−5.4%和14.6%；2010年东部、中部、西部、东北地区的工业氨氮排放量分别约为8.7万t、8.8万t、8.0万t和1.7万t，相比2006年分别下降了约32.9%、39.5%、31.8%和45.5%。显然，我国东部地区生活氨氮排放总量最高，其减排力度也较大，效果较为明显，仅西部地区的生活氨氮排放量有所增加，但其总量与中部地区基本持平，东北地区的削减力度较高，下降速率较大，相比东部、东北地区，中部地区的削减力度较小；对于工业氨氮排放量，中部地区最高，其次为东部、西部和东北地区，其中东部、中部和东北地区的工业氨氮削减率相对较高，而西部地区较低。总体上，"十一五"期间在各区域工业COD减排得到有效控制的同时，氨氮污染减排工作也在不断推进。

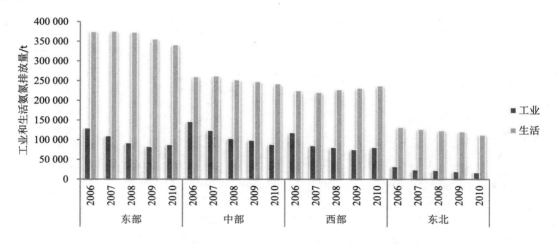

**图 4-17　"十一五"期间我国四大区域工业和生活氨氮排放分布情况**

从 2010 年我国四大区域各省区的工业和生活氨氮排放量（图 4-18）来看，东部地区的工业氨氮排放主要集中在河北、山东、江苏、浙江、广东等地，其排放量均达到 1 万 t 以上，而京津沪和海南地区的工业氨氮排放总量较小，其中北京市最小，仅为 392 t；东部地区的生活氨氮排放主要集中在广东、山东、江苏、河北等地，这 4 个省份经济发展水平较高，是人口相对聚集地区，相应地，其生活氨氮排放量也较大，其中广东省高达 9.6 万 t 左右，位居全国氨氮排放量之首。中部地区的工业氨氮排放量最高的省区为河南省，约为 2.3 万 t，其次为湖南、湖北等地，中部的氨氮总排放量处于各区域的最高水平；中部地区的生活氨氮排放主要来自于湖南和湖北等地，湖南省最高，约为 7.5 万 t。西部地区的工业和生活氨氮排放量均较高的地区同样为广西和四川，其中四川的工业和生活氨氮排放量均达到西部地区的最高水平，分别约为 1.6 万 t 和 4.4 万 t，四川将面临 COD 和氨氮等多重污染物的减排压力，而西部地区的工业和生活氨氮排放量最小的省区仍为西藏。东北地区氨氮排放主要来自生活源，其中辽宁省和黑龙江省的生活氨氮排放量较高，分别约为 5.6 万 t 和 4.3 万 t。

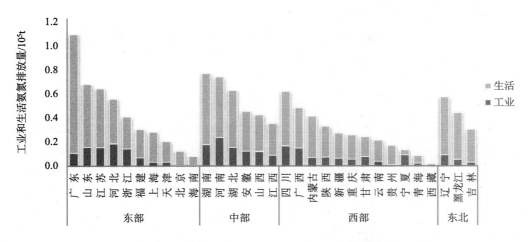

图 4-18 2010 年我国四大区域各行政区工业和生活氨氮排放分布情况

### 4.1.3 水环境质量

本研究从水质较差断面比例[1]、COD 及氨氮水环境容量利用强度[2]三项单项指标以及水环境压力指数综合指标来分析我国四大区域水环境质量状况。首先从较差水质断面所占比例指标[图 4-19（a）]来看，在地表水国控监测断面中，东北地区的 V—劣 V 类监测断面比例最高，约为 25%，其次为中部和东部地区，分别约为 23% 和 21%，而西部地区最小，为11%，明显低于全国 19% 的平均水平，水质明显优于其他地区。

从 COD 水环境容量利用强度[表 4-3、图 4-19（b）]来看，东北、东部和中部的 COD环境容量利用强度均大于 1 且大于全国的平均水平，特别是东部的北京、天津、河北、山东、江苏等地以及中部的河南、山西等省份的 COD 环境容量利用强度远远大于 1，其水环境负荷已严重超出临界值，COD 水环境承载能力较差，尤以北京、山东、河北、天津最为严重，其利用强度均大于 10。而贵州、云南、青海和西藏等西部地区省份的 COD 环境容量利用强度较低，均小于 0.5，说明其 COD 水环境承载能力较高，水环境质量较好。

从氨氮的水环境容量利用强度[表 4-3、图 4-19（c）]来看，各区域的氨氮环境容量利用强度均大于 1，其中东部最高为 6.02，其次为东北和中部地区，分别为 4.28 和 3.14，而西部地区最低为 1.09。我国整体上氨氮水环境承载能力较差，尤以东部的北京、天津、山东、河北、江苏和中部的山西、河南等地最为严重，其利用强度同样均大于 10。仅西部的贵州、云南、青海和西藏四个省份的氨氮环境容量利用强度较低，均小于 1，说明其氨氮水环境承载能力较高。从总体上看，我国氨氮环境容量利用强度区域分布情况与 COD 环境容量利用强度分布特征基本一致。

综合上述三项单项指标，通过加权平均，给出各区域的水环境压力指数[图 4-19（d）]，

---

① 用国控监测断面中（V—劣 V 类）水质监测断面个数占总监测断面个数的比例来表示，2010 年水质监测断面数据来自中国环境监测总站。

② 水环境容量利用强度是指水污染物的排放量与水污染物的环境容量的比值。

其中东北地区最高，为 0.91，说明其水环境压力最大，水环境质量较差，其次为东部和中部地区，分别为 0.82 和 0.6，均高于全国平均水平 0.4，说明其水环境质量也较差，水环境污染问题较为严重，西部地区压力指数最小，表明其水环境质量较好。

表 4-3[①]  四大区域各省级行政区 COD 和氨氮容量利用强度

| 地区 | 省、市、自治区 | COD 容量/$10^4$ t/a | COD 排放量/($10^4$ t/a) | COD 环境容量利用强度 | 氨氮容量/$10^4$ t/a | 氨氮排放量/($10^4$ t/a) | 氨氮环境容量利用强度 |
|---|---|---|---|---|---|---|---|
| 东部 | 北　京 | 0.73 | 20 | 27.4 | 0.02 | 2.2 | 110 |
| | 天　津 | 1.66 | 23.8 | 14.34 | 0.05 | 2.79 | 55.8 |
| | 河　北 | 9.46 | 142.2 | 15.03 | 0.47 | 11.61 | 24.7 |
| | 上　海 | 10.81 | 26.6 | 2.46 | 0.53 | 5.21 | 9.83 |
| | 江　苏 | 18.66 | 128 | 6.86 | 0.93 | 16.12 | 17.33 |
| | 浙　江 | 56.82 | 84.2 | 1.48 | 2.84 | 11.84 | 4.17 |
| | 福　建 | 76.54 | 69.6 | 0.91 | 3.83 | 9.72 | 2.54 |
| | 山　东 | 11.5 | 201.6 | 17.53 | 0.58 | 17.64 | 30.41 |
| | 广　东 | 149.41 | 193.3 | 1.29 | 7.47 | 23.52 | 3.15 |
| | 海　南 | 10.45 | 20.4 | 1.95 | 0.38 | 2.29 | 6.03 |
| | 合　计 | 346.04 | 909.7 | 2.63 | 17.1 | 102.94 | 6.02 |
| 中部 | 山　西 | 7.93 | 50.7 | 6.39 | 0.4 | 5.93 | 14.83 |
| | 安　徽 | 54.47 | 97.3 | 1.79 | 2.72 | 11.2 | 4.12 |
| | 江　西 | 111.8 | 77.7 | 0.69 | 5.59 | 9.45 | 1.69 |
| | 河　南 | 22.52 | 148.2 | 6.58 | 1.13 | 15.57 | 13.78 |
| | 湖　北 | 93.28 | 112.4 | 1.2 | 4.66 | 13.29 | 2.85 |
| | 湖　南 | 170.76 | 134.1 | 0.79 | 8.54 | 16.95 | 1.98 |
| | 合　计 | 460.76 | 620.4 | 1.35 | 23.04 | 72.39 | 3.14 |
| 西部 | 内蒙古 | 24.91 | 92.1 | 3.7 | 1.25 | 5.45 | 4.36 |
| | 广　西 | 130.75 | 80.7 | 0.62 | 6.54 | 8.45 | 1.29 |
| | 重　庆 | 10.4 | 42.6 | 4.1 | 1.67 | 5.59 | 3.35 |
| | 四　川 | 229.41 | 132.4 | 0.58 | 11.47 | 14.56 | 1.27 |
| | 贵　州 | 88.19 | 34.8 | 0.39 | 4.41 | 4.03 | 0.91 |
| | 云　南 | 144.79 | 56.4 | 0.39 | 7.24 | 6 | 0.83 |
| | 西　藏 | 275.17 | 2.7 | 0.01 | 13.76 | 0.33 | 0.02 |
| | 陕　西 | 31.88 | 57 | 1.79 | 1.59 | 6.44 | 4.05 |
| | 甘　肃 | 31.21 | 40.2 | 1.29 | 1.56 | 4.33 | 2.78 |
| | 青　海 | 94.32 | 10.4 | 0.11 | 4.72 | 0.96 | 0.2 |
| | 宁　夏 | 0.73 | 24 | 32.88 | 0.04 | 1.82 | 45.5 |
| | 新　疆 | 55.38 | 56.9 | 1.03 | 2.77 | 4.06 | 1.47 |
| | 合　计 | 1 117.14 | 630.2 | 0.56 | 57.02 | 62.02 | 1.09 |
| 东北 | 辽　宁 | 31.85 | 137.3 | 4.31 | 1.59 | 11.25 | 7.08 |
| | 吉　林 | 35.65 | 83.4 | 2.34 | 1.78 | 5.87 | 3.3 |
| | 黑龙江 | 56.79 | 161.2 | 2.84 | 2.84 | 9.45 | 3.33 |
| | 合　计 | 124.29 | 381.9 | 3.07 | 6.21 | 26.57 | 4.28 |
| | 全国 | 2 048.23 | 2 542.2 | 1.24 | 103.37 | 263.92 | 2.55 |

① 此表中的 COD 和氨氮的环境容量计算结果引自环境保护部环境规划院的《国土资源规划中的水环境约束力评价》研究报告。

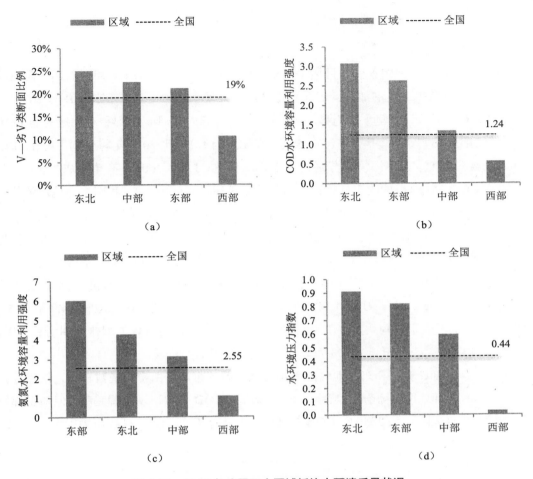

图 4-19　2010 年我国四大区域板块水环境质量状况

## 4.2　水环境发展趋势预测

　　目前，国内在工业、生活污水和污染物排放量预测中主要采用产业系数法、人均系数法、时间序列法、指数曲线法、线性规划法、投入产出法、趋势外推法、模糊数学法、灰色理论等方法。其中，以产值系数法和人均系数法应用最为广泛，并取得了令人满意的预测结果。其他方法虽有应用，但仅适用于某一地区或城市，具有局限性，没有得到广泛的使用。鉴于此，本研究将在水环境形势现状分析的基础上，利用比较成熟的产值系数法和人均系数法进行我国四大区域 2011—2030 年工业、生活主要水污染物排放量的预测，并以 2015 年、2020 年和 2030 年为主要预测节点，从主要水污染物排放总量、排放强度和结构等方面进行预测结果的深入比较分析。

### 4.2.1　COD 预测结果

（1）排放总量

图 4-20 给出了我国四大区域目标年份 COD 排放总量的预测结果，可以看出，随着我国主要水污染物减排力度的加大，工业和生活污水处理水平的提高，未来 2011—2030 年各区域的 COD 排放量将呈下降趋势。到 2015 年，东部、西部、中部和东北地区的 COD 排放量分别约为 373 万 t、347 万 t、293 万 t 和 121 万 t，相比 2010 年将分别下降 11.3%、5.5%、7.5% 和 9.7%，年均下降率分别约为 2.4%、1.1%、1.6%、2.0%，有望完成"十二五"环保规划 COD 减排 8% 的约束性目标，但其总量仍超过 1 000 万 t，我国水环境形势依然十分严峻；到 2020 年，东部、西部、中部和东北地区的 COD 排放量分别约为 343 万 t、335 万 t、293 万 t 和 121 万 t，相比 2015 年将分别下降 8.2%、3.2%、5.4% 和 7.0%，年均下降率分别约为 1.7%、0.7%、1.1%、1.4%，各区域的减排速率开始变缓，下降幅度变小，其总量略高于 1 000 万 t；到 2030 年，东部、西部、中部和东北地区的 COD 排放量分别约为 308 万 t、319 万 t、253 万 t 和 102 万 t，相比 2020 年将分别下降 10.2%、4.9%、8.5% 和 9.6%，年均下降率分别约为 1.1%、0.5%、0.9%、1.0%，各区域的减排速率明显变缓，其总量为 981 万 t，首次低于 1 000 万 t，水环境质量将有所好转。

总体上，东部、中部、东北地区的减排力度逐渐放缓，但由于其基数较大，依然是减排的主体，而西部地区将随着污染治理水平的提高，COD 排放出现下降趋势，但与东部发达地区仍有较大差距，到 2030 年 COD 排放总量将高于东部地区，减排压力很大。

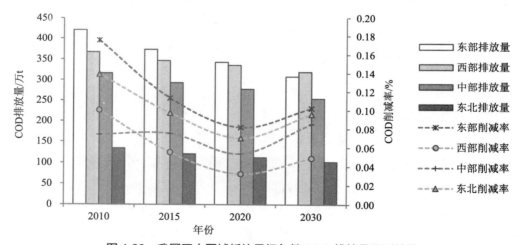

图 4-20　我国四大区域板块目标年份 COD 排放量预测结果

从我国四大区域预测年份 COD 排放量占全国比重来看，直至 2020 年，东部地区仍处于排放总量最高水平，但其在全国 COD 排放中的比重呈现小幅下降趋势，到 2030 年约为 31.4%，首次低于西部地区。中、西部地区排放总量相对较高，到 2030 年占全国 COD 排放量的比重分别为 25.8% 和 32.5%，处于缓慢上升趋势，而东北地区排放量占全国比例在未来 20 年总体上有所下降，2030 年约为 10.3%。2010—2030 年各区域 COD 排放量占全国比重及其在各目标年份的比例分布情况如表 4-4、图 4-21 所示。

表 4-4　我国 2010—2030 年四大区域 COD 排放量占全国比重　　　单位：%

| 地区 | 2010 年 | 2015 年 | 2020 年 | 2030 年 |
|---|---|---|---|---|
| 东部 | 34.0 | 32.9 | 32.1 | 31.4 |
| 中部 | 25.6 | 25.8 | 26.0 | 25.8 |
| 西部 | 29.6 | 30.6 | 31.4 | 32.5 |
| 东北 | 10.8 | 10.7 | 10.5 | 10.3 |

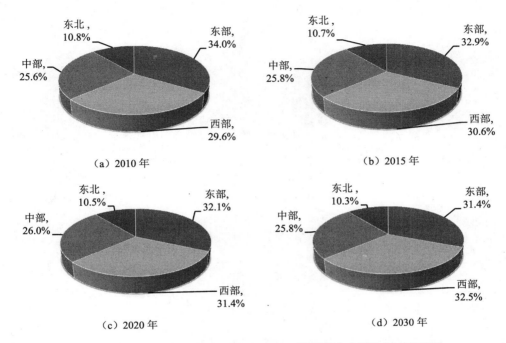

（a）2010 年　　　　　　　　　　（b）2015 年

（c）2020 年　　　　　　　　　　（d）2030 年

图 4-21　我国四大区域板块目标年份 COD 排放量占全国比例变化情况

从各区域省份 COD 排放的预测结果（图 4-22，表 4-5）来看，除西部地区的青海、西藏等少数省份的污染排放有所增加外，其他区域的各省份 COD 排放量在未来均呈不同程度的下降趋势。预测结果显示，直到 2030 年，东部地区的广东、江苏、山东、河北 4 个省份的 COD 排放量仍较高，均排在全国各地区排放量的前十位，4 个省份 COD 排放总量在 2015 年、2020 年和 2030 年分别降为 246.3 万 t、224.3 万 t 和 199 万 t，占东部 COD 排放量的比例分别约为 66.0%、65.5% 和 64.8%，仍为东部地区污染控制的主要省份；中部地区的湖南、河南、湖北 3 个省份的 COD 排放量相对较高，3 个省份 COD 排放总量在 2015 年、2020 年和 2030 年分别为 184.4 万 t、174.7 万 t 和 160.1 万 t，分别占中部 COD 排放量的 63.0%、63.1% 和 63.2%，其中湖南省最高，自 2020 年已排在全国第二位；西部地区的 COD 排放量仍将主要集中在广西、四川、陕西和新疆等地，其中广西继续排在全国之首，四川省将由 2010 年的第五位跃居第三位，广西、四川、陕西和新疆 4 个省区的 COD 排放总量 2015 年、2020 年和 2030 年分别约为 214.8 万 t、207.6 万 t 和 197.0 万 t，占西部 COD 排放量的 62% 左右；东北地区 COD 排放量最大的省份是辽宁省，仍排在全国各地区排放量的第十位，在 2015 年、2020 年和 2030 年分别约为 48.51 万 t、44.87 万 t 和 40.27 万 t，占东北地区总排放量的 40%左右。

由此可见，四大区域内的各省份 COD 排放差距在不断缩小，但东部、西部地区省份之间的总量差距依然较大，中部地区的各省份差距较小，整体偏高，由于在未来很长时间里仍将呈现以第二产业为主导的特征，污染还将十分严重，而东北地区经济发展活力正逐步恢复，产业转型升级步伐加快，未来污染排放将会得到有效控制。

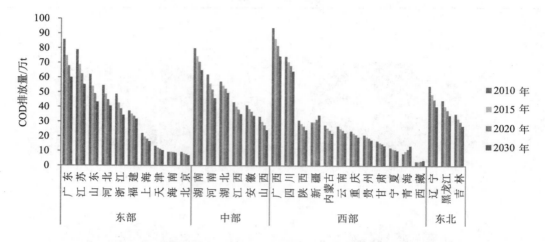

**图 4-22　我国四大区域各省份目标年份 COD 排放量**

**表 4-5　我国四大区域各省、市、自治区 COD 排放量预测结果**　　　　单位：万 t

| 地区 | 省、市、自治区 | 2010 年 | 2015 年 | 2020 年 | 2030 年 |
|---|---|---|---|---|---|
| 东 部 | 广　东 | 85.84 | 74.80 | 67.87 | 60.00 |
| | 江　苏 | 78.80 | 68.76 | 62.45 | 55.27 |
| | 山　东 | 62.05 | 54.04 | 49.01 | 43.31 |
| | 河　北 | 54.61 | 48.74 | 44.97 | 40.59 |
| | 浙　江 | 48.68 | 42.57 | 38.73 | 34.35 |
| | 福　建 | 37.26 | 35.07 | 33.58 | 31.77 |
| | 上　海 | 21.98 | 19.64 | 18.13 | 16.38 |
| | 天　津 | 13.20 | 12.02 | 11.24 | 10.33 |
| | 海　南 | 9.23 | 9.23 | 8.97 | 8.64 |
| | 北　京 | 9.20 | 8.27 | 7.67 | 6.97 |
| 中 部 | 湖　南 | 79.81 | 74.26 | 70.53 | 64.90 |
| | 河　南 | 61.97 | 55.77 | 51.76 | 45.88 |
| | 湖　北 | 57.23 | 54.37 | 52.42 | 49.40 |
| | 江　西 | 43.11 | 40.12 | 38.11 | 35.08 |
| | 安　徽 | 41.11 | 38.45 | 36.66 | 33.93 |
| | 山　西 | 33.31 | 29.79 | 27.52 | 24.22 |
| 西 部 | 广　西 | 93.69 | 86.43 | 81.61 | 74.38 |
| | 四　川 | 74.08 | 70.43 | 67.93 | 64.06 |
| | 陕　西 | 30.77 | 28.31 | 26.69 | 24.26 |
| | 新　疆 | 29.60 | 29.60 | 31.40 | 34.27 |
| | 内蒙古 | 27.51 | 25.41 | 24.01 | 21.91 |
| | 云　南 | 26.83 | 25.16 | 24.02 | 22.30 |
| | 重　庆 | 23.45 | 21.94 | 20.92 | 19.37 |

| 地区 | 省、市、自治区 | 2010 年 | 2015 年 | 2020 年 | 2030 年 |
|---|---|---|---|---|---|
| 西　部 | 贵　州 | 20.79 | 19.54 | 18.68 | 17.39 |
| | 甘　肃 | 16.76 | 15.57 | 14.78 | 13.59 |
| | 宁　夏 | 12.17 | 11.44 | 10.94 | 10.19 |
| | 青　海 | 8.31 | 9.85 | 11.16 | 13.47 |
| | 西　藏 | 2.88 | 2.88 | 3.19 | 3.72 |
| 东　北 | 辽　宁 | 54.16 | 48.51 | 44.87 | 40.27 |
| | 黑龙江 | 44.44 | 40.35 | 37.68 | 34.26 |
| | 吉　林 | 35.22 | 31.92 | 29.76 | 27.01 |
| 总　计 | | 1 238.1 | 1 133.2 | 1 067.3 | 981.5 |

（2）排放强度

从我国四大区域工业 COD 排放强度预测结果（图 4-23）来看，全国及四大区域单位工业产值的 COD 排放量整体呈下降趋势，2011—2020 年各区域工业 COD 排放强度下降幅度相对较大，之后逐渐趋缓。按 2011 年不变价计算，预测到 2015 年，东部、中部、西部和东北地区每亿元工业产值的 COD 排放量分别降为 9.8 t、16.8 t、28.3 t 和 16.3 t，相比 2010 年分别下降约 34.1%、40.6%、40.2% 和 41.7%，年均下降率为 8.0%、9.9%、9.8% 和 10.2%；到 2020 年，东、中、西和东北地区每亿元工业产值的 COD 排放量分别降为 6.7 t、11.1 t、19.1 t 和 10.3 t，相比 2015 年分别下降约 31.3%、33.9%、32.4% 和 37.1%，年均下降率分别为 7.2%、8.0%、7.5% 和 8.9%；到 2030 年，东、中、西和东北地区每亿元工业产值的 COD 排放量分别降为 3.7 t、5.7 t、10.2 t 和 4.9 t，相比 2020 年分别下降约 45.1%、48.5%、46.7% 和 52.1%，年均下降率分别为 5.8%、6.4%、6.1% 和 7.1%。

由此可知，未来 20 年东部地区 COD 排放强度降幅明显变小，但仍领先于其他地区，位居四大区域之首，大约为全国平均排放强度的 62.6%，而其他地区降幅显著，其中东北地区自 2020 年开始略低于全国平均排放强度，到 2030 年约为全国平均排放强度的 85.8%，中部地区略高于东北地区，至 2030 年与全国平均水平持平，西部地区降幅也较为明显，但受经济发展水平、产业结构与污染治理投资等因素影响，长期来看治理水平仍将落后于其他地区。

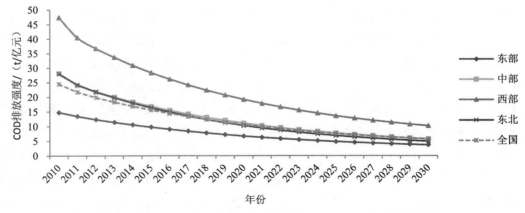

图 4-23　2011—2030 年我国四大区域板块工业 COD 排放强度预测结果

从我国四大区域生活 COD 排放强度预测结果（图 4-24）来看，全国及四大区域人均 COD 排放量整体呈缓慢下降态势，相比工业 COD 排放强度的变化速率相对迟缓，生活 COD 减排较为滞后。其中，东北地区的排放强度最高，预测到 2015 年、2020 年和 2030 年，其人均排放强度将分别达到 34.1、31.7 和 27.8 g/（人·d），年均下降速率分别约为 2.5%、1.5% 和 1.3%，2030 年约为全国平均排放强度的 1.4 倍；其次为西部、中部地区，预测到 2015 年、2020 年和 2030 年，西部人均排放强度将分别达到 34.0、30.8 和 25.3 g/（人·d），年均下降速率分别约为 3.2%、2.0% 和 1.9%，2030 年约为全国平均排放强度的 1.3 倍，对于中部地区，其人均排放强度将略低于西部地区，与全国平均水平最为接近，到 2030 年为全国平均排放强度的 1.1 倍；东部地区的生活 COD 排放强度最低，预计到 2015 年、2020 年和 2030 年，将分别达到 20.5、17.4 和 13.8 g/（人·d），年均下降速率分别约为 4.6%、3.2% 和 2.3%，2030 年约为全国平均排放强度的 71%。综上可见，东部地区生活 COD 排放强度下降速率最快，2020 年之后变缓，中、西部地区次之，而东北地区生活污水处理率偏低，导致人均排放强度偏高，未来应进一步加强生活污水的治理力度。

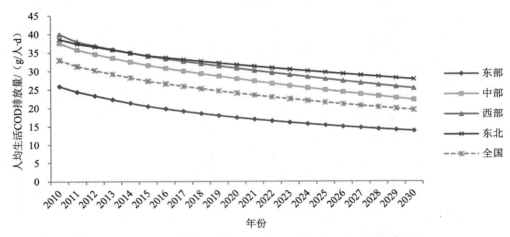

图 4-24　2011—2030 年我国四大区域板块生活 COD 排放强度预测结果

从我国四大区域各行政区的工业 COD 排放强度预测结果（图 4-25）来看，区域差异逐步缩小，但空间特征变化不大。工业 COD 排放强度较低的省份仍出现在东部的北京、上海、天津、江苏、广东和福建等省市，其中，北京市的排放强度一直保持最低，到 2015 年、2020 年和 2030 年分别约为 1.2、0.6 和 0.2 t/亿元，东部地区排放强度较高的省份为浙江和河北，2015 年和 2020 年均分别为 15 和 11 t/亿元左右，到 2030 年分别为 6.7 t/亿元和 6.3 t/亿元，东部地区的海南省降幅最为明显，到 2030 年降为 3.2 t/亿元，主要由于其排放总量低，工业产值的增加并不会带来污染物排放的显著上涨，总体上东部地区 COD 排放强度的平均水平仍将高于西部、中部、东北地区。COD 排放强度较高的省份出现在西部的宁夏、广西、新疆和青海等省区，其中宁夏的排放强度最高，到 2015 年、2020 年和 2030 年分别为 97.2、68.7 和 39.2 t/亿元，虽然其下降速率较大，但仍一直处于最高水平，而西部地区排放强度最低的省份为贵州省，2015 年、2020 年和 2030 年分别为 6.4、3.5 和 1.3 t/

亿元，区域内差距很大。中部、东北地区的各省份 COD 排放强度较为接近，2015 年、2020 年和 2030 年分别介于 13～21、9～13、5～7 t/亿元之间，在全国范围内处于中等水平，区域内相对差距较小。

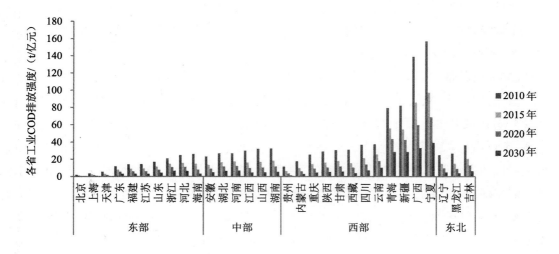

**图 4-25　我国四大区域各行政区目标年份工业 COD 排放强度分布情况**

从我国四大区域各行政区的生活 COD 排放强度预测结果（图 4-26）来看，区域内省份差异逐步缩小，空间分布特征与工业 COD 排放强度类似，从西到东呈递减趋势。生活 COD 排放强度较低的省份主要集中在东部的北京、山东、浙江和广东等省市，其中，北京市的排放强度一直保持最低，到 2015 年、2020 年和 2030 年分别约为 11.7、10.6 和 9.4 g/（人·d），东部地区排放强度较高的省份为福建和海南，2015 年分别约为 31.5 和 48.4 g/（人·d），2020 年分别约为 27.4 和 43.9 g/（人·d），到 2030 年分别约为 21.7 g/（人·d）和 37.3 g/（人·d），仍高于北京地区 2010 年排放强度水平，整体上东部地区的平均水平仍将高于中部、西部和东北地区。COD 排放强度较高的省份出现在西部的青海、广西和西藏等省区，其中西藏的排放强度最高，到 2015 年、2020 年和 2030 年分别约为 93.3、86.9 和 77.6 g/（人·d），

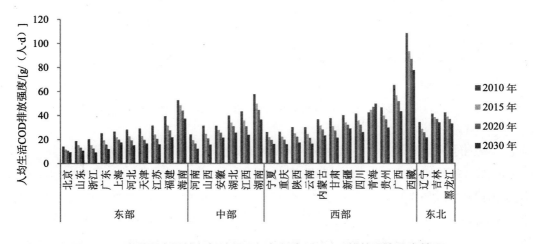

**图 4-26　我国四大区域各行政区目标年份生活 COD 排放强度分布情况**

一直处于全国最高水平，而西部地区排放强度最低的省区为宁夏，2015 年、2020 年和 2030 年分别为 21.9、19.6 和 16.2 g/（人·d），区域内差距较大。中部地区排放强度最高和最低的省份为湖南和河南两地，到 2030 年，其排放强度分别约为 36.5 和 12.2 g/（人·d），差异较小。东北地区的吉林和黑龙江两省的 COD 排放强度较为接近，到 2030 年约为 34 g/（人·d），而辽宁省相对较低，到 2030 年约为 21.6 g/（人·d），在全国范围内处于偏高水平，区域内的差距不大。

（3）排放结构

从我国四大区域工业、生活 COD 排放量所占比例预测结果（图 4-27）来看，2011—2030 年各区域的生活 COD 排放量仍将大于工业 COD 排放量，成为 COD 排放的主要来源，生活 COD 占比总体上呈缓慢上升趋势，但变化幅度较小。东、中、东北地区生活 COD 排放量占比较为接近，西部地区相对偏低。由图 4-27 可知，未来 20 年东部、中部和东北地区生活 COD 排放量占其排放总量的比重高于全国生活 COD 排放量所占比重，2015 年其生活 COD 占比分别为 68.7%、69.5% 和 68.1%，2020 年分别为 70.8%、71.6% 和 70.5%，2030 年分别为 73.8%、74.4% 和 74.1%，仅西部地区明显低于全国平均生活 COD 占比，2015 年、2020 年和 2030 年分别约为 60.6%、62.3% 和 64.5%。由此看来，未来很长一段时间，我国 COD 排放仍将以生活源为主，随着工业源减排潜力的降低，以生活为主导的排放结构更加凸显。尤其是对于较为发达的东部地区，随着现代服务业发展，以高耗能、高排放为特征的产业明显减少，相应地，工业污染排放相对也较少，但城镇化进程加快却使其生活 COD 削减的压力巨大。

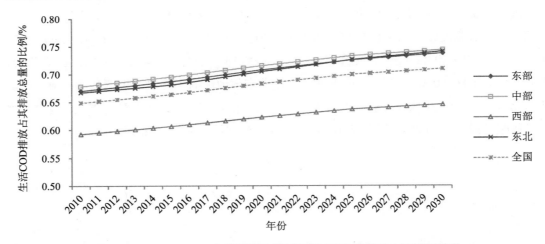

**图 4-27　2011—2030 年我国四大区域生活 COD 排放量占比预测结果**

从我国四大区域工业和生活 COD 排放量预测结果（图 4-28）来看，2015 年东部、中部、西部、东北地区的生活 COD 排放量分别约为 256 万 t、204 万 t、210 万 t 和 82 万 t，相比 2010 年分别下降约 9.1%、5.2%、3.3% 和 7.9%；2020 年四大区域的生活 COD 排放量分别为 243 万 t、198 万 t、209 万 t 和 79 万 t，相比 2015 年分别下降约 5.4%、2.6%、0.6% 和 3.7%；2030 年四大区域的生活 COD 排放量分别为 227 万 t、188 万 t、206 万 t 和 75 万 t，相比 2020 年分别下降约 6.5%、4.9%、1.5% 和 5.0%。显然，我国东部地区生活 COD 排放总量最高，其下降幅度也最大，西部地区的生活 COD 削减率最低，其总量略低于东部地区，中部与东北地区到 2030 年削减力度相当。

2015 年东部、中部、西部、东北地区的工业 COD 排放量分别约为 117 万 t、89 万 t、136 万 t 和 39 万 t，相比 2010 年分别下降约 15.8%、12.4%、8.7% 和 13.4%；2020 年四大区域的工业 COD 排放量分别为 100 万 t、79 万 t、126 万 t 和 33 万 t，相比 2015 年分别下降约 14.4%、11.7%、7.3% 和 14.0%；2030 年四大区域的工业 COD 排放量分别为 81 万 t、65 万 t、113 万 t 和 26 万 t，相比 2020 年分别下降约 19.5%、17.5%、10.6% 和 20.6%。对于工业 COD 排放量，西部地区最高，其次为东部、中部和东北地区，其中东部、中部和东北地区的工业 COD 削减率相对较高，而西部地区略低。总体上，各区域工业 COD 污染控制能力较强，未来生活 COD 减排压力仍很大，西部地区在工业、生活 COD 的处理水平上仍将落后于其他地区。

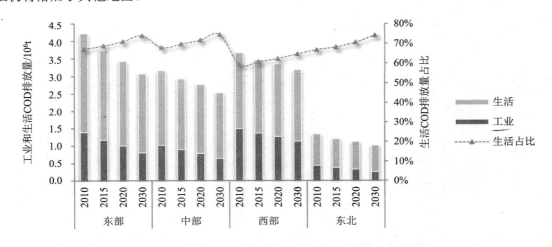

图 4-28　预测年份我国四大区域工业和生活 COD 排放分布情况

由于预测水平年四大区域各省份的 COD 排放结构类似，本研究仅对 2030 年四大区域各省区排放结构的预测结果进行分析。由图 4-29 可见，东部地区的工业 COD 排放主要集中在山东、浙江、江苏、河北、广东等地，其排放量介于 13 万～17 万 t，而京津沪、海南地区的工业 COD 排放总量较小，其中北京市最小，仅为 1 021 t；东部地区的生活 COD 排放主要集中在广东、江苏、河北、山东等地，这些省份经济与城镇化发展较快，第三产业比重在不断增长，人口相对密集，相应其生活 COD 排放量也较大，其中，广东省高达 47 万 t 左右，始终位居全国排放量之首，东部地区的京津沪和海南地区生活 COD 占比达到 90% 以上，明显高于全国平均水平，东部 70% 的省份生活 COD 占比高于全国平均水平。中部地区的工业 COD 排放量最高的省份为河南省，约为 20 万 t，其次为湖北、湖南等地；中部地区的生活 COD 排放量主要来自于湖南和湖北等地，湖南省最高，约为 56 万 t，中部地区的河南和山西两地的生活 COD 排放量占比偏低，分别约为 56% 和 64%，低于中部和全国平均水平，其他四省略高于全国平均水平。西部地区的工业和生活 COD 排放量均较高的地区为广西和四川,其中广西的工业和生活 COD 排放量分别约为 33 万 t 和 41 万 t,四川的工业和生活 COD 排放量分别约为 18 万 t 和 46 万 t,而西部地区的其他省区工业和生活排放量较小,其中西藏的工业排放量最小约为 0.1 万 t,宁夏的生活排放量最小约为 2.8 万 t,区域内的差距仍较大,从西部地区生活 COD 占比来看,贵州、西藏生活 COD 占比较大,达到 95%以上,新疆、青海和宁夏地区的生活 COD 占比较小,不足 55%,其他地区均在全国平均水平附近波动。随着我国"振兴东北老工业基地"等区域发展战略的实施,东北地区经济发展活力逐步恢复,产业转型升级步伐加快,未来各省工业和生活 COD 排放量均有所下降,生活 COD 占比逐年上升,均在 70%以上,其中辽宁省的工业和生活 COD 排放量相对较高,分别约为 12 万 t 和 28 万 t。

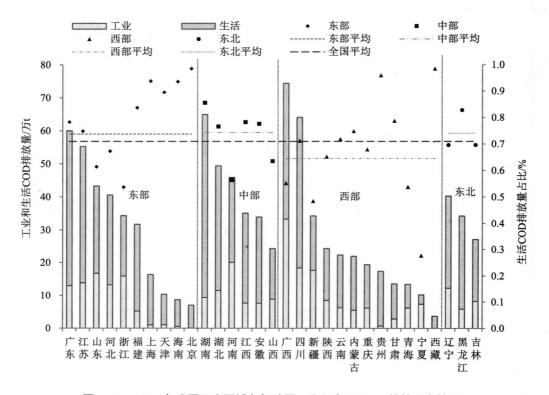

**图 4-29　2030 年我国四大区域各行政区工业和生活 COD 排放分布情况**

### 4.2.2　氨氮预测结果

（1）排放总量

"十二五"期间,我国在继续推进 COD 污染减排工作的同时,已将氨氮纳入全国主要水污染物排放约束性控制指标,力将通过污水处理厂协同效应并升级改造,提高生活源氨氮去除效率,同时抓住化工、造纸、食品加工、纺织、黑色冶金、石化等重点行业,辅以农业源污染防治,以有效控制氨氮排放总量,较大程度地改善目前水质氨氮超标现象,并减轻湖库氨氮和总氮的负荷。随着我国氨氮污染控制与治理水平的大幅提高,未来 20 年各区域的氨氮排放量将呈下降趋势,图 4-30 给出了我国四大区域板块目标年份氨氮排放量的预测结果。

　　到 2015 年，东部、西部、中部和东北地区的氨氮排放量分别约为 42.8 万 t、33.0 万 t、31.6 万 t 和 12.9 万 t，相比 2010 年，将分别下降 12.3%、10.8%、7.4% 和 11.1%，年均下降率分别约为 2.6%、2.3%、1.5%、2.3%，在不断加强氨氮控制的条件下基本达到"十二五"环保规划氨氮减排 10% 的约束性目标，但其总量仍超过 100 万 t，水污染防治形势依然严峻；到 2020 年，东部、西部、中部和东北地区的氨氮排放量分别约为 33.8 万 t、26.8 万 t、27.9 万 t 和 10.5 万 t，相比 2015 年，将分别下降 9.9%、8.8%、4.9% 和 9.0%，年均下降率分别约为 2.1%、1.8%、1.0%、1.9%，各区域的减排速率开始变缓，下降幅度变小，其总量约为 98.9 万 t；到 2030 年，东部、西部、中部和东北地区的氨氮排放量分别约为 29.0 万 t、23.5 万 t、25.9 万 t 和 9.1 万 t，相比 2020 年，将分别下降 13.8%、12.4%、7.0% 和 12.7%，年均下降率分别约为 1.5%、1.3%、0.7%、1.4%，各区域的减排速率明显变缓，其总量为 87.6 万 t，水环境状况将有所好转。

　　总体上，东部地区氨氮削减力度最大，其次为东北、中部地区，西部地区的削减幅度相对偏小，各区域总排放量削减速度基本在 2020 年之后逐渐变缓，东部地区的排放量一直保持最高水平，中部地区排放总量自 2020 年开始低于西部地区，东北地区与中部地区排放总量递减趋势基本一致，氨氮排放重心呈现自东向西的转移趋势，未来应加快提高西部地区的氨氮治理水平，缩小区域差异。

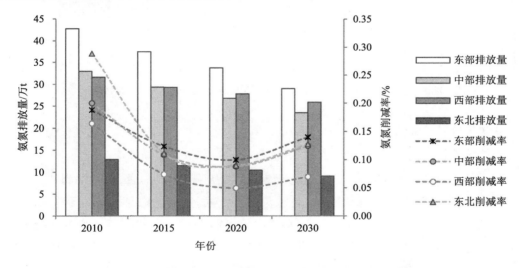

**图 4-30　我国四大区域板块目标年份氨氮排放量预测结果**

　　从我国四大区域预测年份氨氮排放量占全国比重来看，东部地区仍处于排放总量最高水平，但其在全国氨氮排放中的比重呈小幅下降趋势，到 2030 年约为 33.2%。中、西部地区排放总量相对较高，到 2030 年占全国氨氮排放量的比重分别为 26.8% 和 29.6%，但其分别处于缓慢下降和上升趋势，自 2020 年，中部所占比重开始低于西部地区；而东北地区排放量占全国比例在未来 20 年总体上有所下降，2030 年约为 10.4%。2010—2030 年各区域 COD 排放量占全国比重及其在各目标年份的比例分布情况如表 4-6、图 4-31 所示。

表 4-6　我国 2010—2030 年四大区域氨氮排放量占全国比重　　　　单位：%

| 地区 | 2010 年 | 2015 年 | 2020 年 | 2030 年 |
|---|---|---|---|---|
| 东部 | 35.5 | 34.8 | 34.1 | 33.2 |
| 中部 | 27.5 | 27.3 | 27.1 | 26.8 |
| 西部 | 26.3 | 27.2 | 28.2 | 29.6 |
| 东北 | 10.7 | 10.7 | 10.6 | 10.4 |

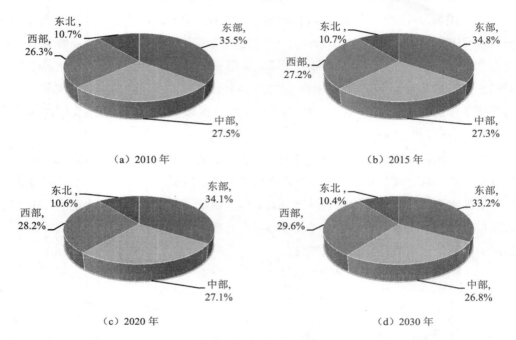

（a）2010 年　　　　　　　　　　（b）2015 年

（c）2020 年　　　　　　　　　　（d）2030 年

图 4-31　我国四大区域板块目标年份氨氮排放量占全国比例变化情况

从各区域省份氨氮排放的预测结果（图 4-32、表 4-7）来看，除西部地区的青海、西藏等少数省份的污染排放有所增加外，其他区域的各省份氨氮排放量在未来 20 年均呈下降趋势。预测结果显示，直到 2030 年，东部地区的广东、山东、江苏、河北 4 个省份的氨氮排放量仍较高，均排在全国各地区排放量的前十位，4 个省份氨氮排放总量在 2015 年、2020 年和 2030 年分别降为 25.2 万 t、22.5 万 t 和 19.1 万 t，占东部氨氮排放量的比例分别约为 67.3%、66.7% 和 65.8%，仍为东部地区氨氮污染控制的主要省份；中部地区的湖南、河南、湖北 3 个省份的氨氮排放量相对较高，3 个省份氨氮排放总量在 2015 年、2020 年和 2030 年分别为 18.6 万 t、17.0 万 t 和 14.9 万 t，分别占中部氨氮排放量的 63.4%、63.4% 和 63.3%，其中湖南省最高，仅低于广东省，排在全国第二位；西部地区的氨氮排放量将主要集中在广西、四川、内蒙古和新疆等地，其中广西和四川省在 2030 年分别位居全国第四位和第十位，广西、四川、内蒙古和新疆 4 个省区的氨氮排放总量在 2015 年、2020 年和 2030 年分别约为 16.2 万 t、15.5 万 t 和 14.6 万 t，占西部氨氮排放量的 55% 左右；东北地区氨氮排放量最大的省份是辽宁省，排在全国各地区排放量的第八位，在 2015 年、2020 年和 2030 年分别约为 5.0 万 t、4.5 万 t 和 3.9 万 t，占东北地区总排放量的 43% 左右。

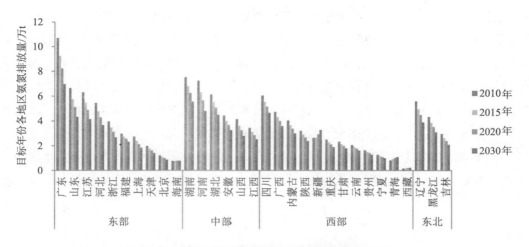

**图 4-32　我国四大区域各省份目标年份氨氮排放量**

表 4-7　我国四大区域各省、市、自治区氨氮排放量预测结果　　　　　　　　单位：万 t

| 地区 | 省、市、自治区 | 2010 年 | 2015 年 | 2020 年 | 2030 年 |
|---|---|---|---|---|---|
| 东　部 | 广东 | 10.70 | 9.25 | 8.24 | 6.97 |
| | 山东 | 6.65 | 5.75 | 5.12 | 4.33 |
| | 江苏 | 6.30 | 5.47 | 4.88 | 4.15 |
| | 河北 | 5.46 | 4.77 | 4.28 | 3.66 |
| | 浙江 | 3.97 | 3.48 | 3.12 | 2.68 |
| | 福建 | 2.98 | 2.74 | 2.56 | 2.33 |
| | 上海 | 2.75 | 2.40 | 2.15 | 1.83 |
| | 天津 | 1.98 | 1.77 | 1.62 | 1.42 |
| | 北京 | 1.21 | 1.09 | 1.00 | 0.88 |
| | 海南 | 0.77 | 0.78 | 0.78 | 0.79 |
| 中　部 | 湖南 | 7.53 | 6.79 | 6.26 | 5.55 |
| | 河南 | 7.25 | 6.31 | 5.65 | 4.81 |
| | 湖北 | 6.14 | 5.53 | 5.09 | 4.50 |
| | 安徽 | 4.43 | 4.00 | 3.68 | 3.27 |
| | 山西 | 4.15 | 3.64 | 3.27 | 2.80 |
| | 江西 | 3.46 | 3.12 | 2.87 | 2.54 |
| 西　部 | 四川 | 6.06 | 5.55 | 5.17 | 4.66 |
| | 广西 | 4.74 | 4.32 | 4.01 | 3.60 |
| | 内蒙古 | 4.06 | 3.67 | 3.39 | 3.02 |
| | 陕西 | 3.23 | 2.92 | 2.69 | 2.39 |
| | 新疆 | 2.66 | 2.66 | 2.94 | 3.29 |
| | 重庆 | 2.52 | 2.29 | 2.12 | 1.90 |
| | 甘肃 | 2.35 | 2.15 | 2.00 | 1.80 |
| | 云南 | 2.07 | 1.91 | 1.79 | 1.62 |
| | 贵州 | 1.65 | 1.52 | 1.42 | 1.29 |
| | 宁夏 | 1.29 | 1.19 | 1.11 | 1.01 |
| | 青海 | 0.83 | 0.95 | 1.02 | 1.11 |
| | 西藏 | 0.18 | 0.18 | 0.20 | 0.23 |
| 东　北 | 辽宁 | 5.61 | 4.97 | 4.51 | 3.91 |
| | 黑龙江 | 4.34 | 3.88 | 3.55 | 3.11 |
| | 吉林 | 2.97 | 2.64 | 2.41 | 2.10 |
| 总　计 | | 120.3 | 107.7 | 98.9 | 87.6 |

综上可知，我国东部、西部地区各省份氨氮排放总量差距明显，中部、东北地区相对均衡。由于东部地区的环境污染治理投资大，污染治理水平与控制能力强，其减排效果最为显著；中部地区随着工业化、城镇化进程的加快，第二产业，特别是高能耗、高污染行业的快速增长势头在一定时期内难以根本扭转，氨氮排放总量仍较高，减排压力大；随着我国西部大开发的加快以及东部地区产业的战略转移，西部地区的化工、冶金、水泥等高污染产业快速发展，产业转移带给西部各省经济发展的同时，也给污染减排带来了巨大压力，未来 20 年西部地区的氨氮排放总量仍很高，水污染形势不容乐观；东北地区正处于产业转型升级改造、优化经济结构的时期，产业结构调整所带来的污染减排效果将会逐步体现。

（2）排放强度

从我国四大区域工业氨氮排放强度预测结果（图 4-33）来看，全国及四大区域单位工业产值的氨氮排放量整体呈下降趋势，2011—2020 年中部和西部地区下降幅度较大，2020 年后趋缓，东部和东北地区自 2015 年开始明显缓慢下降。预测结果显示，到 2015 年，东、中、西和东北地区每亿元工业产值的氨氮排放量分别降为 0.59 t、1.38 t、1.45 t 和 0.59 t，相比 2010 年分别下降约 36.1%、43.7%、42.9% 和 45.6%，年均下降率为 8.6%、10.8%、10.6% 和 11.5%；到 2020 年，东、中、西和东北地区每亿元工业产值的氨氮排放量分别降为 0.39 t、0.85 t、0.93 t 和 0.33 t，相比 2015 年分别下降约 35.1%、37.9%、36.1% 和 44.7%，年均下降率分别为 8.3%、9.1%、8.6% 和 11.2%；到 2030 年，东、中、西和东北地区每亿元工业产值的氨氮排放量分别降为 0.19 t、0.40 t、0.46 t 和 0.13 t，相比 2020 年分别下降约 50.2%、52.9%、50.6% 和 61.5%，年均下降率分别为 6.7%、7.3%、6.8% 和 9.1%。

由此可见，未来 20 年东部、东北地区氨氮排放强度仍低于中、西部地区，处于领先水平，大约为全国平均排放强度的 63.6% 和 58.0%，而中、西部地区降幅也较为显著，下降速率相近，同步趋近于全国平均水平，分别约为全国平均排放强度的 1.47 倍和 1.58 倍，但仍落后于东部、东北地区，尚存下降空间。

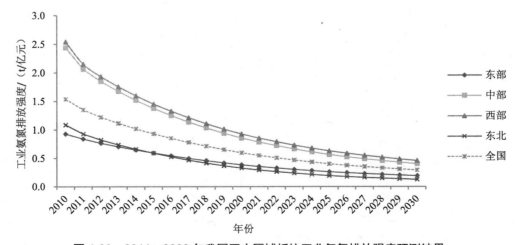

图 4-33　2011—2030 年我国四大区域板块工业氨氮排放强度预测结果

　　从我国四大区域生活氨氮排放强度预测结果（图 4-34）来看，全国及四大区域人均氨氮排放量整体呈缓慢下降态势，远低于工业氨氮排放强度的下降速率，生活氨氮减排较为滞后。其中，东北地区的排放强度最高，预测到 2015 年、2020 年和 2030 年，其人均排放强度将分别达到 4.2、3.8、3.1 g/（人·d），年均下降速率分别约为 2.9%、2.1% 和 1.9%，2030年约为全国平均排放强度的 1.5 倍；其次为西部、中部地区，预测到 2015 年、2020 年和2030 年，西部人均排放强度将分别达到 3.6、3.2 和 2.6 g/（人·d），年均下降速率分别约为3.6%、2.4% 和 2.2%，2030 年约为全国平均排放强度的 1.3 倍，对于中部地区，其人均排放强度将略低于西部地区，与全国平均水平最为接近，到 2030 年为全国平均排放强度的1.1 倍；东部地区的生活氨氮排放强度最低，预计到 2015 年、2020 年和 2030 年，将分别达到 2.4、2.0 和 1.5 g/（人·d），年均下降速率分别约为 4.9%、3.7% 和 2.8%，2030 年约为全国平均排放强度的 74%。综上可见，东部地区生活氨氮排放强度下降速率最快，2020年之后变缓，中、西部地区次之，而东北地区排放强度一直处于最高水平，生活氨氮排放强度的空间分布特征与生活 COD 排放强度基本一致。

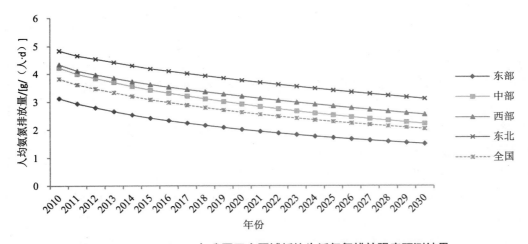

图 4-34　2011—2030 年我国四大区域板块生活氨氮排放强度预测结果

　　从我国四大区域各行政区的工业氨氮排放强度预测结果（图 4-35）来看，区域差异逐步缩小，但空间分布格局变化不大，整体上东部、东北地区的氨氮排放强度偏低，中、西部偏高。工业氨氮排放强度较低的省份出现在东部的北京、上海、天津、广东和东北的辽宁和吉林等省区，其中，北京市的排放强度一直保持最低，到 2015 年、2020 年和 2030 年分别约为 0.08、0.05 和 0.02 t/亿元，东部和东北地区排放强度较高的省份为浙江和河北，2015 年分别为 0.81、1.27 t/亿元，2020 年分别为 0.57、0.86 t/亿元，到 2030 年分别为 0.31 t/亿元和 0.44 t/亿元，总体上东部和东北地区各省区的排放强度自 2020 年逐渐趋缓，未来工业氨氮削减的边际成本不断增加，削减幅度越来越小，但其平均水平在未来 20 年仍将明显高于中、西部地区。氨氮排放强度较高的省份出现在西部的宁夏、甘肃、广西、新疆和青海等省区，其中宁夏的排放强度最高，到 2015 年、2020 年和 2030 年分别为 9.03、6.15

和 3.33 t/亿元，其下降速度很快，但仍一直处于最高水平，而西部地区排放强度最低的省份为西藏，2015 年、2020 年和 2030 年分别为 0.06、0.05 和 0.03 t/亿元，区域内差距明显。中部地区的各省份氨氮排放强度差异较小，2015 年、2020 年和 2030 年分别介于 1.2～1.7、0.7～1.0、0.3～0.5 t/亿元之间，其平均水平与西部地区较为接近，明显落后于东部和东北地区，尚存下降空间。

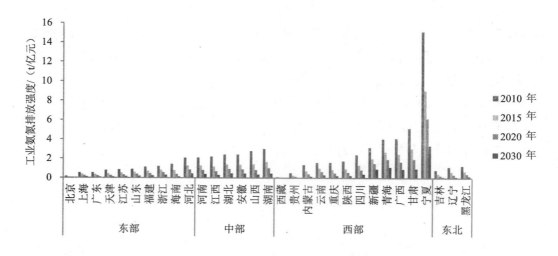

图 4-35　我国四大区域各行政区目标年份工业氨氮排放强度分布情况

图 4-36 给出了我国四大区域各行政区的生活氨氮排放强度预测结果，由此可见，生活氨氮排放强度较低的省份主要集中在东部的北京、山东、江苏和浙江等省市，其中，北京和浙江的排放强度保持相对最低，到 2015 年分别为 1.57 和 1.64 g/（人·d），2020 年分别为 1.40 和 1.33 g/（人·d），2030 年分别约为 1.18 和 0.97 g/（人·d），东部地区排放强度较高的省市为天津和海南，2015 年分别约为 3.37 和 4.22 g/（人·d），2020 年分别约为 2.82 和 3.97 g/（人·d），到 2030 年分别约为 2.26 和 3.53 g/（人·d），整体上东部地区的生活氨氮控制水平仍将高于中部、西部和东北地区。氨氮排放强度较高的省份出现在西部的新疆、青海、内蒙古和西藏等省区，其中西藏的排放强度最高，到 2015 年、2020 年和 2030 年分别约为 5.91、5.60 和 4.92 g/（人·d），一直处于全国最高水平，这与其较低的生活污水处理水平有关，而西部地区排放强度最低的省为云南，2015 年、2020 年和 2030 年分别为 2.29、1.93 和 1.46 g/（人·d），区域内差距明显。中部地区排放强度最高的省份为湖南省，2015 年、2020 年和 2030 年分别为 4.57、3.97 和 3.14 g/（人·d），排放相对较低的省份为江西和河南，到 2030 年分别约为 1.78 和 1.73 g/（人·d），区域差异较小，但总体上排放强度仍较高。东北三省的氨氮排放强度均较高，到 2030 年分别约为 2.80、3.32 和 3.57 g/（人·d），在全国范围内处于偏高水平，未来东北地区应加强生活源氨氮的治理。

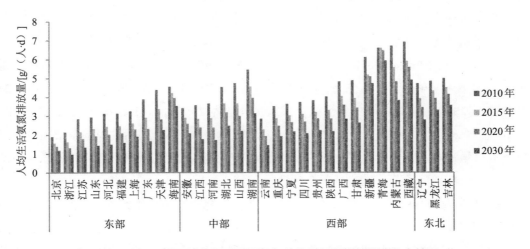

图 4-36　我国四大区域各行政区目标年份生活氨氮排放强度分布情况

（3）排放结构

从我国四大区域工业、生活氨氮排放量所占比例预测结果（图 4-38）来看，2011—2030 年生活污染仍为氨氮的主要排放源，各区域的生活氨氮排放量将继续大于工业氨氮排放量，生活氨氮排放量占比总体上呈缓慢上升趋势。中、西部地区生活氨氮排放量占比较为接近，东北地区生活氨氮排放量占比处于最高水平。由图 4-37 可知，未来 20 年东部和东北地区生活氨氮排放量占其排放总量的比重高于全国生活氨氮排放量所占比重，2015 年其生活氨氮排放量占比分别为 81.0% 和 87.9%，2020 年分别为 83.0% 和 90.0%，2030 年分别为 85.5% 和 92.6%，中、西部地区明显低于全国平均生活氨氮排放量占比，2015 年分别约为 75.1% 和 76.2%，2020 年分别为 77.3% 和 78.0%，2030 年分别为 80.5% 和 80.4%。由此看来，未来很长一段时间，我国氨氮排放仍将以生活源为主，随着工业源减排潜力的减小，以生活源为主导的排放结构将更加明显，未来应加强对生活氨氮的削减力度。

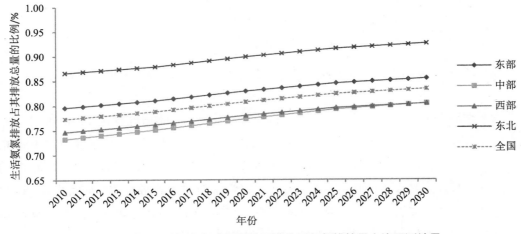

图 4-37　2011—2030 年我国四大区域生活氨氮排放量占比预测结果

从我国四大区域工业和生活氨氮排放量预测结果（图 4-38）来看，2015 年东部、中部、西部、东北地区的生活氨氮排放量分别约为 30.4 万 t、22.1 万 t、22.3 万 t 和 10.1 万 t，相比 2010 年分别下降约 10.8%、8.6%、5.6% 和 9.8%；2020 年四大区域的生活氨氮排放量分别为 28.0 万 t、20.7 万 t、21.7 万 t 和 9.4 万 t，相比 2015 年分别下降约 7.8%、6.0%、2.6% 和 6.8%；2030 年四大区域的生活氨氮排放量分别为 24.8 万 t、18.9 万 t、20.8 万 t 和 8.5 万 t，相比 2020 年分别下降约 11.4%、8.9%、4.1% 和 10.1%。显然，我国东部地区生活氨氮排放总量最高，其下降幅度也较大，西部地区的生活氨氮削减率最低，其总量与中部地区相近，中部地区下降速率略低于东北地区。

2015 年东部、中部、西部、东北地区的工业氨氮排放量分别约为 7.1 万 t、7.3 万 t、7.0 万 t 和 1.4 万 t，相比 2010 年分别下降约 18.4%、17.0%、12.8% 和 19.3%；2020 年四大区域的工业氨氮排放量分别为 5.8 万 t、6.1 万 t、6.1 万 t 和 1.1 万 t，相比 2015 年分别下降约 19.1%、17.0%、12.4% 和 24.4%；2030 年四大区域的工业氨氮排放量分别为 4.2 万 t、4.6 万 t、5.1 万 t 和 0.7 万 t，相比 2020 年分别下降约 26.8%、24.5%、17.2% 和 36.1%。对于工业氨氮排放量，东部、中部、西部地区一直处于较高水平，东北较低，其中东部、中部和东北地区的工业氨氮削减率相对较高，而西部地区略低。总体上，各区域工业氨氮污染控制能力较强，生活氨氮排放在未来很长一段时间仍占主导地位，减排压力很大，西部地区在工业、生活氨氮的处理水平上仍将落后于其他地区。

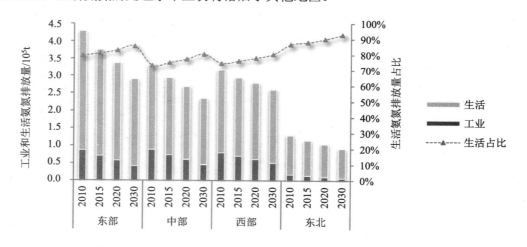

图 4-38　预测年份我国四大区域工业和生活氨氮排放分布情况

由于预测水平年四大区域各省份的氨氮排放结构类似，本研究仅对 2030 年四大区域各省区排放结构的预测结果进行分析。由图 4-39 可见，东部地区的工业氨氮排放主要集中在山东、浙江、江苏、河北等地，其中河北省最高，约为 0.93 万 t，而京津沪、海南地区的工业氨氮排放总量较小，其中北京市最小，仅为 113 t，其排放总体空间格局与 COD 类似；东部地区的生活氨氮排放主要集中在广东、江苏、河北、山东等地，这些省份处于经济与城镇化快速发展的阶段，生活氨氮排放量也较大，其中，广东省高达 6.5 万 t 左右，始终位居全国排放量之首，东部地区的京津沪和海南地区的生活氨氮排放量占比达到 89%

以上，明显高于全国平均水平，东部 70%的省份生活氨氮排放量占比高于全国平均水平。中部地区的工业氨氮排放量最高的省区为河南省，约为 1.1 万 t，其次为湖北、湖南等地；中部地区的生活氨氮排放量主要来自于湖南和湖北等地，湖南省最高，约为 4.8 万 t，中部地区的各省生活氨氮排放量占比基本在 75%～86%之间,大部分省份略低于全国平均水平。西部地区的工业和生活氨氮排放量均较高的地区仍为广西和四川，其中广西的工业和生活氨氮排放量分别约为 0.9 万 t 和 2.7 万 t，四川的工业和生活氨氮排放量分别约为 1.0 万 t 和 3.7 万 t，而西部地区的其他大部分省份工业和生活排放量相对较小，其中西藏的工业和生活氨氮排放量最小，分别约为 4.3 t 和 0.2 万 t，区域内的差距较大，从西部地区生活氨氮排放量占比来看，贵州、西藏生活氨氮排放量占比较大，达到 97%以上，宁夏的生活氨氮排放量占比最小，不足 50%，其他地区均在全国平均水平附近波动。东北地区三省的生活氨氮排放量占比均在 90%以上，明显高于全国平均水平，其中辽宁省和黑龙江省的工业和生活氨氮排放量相对较高，辽宁省的生活和工业氨氮排放量最高分别约为 3.6 万 t 和 0.3 万 t，可见东北地区氨氮排放主要来源于生活污染，未来应进一步加快生活源氨氮的治理力度。

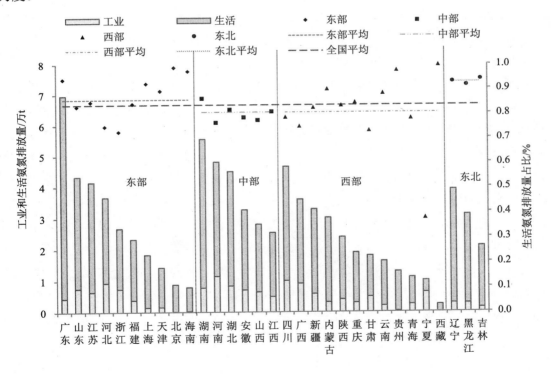

图 4-39　2030 年我国四大区域各行政区工业和生活氨氮排放分布情况

## 4.3　面临的压力与对策建议

　　未来很长一段时期，我国经济仍将处于工业化和城市化"双快速"发展阶段，污染物排放增量压力巨大，主要水污染物排放量大与环境容量相对不足的矛盾仍然难以得到根本缓解。通过对未来我国及四大区域水环境形势的现状分析和预测，全面分析四大区域在经济发展水平、产业结构、水环境治理投入力度、政策执行能力等方面的差异性，提出加快产业转型升级、协调区域减排进程、改善水环境质量的政策建议。

### 4.3.1　主要问题

（1）污染排放总量依然很大，污染减排任务艰巨

预测结果显示，我国未来主要水污染物排放有所下降，但总量依然很大，随着"十一五"大部分减排工程的建成，未来污染削减的边际成本不断增加，削减幅度越来越小，且工业污染排放日趋复杂，农业面源和生活污染上升，持久性有机污染物增加，污染减排任务十分艰巨。更为严峻的是，未来 15~20 年我国水环境保护面临社会经济发展的巨大压力，在老的水环境问题没有得到很好解决的同时，又面临着新一轮的污染，在保持经济持续增长的情况下，新一轮污染将给不堪重负的水环境及其保护工作带来巨大挑战。如不加强污染物减排工作，将出现资源支撑不住、环境容纳不下、社会承受不起、经济发展难以为继的现象。

（2）传统结构性污染还未转变，新型结构性污染日益凸显

预测表明，未来 10~20 年，我国产业结构的工业化特征仍十分突出，这将对我国的资源和环境发展带来极大的压力。尽管第三产业增加值的比重逐步上升，但由于城镇化率的迅速提高和第三产业的快速发展带来的新型结构性污染问题不容忽视。这些新型的结构性污染问题主要包括：一是由常规的点源污染转向面源污染与点源污染相结合的复合污染。在农村或城郊，由于过量和不合理地使用化肥、农药，迅速发展的集约化畜禽养殖业和生活污水排放的增加，造成面源污染极为严重。在城市，由于第三产业快速发展，特别是交通运输业的发展，导致能源消耗上升与城市污染问题突出。二是由单纯的工业和生活污染过渡到工业和生活、面源污染并存，污染物类型将从常规污染物为主继续向常规污染物和新型污染物的复合型转变。由于生活水平的提高和消费方式的变化，城镇居民生活用水逐步上升，导致城乡生活污水迅速增长，加上一些城镇环境基础设施建设尚未跟上，使我国城镇生活，尤其是西部地区的一些中小城镇的污水处理已经成为十分头疼的难题；我国因化肥、农药的过量使用及大量畜禽粪便的排放，加之对农业面源污染排放的监管不足，使得国内农业面源污染的程度和广度都已超过欧美国家，并且愈演愈烈。

（3）污染减排还难以确保环境质量同步改善

"十一五"期间，我国将 COD 作为污染减排的约束性指标，"十二五"环保规划中将氨氮列入水污染控制指标，可见，我国仅对 COD 和氨氮等化学指标实行排放总量控制计划管理，对于水体只强调水体的化学质量，而忽略了水体的整体生态功能，虽然花费大量资金和人力来降低水体中的化学物质含量，但却不能恢复某些需要的生态功能。因此，要理清污染减排与水环境质量的关系，我国污染减排战略的最终目标必须是为了水环境质量的恢复，所以对政府进行污染减排任务完成状况考核时应考虑到当地水环境质量的改善情

况。还要清楚地认识到目前中国大部分流域、地区或城市的水环境质量长期处于劣V类，尤其是缺水地区，在这种恶劣的水环境状况下，不能单纯追求污染物排放量的减少，更应加强水环境质量的管理和改善，要将污染减排与环境质量改善挂钩，加强水生生态系统的正常循环功能，保护生物多样性及整体性，而不仅仅局限于减少化学污染。

## 4.3.2　对策建议

东部地区经济发达、人口密集，COD 和氨氮污染排放强度均低于全国平均水平，污染控制与治理水平领先于其他地区，但其排放总量仍居四大区域之首。针对东部地区污染排放量大、水污染形势还十分严峻的特点，主要从以下几个方面改善其水环境质量：①东部地区应抓住产业转移的机遇，积极承接高技术产业、服务业等高层级、绿色低碳的国际产业转移，实现产业的有序升级。②加大氨氮控制力度。针对重点流域和区域新建、改建、扩建和已建的城市污水处理设施，分阶段率先完成配套脱氮除磷设施的建设和升级改造。对石化业、食品和饮料制造业等氨氮排放的重点行业加强综合治理，严格执行污水排放标准。③加快提高再生水利用率。大力推进东部地区的再生水利用工作，统筹考虑再生水水源、潜在用户分布情况、水质水量要求和输配水方式等因素，合理确定污水再生利用设施的规模，积极稳妥发展再生水用户，扩大再生水利用范围。④完善环境标准，提高环保准入门槛，应从侧重解决突出环境问题、排污总量削减向总量约束与质量引导并重、经济发展与改善人居环境并重上转变，从侧重工业污染防治向工业、农业以及生活面源污染防治并重上转变。在注重治理 COD、氨氮等传统污染物的同时，加强废水重金属等非常规污染物的治理力度。

中、西部地区经济发展水平较低，污染排放总量较大，污染排放强度明显高于全国平均水平。针对中、西部地区污染排放总量相对较高、污染治理水平偏低、中部地区水污染严重、西部地区生态环境脆弱的特点，提出以下建议措施：①综合分析中、西部地区的区位优势和劣势，确定合理的产业调整计划，严格"两高一资"行业的准入。在承接东部地区产业时，应严格制定环境准入机制，优选特色新产业，着力发展低污染的加工业、生态农业、精细化种植业以及文化旅游业等劳动力密集型产业。②积极推进清洁生产、节能减排技术，从源头控制污染，坚持循环经济理念，实现资源利用率最大化，强化污染控制，严格环境监管，走代价小、效益好、排放低、可持续的发展道路。③推进污水处理厂建设，加快城镇污水收集管网建设。依据国家政策和流域排放要求，合理提高污水排放标准，强化污水处理厂的提标改造，促进新、老污水处理厂实现稳定达标排放，提高城镇污水处理厂运行负荷率。④加强环境监管，促进产业健康发展。新建项目在环境保护方面要严格执行环境影响评价制度和环境保护"三同时"制度，实行严格的污染物排放总量控制制度和排污许可制度。⑤加大污染治理投资力度，提高公众环境保护意识。

东北地区是我国的老工业基地，产业结构沉重，旧体制影响较大。近年来，随着国家"振兴东北老工业基地"等区域发展战略的实施，东北地区经济发展活力逐步恢复，产业转型升级步伐加快。针对上述特点提出如下建议：①加快传统工业产业结构的调整升级，基于资源优势，优化发展能源工业，重点建设千万吨级原油加工基地、精品钢材基地以及现代装备制造业基地，形成一批具有核心竞争力的先导产业和产业集群；加快培育发展光电子、软件信息、生物制药、新材料等高新技术产业，淘汰"两高一资"产业，降低污染排放。②大力推进生态工业园区建设，按照国家有关循环经济和清洁生产的要求加快企业内部技术改造与产业升级，加快节能减排技术产业示范和推广，推动工业园区建设，大力发展工业园区循环经济。③加大环保准入门槛，完善城镇污水处理厂等环保基础设施建设，提高生活污水处理率，加大力度推进松花江、辽河、鸭绿江等流域和界河的水污染治理。④加大对水资源开发的环境评价和环境监管工作力度，积极推进资源开发补偿机制和资源产权交易制度的建立。

# 第5章  四大区域大气环境形势分析与预测

## 5.1  大气环境形势回顾分析

我国的大气污染控制始于20世纪70年代。30多年来，大气环境治理经历了由点源治理到集中控制、由城市环境综合整治到区域污染控制、由浓度控制到总量控制的转变历程。为了加快转变经济发展方式，建设资源节约型、环境友好型社会，国家在"十一五"规划中首次设定了主要污染物减排的约束性和预期性指标。"十一五"期间，各地区较好地完成了主要污染物减排任务，污染总量控制取得积极成效。

东部地区电力行业、非金属矿物制品业、钢铁冶炼业、化工行业和机动车等是主要废气污染物排放的大户。"十一五"期间，随着产业升级步伐加快和污染减排措施的实施，东部地区对高污染、高能耗产业结构进行了调整和治理，$SO_2$排放总量得到有效控制，从2006年的838.8万t下降到2010年的669.7万t，下降20%。同时由于"十一五"期间脱硝设施不足、VOCs防控手段缺乏，东部地区$NO_x$和VOCs排放总量由2006年的666.9万t、965.8万t增加到2010年的743.2万t、1 080.3万t，分别增长10.3%、11.4%。

中部地区废气污染物主要来自于煤炭、钢铁、机械、石油、石化等重工业。"十一五"期间该地区通过"转方式、调结构"，采取新增脱硫和除尘设备等减排措施，$SO_2$排放总量得到有效控制，由2006年的601.4万t下降到2010年的511.1万t，下降20%。同时随着"中部崛起"战略的实施，中部地区"二次产业"在全国所占比重不断上升，$NO_x$和VOCs排放总量由2006年的354.3万t、336.9万t增加到2010年的406.7万t、353.6万t，分别增长12.9%、4.7%。

西部地区矿产资源丰富，中国高耗能的煤炭、石油、化工及电力等相关行业，有相当部分集中在该地区，并且由于西部地区的资源远景较好，重工业仍有向西部转移的趋势。随着西部大开发战略的实施，西部地区在"十一五"期间污染排放总量和排放强度得到严格限制。其中$SO_2$排放得到有效控制，排放总量由2006年的930万t下降到2010年的817.5万t，下降10%。由于西部地区能源利用率不高，经济结构不合理，$NO_x$排放总量远远高于全国其他地区，由2006年的339.2万t增加到2010年的515.0万t，增加34.1%；而VOCs排放总量由2006年的333.6万t增加到2010年的335.4万t，增加0.5%。通过对比可知，西部地区VOCs排放总量低于全国其他地区。

东北地区是我国的老工业基地，随着国家"振兴东北老工业基地"等区域发展战略的实施，东北各省积极推进节能减排措施，限制高能耗、高污染行业扩张，关停小火电、小钢炉、小造纸、小水泥等污染严重的企业，大力推行清洁生产，支持开发和应用低碳技术，鼓励发展循环经济。"十一五"期间东北地区 $SO_2$ 排放总量得到有效控制，由 2006 年的 218.6 万 t 下降到 2010 年的 186.9 万 t，下降 10%。同时由于能源、原材料、装备制造和钢铁等行业的发展且缺乏 $NO_x$、VOCs 等污染物防控措施，使得 $NO_x$ 和 VOCs 排放总量增加，由 2006 年的 163.4 万 t、134.6 万 t 增加到了 2010 年的 187.6 万 t、148.1 万 t，分别增加了 12.9%、9.1%。

### 5.1.1 二氧化硫

（1）排放总量

"十一五"期间，我国通过实施污染减排等一系列措施，如关停小火电机组和燃煤火电机组，治理高能耗、高污染排放行业，推广使用低硫煤和清洁能源，建设脱硫设施等各种减排措施，对大气污染物 $SO_2$ 排放实施总量控制。全国 $SO_2$ 排放总量总体呈现下降趋势（图 5-1）。

东部地区 $SO_2$ 排放总量由 2006 年的 838.8 万 t 下降到 2010 年的 669.7 万 t，"十一五"期间下降 20.1%；中部地区由 2006 年的 601.4 万 t 下降到 2010 年的 511.1 万 t，排放总量下降 15.0%；西部地区排放总量由 2006 年的 930 万 t 下降到 2010 年的 817.5 万 t，下降 12.1%；东北地区由 2006 年的 218.6 万 t 下降到 2010 年的 186.9 万 t，下降 14.5%。

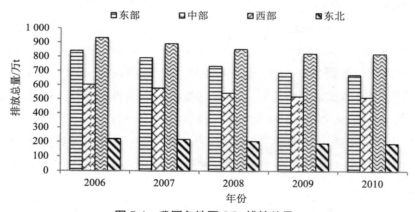

**图 5-1　我国各地区 $SO_2$ 排放总量**

（2）排放强度

"十一五"期间全国 $SO_2$ 排放强度总体呈现下降趋势。从区域来看，$SO_2$ 排放强度呈现"西高东低"的特征（图 5-2）。由于东部地区经济发展方式的转变和产业结构的调整，$SO_2$ 排放强度由 2006 年的 6.5 kg/万元下降到 2010 年的 2.9 kg/万元，下降幅度为 55.4%；中部地区采取新增脱硫和除尘等污染减排措施，$SO_2$ 排放强度由 2006 年的 13.8 kg/万元下降到 2010 年的 5.9 kg/万元，下降 57.2%；西部地区通过限制排放总量和排放强度等控制措施，其 $SO_2$ 排放强度由 2006 年的 23.1 kg/万元下降到 2010 年的 10.0 kg/万元，下降 56.7%；东北地区通过推广清洁技术、低碳技术等一系列有效的减排措施，SO$_2$ 排放强度由 2006 年的 11.0 kg/万元下降到 2010 年的 5.0 kg/万元，下降 55.0%。

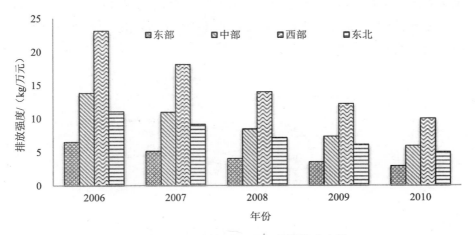

图 5-2　我国各地区 SO$_2$ 排放强度比较

（3）排放结构

2006—2009 年，东部、中部和西部地区对工业各行业加大 SO$_2$ 排放控制力度，工业 SO$_2$ 排放总量占其排放总量的比重总体上呈现下降趋势，东、中、西部地区工业排放比重分别由 2006 年的 89.7%、85.6%、84.5%下降到 2009 年的 87.4%、83.7%、81.5%；2010 年，东部、中部、西部地区工业 SO$_2$ 排放总比重又呈现上升趋势，分别增加到 88.7%、86.3%、82.2%。东北地区由于"振兴东北老工业基地"战略计划的实施，工业经济快速发展，工业排放比例总体呈现上升趋势，由 2006 年的 82.9%上升到 2008 年的 87.1%；2008—2010 年，东北地区调整了产业结构，并实施了减排节能措施，工业排放比例呈现下降趋势，由 2008 年的 87.1%下降到 2010 年的 84.4%，下降趋势明显（图 5-3）。

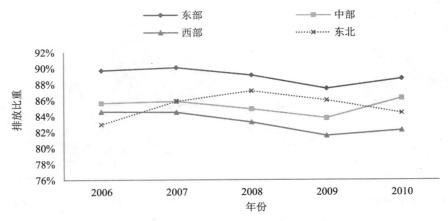

图 5-3　各地区工业 SO$_2$ 排放比重比较

2006—2009 年，东、中、西部地区的生活 SO$_2$ 排放比重占其排放总量的比重总体呈现上升趋势，分别由 2006 年的 10.3%、14.4%、15.5%增加到 2009 年的 12.6%、16.3%、18.5%；

与工业 $SO_2$ 排放比重的变化相对应，2010 年东、中、西部地区生活 $SO_2$ 排放比重相比前一年有所下降，到 2010 年三个地区的比重分别下降到 11.3%、13.7%、17.8%。2006—2008年，东北地区生活 $SO_2$ 排放比重总体呈现下降趋势，从 2006 年的 17.1%下降到 2008 年的12.9%；2008—2010 年，生活 $SO_2$ 排放比重又趋于增长的态势，由 2008 年的 12.9%增加到2010 年的 15.6%（图 5-4）。

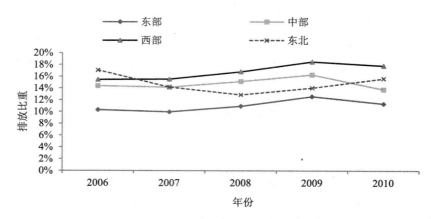

图 5-4　各地区生活 $SO_2$ 排放比重比较

### 5.1.2　氮氧化物

"十一五"期间，中国没有实施有效的 $NO_x$ 排放控制措施，导致 $NO_x$ 排放量随能源消耗总量的增加而增加。从空间分布上来看，$NO_x$ 的排放主要集中在东部地区。中国 $NO_x$ 排放的最主要来源是燃料消耗排放。按照燃料结构划分，燃煤消耗排放占 $NO_x$ 排放总量的 63%，其次是柴油消耗占 14%，其他占 23%（图 5-5）；按照行业划分，火力发电、工业和交通运输部门排放对 $NO_x$ 排放总量的贡献最大，分别占排放总量的 36%、31%、21%（图 5-6），绝大部分 $NO_x$ 排放来自电力、工业和交通运输部门，约占总量的 66.7%，且交通部门的$NO_x$ 排放比例逐年上升。

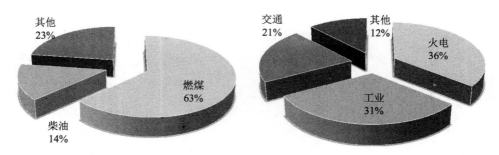

图 5-5　按燃料结构划分 $NO_x$ 排放量占比　　　　图 5-6　按行业划分 $NO_x$ 排放量占比

（1）排放总量

"十一五"期间全国 $NO_x$ 排放总量总体呈现上升趋势（图 5-7）。东部地区的 $NO_x$ 排放总量最高，据测算全国 80%以上的 $NO_x$ 排放量来自于人口密集、工业集中、经济发展较快的中、东部地区，由 2006 年的 666.9 万 t 上升到 2010 年的 743.2 万 t，上升 10.3%。近年来东部沿海地区的高能耗、高污染项目不断转移到中、西部地区，后者为了加快经济的发展和招商引资而降低环境门槛，不断引进高能耗、高污染企业，同时由于监测监察能力和减排技术水平相对落后，加之国家能源战略布局调整，所有这些因素进一步加剧了西部地区的工业污染。"十一五"期间，中部地区 $NO_x$ 排放总量由 2006 年的 354.3 万 t 上升到 2010 年的 406.7 万 t，上升 12.9%；西部地区 $NO_x$ 排放总量由 2006 年的 339.2 万 t 上升到 2010 年的 515.0 万 t，上升 34.1%。"十一五"期间，东北地区按照"振兴东北老工业基地"的战略举措，实施优化能源结构，提高能源转化利用水平，建立现代化产业体系，积极推进节能减排，大力推广节能技术，$NO_x$ 排放增长相对西部地区较低，其 2006 年的排放总量为 163.4 万 t，2010 年为 187.6 万 t，上升 12.9%。

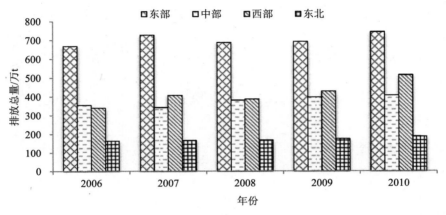

图 5-7　各地区 $NO_x$ 排放总量

（2）排放强度

"十一五"期间全国 $NO_x$ 排放强度总体呈现下降趋势（图 5-8）。西部地区 $NO_x$ 排放强度在几个区域中相对较高，但总体趋于下降，由 2006 年的 8.4 kg/万元下降到 2010 年的 6.3 kg/万元，下降 25.0%，下降速度较慢。中部地区通过调整产业结构，实施节能减排措施，$NO_x$ 排放强度由 2006 年的 8.1 kg/万元下降到 2010 年的 4.7 kg/万元，下降 42.0%。东部地区通过调整经济结构和产业结构等措施，$NO_x$ 排放强度由 2006 年的 5.2 kg/万元下降到 2010 年的 3.2 kg/万元，下降 38.5%。东北地区通过优化能源结构，提高能源转化利用水平，推进节能减排等措施，$NO_x$ 排放强度由 2006 年的 8.3 kg/万元下降到 2010 年的 5.0 kg/万元，下降 40.0%。

（3）排放结构

"十一五"期间全国 $NO_x$ 工业排放比重总体保持上升状态（图 5-9）。东部地区 $NO_x$ 工业排放比重由 2006 年的 72.3%上升到 2010 年的 75.1%，上升较缓慢；中部地区由 2006 年的 77.6%上升到 2010 年的 80.1%，上升速度也较缓慢；西部地区由 2006 年的 71.5%上升到 2010 年的 81.8%，上升幅度比较大；东北地区由 2006 年的 83.2%上升到了 2010 年的 85.6%，上升幅度与东部和中部地区接近。

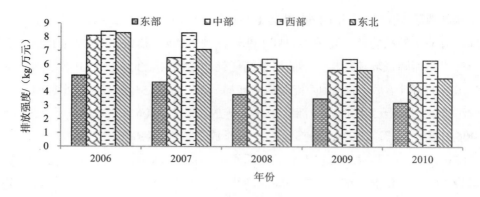

图 5-8  各地区 $NO_x$ 排放强度

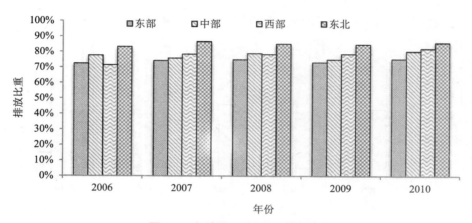

图 5-9  各地区工业 $NO_x$ 排放比重

"十一五"期间 $NO_x$ 生活排放比重（除中部地区）与 2006 年相比较总体呈现下降趋势。东部地区 $NO_x$ 生活排放比重由 2006 年的 27.7%下降到 2010 年的 24.9%；中部地区由 2006 年的 22.4%下降到 2010 年的 19.9%；西部地区由 2006 年的 28.5%下降到 2010 年的 18.2%；东北地区生活 $NO_x$ 排放比重由 2006 年的 16.8%下降到 2010 年的 14.4%（图 5-10）。

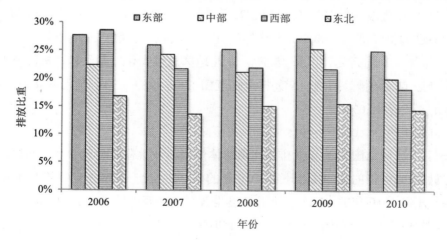

图 5-10  各地区 $NO_x$ 生活排放占的比重

### 5.1.3 挥发性有机物

目前，VOCs 是大气污染防治领域碰到的最复杂的问题之一。VOCs 来源量大面广，来源有石化、印刷、家具行业等生产活动，又有干洗、装修、机动车等生活排放。国家层面对 VOCs 控制尚无约束标准和规划，防治十分困难。"十一五"期间，我国 VOCs 排放总量由 2006 年的 1 760.9 万 t 增加到 2010 年的 1 915.6 万 t，增长 8.8%。其中工业排放 VOCs 总量由 2006 年的 844.6 万 t 上升到 2010 年的 1 129.8 万 t，增长 12.9%；生活排放总量由 2006 年的 916.3 万 t 下降到 2010 年的 785.8 万 t，下降 14.2%。

东部地区由于产业结构的调整，高污染的企业转向中、西部地区，轻工业得到了快速的发展。VOCs 排放重点行业来自于家具制造业、玩具制造业、印刷电路板制造业、印刷业、制鞋业、船舶制造业、汽车制造业、涂料及油墨生产行业、炼油与石化行业等，加油站、建筑涂料使用、家用溶剂使用也是重要来源。

中、西部地区为了加快经济的发展，高能耗、高污染企业的污染减排力度相对较低，重工业企业在带动了 GDP 的增长的同时也造成了污染。石油化工等行业是中、西部地区 VOCs 增加的主要污染源。

东北地区是老工业基地，工业和交通运输业比重较大，高能耗行业的资本密度较大，污染排放强度较高。东北地区在相当长的一段时间内仍将靠能源消费来拉动经济增长，受能源排放强度、能源消费结构和能源利用效率的影响，东北地区污染排放成本较高，减排面临一定的困难，工业是 VOCs 增加的主要污染源。

（1）排放总量

"十一五"期间，全国（除东部地区）的 VOCs 排放总量呈现相对平稳的变化趋势。东部地区 VOCs 排放总量居全国之首，且排放量呈现逐年上升趋势，由 2006 年的 956.8 万 t 增加到 2010 年的 1 080.3 万 t，上升 12.9%；中部地区由 2006 年的 336.9 万 t 增加到 2010 年的 353.6 万 t，上升 5.0%；西部地区由 2006 年的 333.6 万 t 增加到 2010 年的 335.4 万 t，上升 0.5%，上升幅度较小；东北地区的 VOCs 排放总量由 2006 年的 134.6 万 t 增加到 2010 年的 148.1 万 t，上升 10.0%，且东北地区的 VOCs 排放总量保持全国最低水平（图 5-11）。

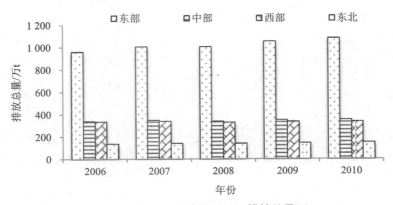

图 5-11 各地区 VOCs 排放总量

（2）排放强度

"十一五"期间，西部地区的 VOCs 排放强度相对较高，东北地区相对较低。东部地区的 VOCs 排放强度由 2006 年的 7.4 kg/万元下降到 2010 年的 4.7 kg/万元，下降 36.5%；中部地区由 7.7 kg/万元下降到 2010 年的 4.1 kg/万元，下降 46.8%；西部地区由 2006 年的 8.3 kg/万元下降到 4.1 kg/万元，下降 50.6%，下降幅度较大；东北地区由 6.8 kg/万元下降到 2010 年的 4.0 kg/万元，下降 41.2%（图 5-12）。

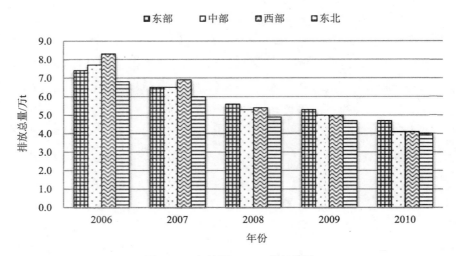

图 5-12　各地区 VOCs 排放强度

（3）排放结构

"十一五"期间，全国 VOCs 工业排放比重总体呈现上升趋势，东部地区工业排放比重在全国最高，西部地区最低。东部地区的工业 VOCs 排放比重由 2006 年的 56.4%上升到 2010 年的 66.9%，增加速度较快；中部地区由 2006 年的 39.9%上升到 2010 年的 50.8%，增加速度也较快；西部地区由 2006 年的 30.7%上升到 2010 年的 40.8%；东北地区由 2006 年的 50.4%上升到 2010 年的 61.3%，上升速度与中部地区相当（图 5-13）。

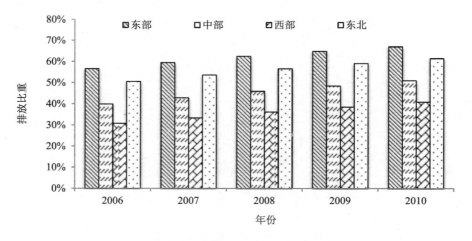

图 5-13　各地区工业 VOCs 排放比重

"十一五"期间，全国 VOCs 生活排放比重总体呈现下降趋势，西部地区 VOCs 生活排放比重居全国最高，东部地区则最低。东部地区由 2006 年的 43.5%下降到 2010 年的 33.1%；中部地区由 2006 年的 60.1%下降到 2010 年的 49.1%；西部地区由 2006 年的 69.2% 下降到 2010 年的 59.1%；东北地区由 2006 年的 49.5%下降到 2010 年的 38.6%（图 5-14）。

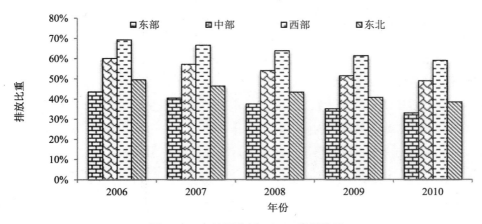

图 5-14　各地区生活 VOCs 排放比重

### 5.1.4　大气环境质量

依据《环境空气质量标准》（GB 3095—1996）（注：现已由 GB 3095—2012 代替）对 2010 年东部、中部、西部、东北地区的城市空气污染物年均质量浓度进行统计比较，对不同标准范围内的城市进行分类。分级标准如表 5-1 所示。

表 5-1　分级标准

|  | 一级 | 二级 | 三级 |
| --- | --- | --- | --- |
| $SO_2$ | 0.02 | 0.06 | 0.10 |
| $NO_2$ | 0.04 | 0.04 | 0.08 |
| $PM_{10}$ | 0.04 | 0.10 | 0.15 |

东部、中部、西部和东北地区的城市环境空气质量按照 $SO_2$ 年均质量浓度标准分级（GB 3095—1996），对分级结果进行了统计比较（表 5-2）。从表 5-2 可知，$SO_2$ 年均质量浓度在一级标准范围内的城市，西部最高，占 30%；其次是东部地区，占 22%；中部地区最少，占 10%。二级标准范围内的城市中部最多，占 86%；其次是东北地区，占 81%；西部地区最少，占 62%。三级标准范围内的城市，西部最多，占 8%；其次是中部地区，占 4%；东北地区没有三级标准范围内的城市。显然，因 $SO_2$ 引起的污染东北地区的城市最少，其次是东部地区，中部地区和西部地区总体相对较差。

表 5-2　各地区按照 $SO_2$ 标准分级　　　　单位：%

| | 一级 | 二级 | 三级 |
|---|---|---|---|
| 东部地区 | 22 | 76 | 2 |
| 中部地区 | 10 | 86 | 4 |
| 西部地区 | 30 | 62 | 8 |
| 东北地区 | 19 | 81 | 0 |

2010 年东部、中部、西部和东北地区的城市 $NO_2$ 年均质量浓度按照 $NO_2$ 标准分级（GB 3095—1996），对分级结果进行了统计比较（表 5-3）。从表 5-3 可知，各区域大部分城市的 $NO_2$ 年均质量浓度达到一级、二级，其中中部地区占 90%，而东部地区占 69%，西部地区为 93%，东北地区最高，为 94%。$NO_2$ 年均质量浓度达到三级的城市比例东部地区占 31%，东北地区占 6%，显而易见，东部地区城市所占比例要明显高于其他地区，东部地区因 $NO_2$ 引起的污染较严重，其次是中部地区，西部和东北地区相对较好。

表 5-3　各地区按照 $NO_2$ 标准分级　　　　单位：%

| | 一级 | 二级 | 三级 |
|---|---|---|---|
| 东部地区 | 69 | | 31 |
| 中部地区 | 90 | | 10 |
| 西部地区 | 93 | | 7 |
| 东北地区 | 94 | | 6 |

2010 年东部、中部、西部和东北地区的城市 $PM_{10}$ 年均质量浓度按照 $PM_{10}$ 标准分级（GB 3095—1996），对分级结果进行了统计比较（表 5-4）。从表 5-4 可知，唯有东部地区存在 $PM_{10}$ 年均质量浓度达到一级的城市，占 7%；而其他地区都没有 $PM_{10}$ 年均质量浓度达到一级标准的城市。中部地区达到二级标准的城市比例有 84%；东北地区有 89%；东部地区有 85%；西部地区有 80%。$PM_{10}$ 年均质量浓度达到三级标准的城市比例，西部地区最高，有 20%；中部地区有 16%；东北地区有 11%；东部地区有 8%。显而易见，东部地区 $PM_{10}$ 年均质量浓度达到三级的城市所占比例要远远低于其他地区的城市，由 $PM_{10}$ 造成的污染相对其他地区较小。

表 5-4　各地区按照 $PM_{10}$ 标准分级　　　　单位：%

| | 一级 | 二级 | 三级 |
|---|---|---|---|
| 东部地区 | 7 | 85 | 8 |
| 中部地区 | 0 | 84 | 16 |
| 西部地区 | 0 | 80 | 20 |
| 东北地区 | 0 | 89 | 11 |

## 5.2　大气环境发展趋势预测

"十一五"期间，我国大气污染物总量控制任务完成较好，$SO_2$、烟尘和工业粉尘排放量下降幅度较大。但是 $NO_x$、$PM_{2.5}$、VOCs、重金属等污染物导致的新的大气环境问题越来越突出，抵消了 $SO_2$ 和烟尘等污染物的总量减排效果。以煤炭为主的能源消费导致的大气煤烟型污染正在向复合型污染转变，与复杂污染紧密相关的雾霾天气越来越多。2012 年冬华北地区的雾霾天气引起了公众的极大关注。未来一段时间，$NO_x$、VOCs 等污染物的总量控制将取代 $SO_2$、烟尘和粉尘成为我国大气污染防治的重点。但是由于我国未来经济仍将以较快速度发展，能源消费量继续上升，$NO_x$、VOCs 等污染物的控制设施、控制措施还不完善，其排放总量仍将持续上升一段时间，然后才出现拐点开始下降。

### 5.2.1　二氧化硫

"十一五"期间，我国 $SO_2$ 总量控制工作取得很好的进展，火电脱硫装机比重由 12% 提高到 82.6%，2010 年 $SO_2$ 排放总量比 2005 年下降 14.29%，超额完成"十一五"环境保护规划的目标；全国城市空气 $SO_2$ 年均质量浓度下降 26.3%，$SO_2$ 已经不是我国主要城市大气的首要污染物。"十二五"期间及以后一段时间，煤炭仍将是我国的主要能源，$SO_2$ 的总量控制仍为大气污染控制工作的重要内容之一。国家"十二五"环境保护规划中，全国 $SO_2$ 总量控制目标为削减 8%，地级以上城市空气质量达到二级标准以上天数的比例 ≥80%。"十三五"及以后一段时间内，$SO_2$ 总量控制工作仍将继续，但是由于其污染治理水平提升的空间逐渐缩小，其削减率将逐步降低。

（1）排放总量

未来 20 年，随着我国 $SO_2$ 污染控制工作的深入，国家及各区 $SO_2$ 排放总量持续减少。东部地区在经过结构调整和产业转移之后，2011—2020 年其 $SO_2$ 排放量削减速度较快，2021—2030 年排放总量继续减少，但是削减速度趋缓；其他地区（中部、西部、东北）在 2011—2015 年排放总量也减少，但是削减速度相对较慢，此后 10 年削减速度较快；2030 年前后，我国各区域 $SO_2$ 排放将显著降低。

经过预测，我国 2011—2030 年 $SO_2$ 排放总量持续减少，其中 2011—2020 年减少速度较快，2021—2030 年削减趋势趋缓。如图 5-15 所示，2010 年我国 $SO_2$ 排放总量为 2 185 万 t，排放量很大；到 2015 年预测排放量为 1 993 万 t，比 2010 年削减 8.8%；2020 年排放量为 1 787 万 t，相比 2015 年削减 10.3%；2030 年全国排放量为 1 568 万 t，比 2020 年削减 12.3%，比 2025 年削减 4.2%。2011—2030 年将是我国推进主要污染物减排的关键时段，在减少煤炭在全国能源消费占比的同时加大产业结构调整力度，大力推行重污染行业企业清洁生产和发展循环经济，$SO_2$ 排放量将得到有效控制，特别是结构调整力度大的东部地区。

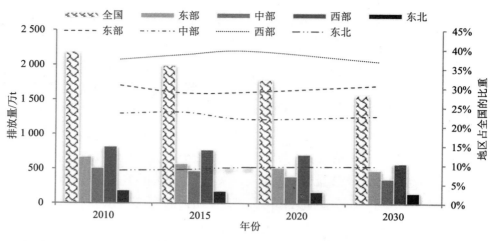

图 5-15 我国及区域 $SO_2$ 排放预测

注：2010 年数据来自 2010 年《中国环境统计年报》，下同。

我国东部地区 $SO_2$ 排放量在几个地区中居第二位。2010 年，东部地区 $SO_2$ 排放量为 670 万 t，占全国排放量的 30.6%；2015 年其排放量降为 573 万 t，相比 2010 年下降 14.5%，减排力度较大；2020 年排放量为 519 万 t，相比 2015 年削减 9.4%；2030 年排放量为 481 万 t，相比 2020 年削减 7.3%，相比 2025 年削减 3.0%。可见，东部地区 $SO_2$ 排放总量快速削减主要集中在 2011—2020 年，2021—2030 年削减速度明显减缓。这是因为东部地区主要在 2011—2020 年实现结构调整与产业转移和 $SO_2$ 污染控制水平的提升，2021—2030 年削减空间逐渐缩小。

我国中部地区 $SO_2$ 排放量比东部和西部地区少，其削减速度较快的时期主要集中在 2016—2025 年。2010 年中部地区 $SO_2$ 排放量为 511 万 t，占全国排放总量的 23.4%；2015 年其排放量降为 473 万 t，相比 2010 年下降 7.5%，其下降速度明显低于东部地区；2020 年排放量为 392 万 t，相比 2015 年削减 17.0%，高于东部地区的 9.4%，实现 $SO_2$ 的大幅削减；2030 年排放量为 356 万 t，相比 2020 年削减 9.1%，相比 2025 年削减 3.7%。中部地区 $SO_2$ 削减主要集中在 2016—2025 年，这是因为中部地区目前阶段主要承接东部地区向内陆搬迁的产业，大多为高能耗、高污染排放的企业，其污染控制水平提升的速度相对较慢，2015—2025 年将主要集中力量进行产业升级改造与污染治理水平的提高。到 2030 年，中部地区的 $SO_2$ 污染也将得到有效控制。

我国西部地区 $SO_2$ 排放量在四大区域中最大，其控制水平和削减速度在全国相对落后。2010 年西部地区 $SO_2$ 排放量为 817 万 t，占全国排放的 37.4%；2015 年其排放量降为 771 万 t，相比 2010 年下降 5.7%，其下降速度明显低于东、中部地区；2020 年排放量为 708 万 t，相比 2015 年削减 8.2%，仍低于东、中部地区；2030 年排放量为 579 万 t，相比 2020 年削减 18.3%，相比 2025 年削减 5.1%。西部地区 $SO_2$ 削减主要集中在 2020—2030 年，2011—2020 年削减速度慢于东、中部地区。随着我国西部大开发的加快和东部、中部地区产业的战略转移，西部地区为电力、化工、冶金等产业的承接区，大型火电厂、石油化工企业和金属冶炼企业的转移带动西部各省经济发展的同时，也造成了 $SO_2$ 的大量排放。虽然西部地区的节能减排措施会削减 $SO_2$ 排放量，但是相当一部分会因为新的高能耗企业的新增排放而抵消。2020 年后，随着污染控制技术的提升，西部地区 $SO_2$ 排放将大幅减少。

　　我国东北地区的 $SO_2$ 排放最少（主要是因为东北地区所辖省最少），削减速度也较慢。2010 年，我国东北地区 $SO_2$ 排放量为 187 万 t，占全国排放量的 8.6%；到 2015 年，排放量降为 176 万 t，相比 2010 年下降 6.0%；2020 年排放量为 168 万 t，相比 2015 年削减 4.3%；2030 年排放量为 152 万 t，相比 2020 年削减 9.7%，相比 2025 年削减 6.5%。可见，东北地区 $SO_2$ 削减速度在 2011—2030 年保持均衡。东北地区有重工业的基础，未来主要进行老工业基地的调整和改造，优化经济结构，建立现代产业体系，积极推进资源型城市转型，促进可持续发展。

　　全国及各地区 $SO_2$ 排放量和削减速度见表 5-5。

表 5-5　全国及各地区 $SO_2$ 排放预测

| 地区 | 排放量/万 t | | | | 削减幅度/% | | | | |
| --- | --- | --- | --- | --- | --- | --- | --- | --- | --- |
| | 2010 年 | 2015 年 | 2020 年 | 2030 年 | 2015 年比 2010 年 | 2020 年比 2015 年 | 2030 年比 2020 年 | 2030 年比 2025 年 | 2030 年比 2010 年 |
| 全国 | 2 185 | 1 993 | 1 787 | 1 568 | 8.8 | 10.3 | 12.3 | 4.2 | 28.2 |
| 东部 | 670 | 573 | 519 | 481 | 14.5 | 9.4 | 7.3 | 3.0 | 28.2 |
| 中部 | 511 | 473 | 392 | 356 | 7.5 | 17.0 | 9.1 | 3.7 | 30.3 |
| 西部 | 817 | 771 | 708 | 579 | 5.7 | 8.2 | 18.3 | 5.1 | 29.2 |
| 东北 | 187 | 176 | 168 | 152 | 6.0 | 4.3 | 9.7 | 6.5 | 18.7 |

　　我国各地区历年 $SO_2$ 排放量占全国排放量的比例变化不大（图 5-16）。东部地区 2010 年排放量占全国的 30.6%，2015 年降为 28.7%，说明东部地区在"十二五"期间减排力度较大；2020 年、2030 年比例上升，到 2030 年升为 30.7%。中部地区 2010 年排放量占全国的 23.4%，2015 年上升为 23.8%，2020 年降为 21.9%，2030 年上升为 22.7%。西部地区在 2011—2025 年该比例一直上升，从 2010 年的 37.4% 上升为 2025 年的 39.6%，2026—2030 年比例下降，2030 年为 36.9%。东北地区该比例一直较低，但是一直上升，从 2010 年的 8.6% 上升到 2030 年的 9.7%。从中可以看出，相对其他地区，不同地区减排力度集中时期不同，东部地区主要集中在 2011—2030 年的前半段，中部地区主要集中在中段，西部地区主要集中在后半段。

　　（2）排放强度

　　不同地区的经济活动水平、人口密度、工业集约程度不同，污染物治理水平和效率不同，导致其污染排放强度不同。本研究从不同角度研究 $SO_2$ 排放强度，分别为单位 GDP 排放强度（区域 $SO_2$ 排放总量/区域 GDP）、单位工业增加值排放强度（区域工业 $SO_2$ 排放总量/区域工业增加值）、单位人口排放强度（区域生活 $SO_2$ 排放量/区域人口）。通过对比这几项排放强度，可以看出不同区域的能源利用效率和污染治理水平。

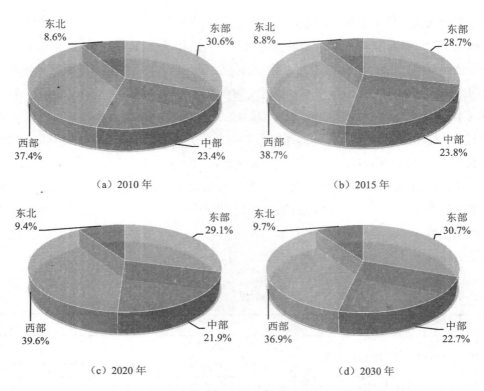

（a）2010 年　　　　　　　　（b）2015 年

（c）2020 年　　　　　　　　（d）2030 年

图 5-16　我国各区域 $SO_2$ 排放量占全国的比例预测结果

我国单位 GDP 的 $SO_2$ 排放强度相对发达国家较高，但是未来 20 年下降速度很快，特别是 2011—2020 年下降速度较快，2021—2030 年下降速度趋缓。从图 5-17 中可以看出，2010 年我国单位 GDP $SO_2$ 排放强度为 5.44 kg/万元，到 2015 年下降为 3.37 kg/万元，为 2010 年的 61.9%；2020 年排放强度为 2.10 kg/万元，比 2015 年下降 61.5%，为 2010 年的 38.5%；2030 年为 0.96 kg/万元，比 2020 年下降 54.0%，为 2010 年的 17.7%。以上数据表明，未来 20 年为我国产业调整与升级、污染治理与改善的关键时期，排放强度显著下降。2030 年我国将成为能源集约利用、单位 GDP $SO_2$ 排放少的国家。

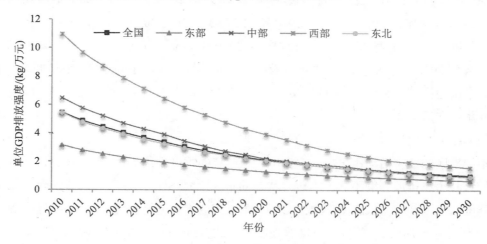

图 5-17　我国及区域单位 GDP $SO_2$ 排放强度

　　其中,东北地区的单位 GDP 的 $SO_2$ 排放强度与全国水平接近。2010 年为 5.43 kg/万元,稍低于全国平均水平;2015 年为 3.24 kg/万元,比 2010 年降低 40.3%,比全国的排放强度低 3.9%;2020 年为 2.05 kg/万元,比 2015 年降低 36.7%,与全国的 2.10 kg/万元接近;2030 年为 0.91 kg/万元,比 2020 年降低 50% 以上,为 2010 年的 16.8%,比全国稍低。几个地区中,东部地区的单位 GDP $SO_2$ 排放强度最低,2010 年为 3.14 kg/万元,2015 年为 1.94 kg/万元,低于全国及东北地区;2020 年为 1.27 kg/万元,比 2010 年下降 59.6%;2030 年为 0.65 kg/万元,只有全国的 71.7%。中部地区的单位 GDP $SO_2$ 排放强度比全国及东北地区高,2010 年为 6.46 kg/万元;2015 年为 3.89 kg/万元,比 2010 年降低 39.8%,比全国的排放强度高 15.4%;2020 年为 2.19 kg/万元,比 2015 年降低 43.8%,与全国的 1.93 kg/万元接近;2030 年为 1.02 kg/万元,比 2020 年降低 50% 以上,为 2010 年的 15.7%,比全国稍高。西部地区的单位 GDP $SO_2$ 排放强度最高,2010 年为 10.93 kg/万元,为全国的 2 倍;2015 年下降为 6.43 kg/万元;2020 年继续下降,为 3.89 kg/万元;2030 年为 1.56 kg/万元,高于其他地区和全国平均水平。到 2030 年,东北和中部地区 $SO_2$ 排放强度与全国平均水平接近,东部地区低于全国,西部地区高于全国。

　　我国单位工业增加值 $SO_2$ 排放强度的变化规律与单位 GDP 排放强度相似(图 5-18)。东北地区与全国平均水平接近,东部地区低于全国平均水平,中部地区略高,西部地区明显高于全国平均。2010 年,全国单位工业增加值 $SO_2$ 排放强度为 10.51 kg/万元,东北地区为 10.04 kg/万元,东部地区为 6.03 kg/万元,中部地区为 12.32 kg/万元,西部地区为 21.53 kg/万元;2015 年,全国、东北、东部、中部、西部的排放强度分别为 7.04 kg/万元、6.44 kg/万元、4.72 kg/万元、8.36 kg/万元、14.10 kg/万元,比 2010 年降低 33%、36%、22%、32%、35%;2020 年排放强度分别为 4.81 kg/万元、4.52 kg/万元、3.79 kg/万元、6.26 kg/万元、10.28 kg/万元,不同地区之间差距的绝对值逐渐缩小;2030 年排放强度分别为 2.68 kg/万元、2.42 kg/万元、2.58 kg/万元、3.91 kg/万元、6.13 kg/万元,比 2010 年分别下降了 74.5%、75.8%、57.2%、68.3%、71.5%。2030 年,全国及东北、中部地区的单位工业增加值 $SO_2$ 排放强度接近,东部地区较低,西部地区比其他地区高。到 2030 年,我国各地区的工业生产水平和环境效率将显著提高,粗放增长的经济模式将得到改变。

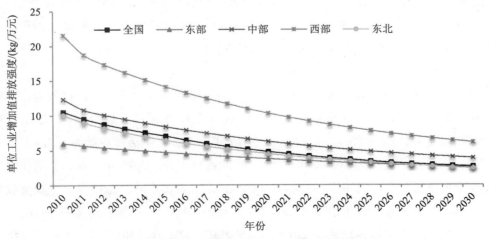

图 5-18　我国及区域单位工业增加值 $SO_2$ 排放强度

　　全国及大部分地区的人均 $SO_2$ 排放强度均呈下降趋势。从图 5-19 中可以看出，全国人均排放强度在 2010 年为 23.88 t/万人，2015 年下降到 19.65 t/万人，2020 年为 18.23 t/万人，2030 年下降到 16.79 t/万人。全国的人均 $SO_2$ 排放强度下降趋势为较为平稳，2030 年比 2010 年降低 29.7%。东部地区人均 $SO_2$ 排放强度一直较低，2010 年为 14.99 t/万人，2015 年下降较少，为 12.34 t/万人，2020 年为 11.22 t/万人，2030 年为 10.94 t/万人。2030 年比 2010 年减少 27.0%。中部地区人均 $SO_2$ 排放强度下降速度较快，2010 年为 19.68 t/万人，2030 年为 12.33 t/万人，下降 37.3%。中部地区人口增长缓慢，预计 2030 年比 2010 年增多 1.2%，但是生活 $SO_2$ 排放速度下降快。西部地区人均 $SO_2$ 也有大幅下降，2010 年为 40.30 t/万人，2030 年为 29.76 t/万人，下降 26.2%。东北地区规律性最差，但是人均 $SO_2$ 排放强度整体上也是下降的，2010 年为 24.66 t/万人，2030 年为 19.89 t/万人，下降 19.3%。

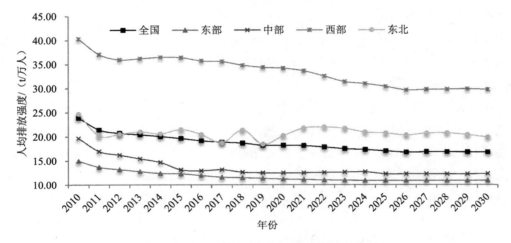

图 5-19　我国及区域人均 $SO_2$ 排放强度预测

　　我国不同地区的 $SO_2$ 排放强度不同，其中东部地区最低，中部和东北地区与全国平均水平接近，西部地区最高。这表明东部地区的单位污染物产出值较高，能源利用效率高，其产业结构更趋合理，污染治理水平也较高；中部地区和东北地区是东部和西部的过渡模式；西部地区的排放强度最高，在几个区域中能源利用效率最低，相比其他地区其产业结构仍以高能耗、高污染的行业为主，污染治理水平也更低。东部地区走在全国前列，其经济结构、污染治理水平等是中部、西部和东北的借鉴。

　　（3）排放结构

　　我国工业和生活 $SO_2$ 排放量差别较大，历年以工业排放量为主，生活排放量相对较少（图 5-20）。2010 年，我国工业 $SO_2$ 排放量为 1 866.6 万 t，生活排放量为 318.6 万 t，工业、生活排放占总量的比例为 85.4% 和 14.6%。2015 年，工业、生活排放量为 1 724.5 万 t 和 267.9 万 t，占总量的比例为 86.6% 和 13.4%，工业占比上升；2020 年工业和生活排放量为 1 535.3 万 t 和 252.2 万 t，比例为 85.9% 和 14.1%，工业占比下降；2030 年，工业排放量为 1 333.0 万 t，占排放总量的 85.0%，生活排放量为 235.0 万 t，占排放总量的 15.0%。全国情况来看，工业排放量所占比例在 2011—2015 年有小幅上升，2016—2030 年工业排放量比例下降。

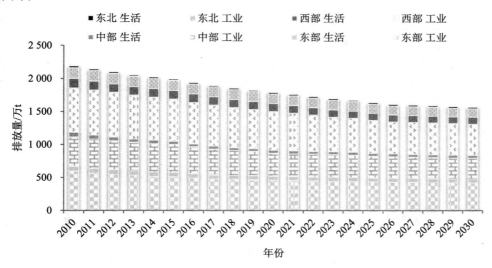

**图 5-20　我国和区域工业和生活 SO₂ 排放预测**

如图 5-21 所示，随着我国经济的发展和调整，工业对能源特别是煤炭的消耗比例将逐渐降低，其污染物排放量比例也相应降低；生活对能源的需求逐渐增多，应该加强生活 SO₂ 的污染控制。但是工业 SO₂ 排放比例的降低过程很缓慢，应该在加强工业污染控制的同时，加强生活脱硫设施的改造、升级。

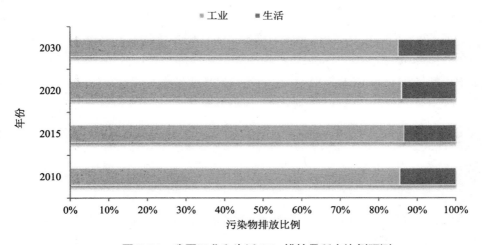

**图 5-21　我国工业和生活 SO₂ 排放量所占比例预测**

2010 年，我国东部地区工业 SO₂ 排放量为 593.8 万 t，生活排放量为 75.9 万 t，占总量的比例为 88.7% 和 11.3%；2015 年，东部地区工业 SO₂ 排放量为 506.9 万 t，生活排放量为 65.9 万 t，所占比例为 88.5% 和 11.5%，工业占比小幅下降，生活所占比例上升；2020 年工业 SO₂ 排放量为 456.4 万 t，生活 SO₂ 排放量为 62.2 万 t，工业、生活的比例为 88.0% 和 12.0%，工业所占比例一直减少；2030 年，东部地区工业、生活 SO₂ 排放量为 418.5 万 t 和 62.5 万 t，工业所占比例为 87.0%，生活所占比例为 13.0%。可知，我国东部地区工业和生活 SO₂ 排放量均为减少的趋势，工业 $SO_2$ 排放量减少幅度更大，其占比也逐步缩小。见图 5-22。

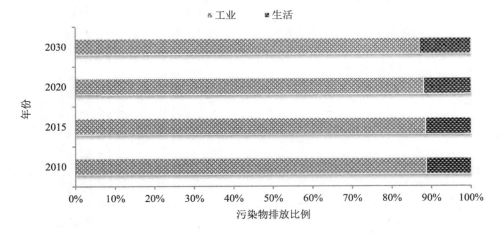

**图 5-22　我国东部地区工业和生活 $SO_2$ 排放量所占比例预测**

我国中部地区的 $SO_2$ 排放结构与东部地区规律不同。2010 年，我国中部地区工业 $SO_2$ 排放量为 440.8 万 t，生活排放量为 70.3 万 t，占总量的比例为 86.3%和 13.7%，工业排放量比例低于东部地区；2015 年，中部地区工业 $SO_2$ 排放 425.5 万 t，生活排放量为 47.3 万 t，所占比例为 90.0%和 10.0%，工业占比有较高上升而且超过东部地区该比例；2020 年工业排放量为 344.3 万 t，生活排放量为 45.2 万 t，工业、生活的比例为 88.5%和 11.5%，工业所占比例逐步减少；2030 年，中部地区工业、生活排放量为 311.9 万 t 和 44.6 万 t，工业所占比例 87.5%，生活为 12.5%。我国中部地区工业和生活 $SO_2$ 排放量也都为减少的趋势，但是与东部地区不同的是工业 $SO_2$ 排放所占比例在前几年一直上升，而后才开始降低，到 2030 年中部地区工业 $SO_2$ 排放比例比东部地区稍高。见图 5-23。

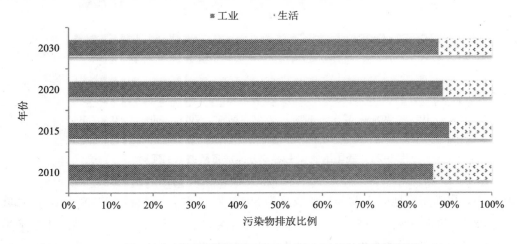

**图 5-23　我国中部地区工业和生活 $SO_2$ 排放量比例预测**

我国西部地区的 $SO_2$ 排放结构变化规律与东部地区不同，与中部地区相似。2010 年，我国西部地区工业 $SO_2$ 排放量为 672.1 万 t，生活排放量为 145.4 万 t，占总量的比例为 82.2%

和 17.8%，工业比例低于全国、东部和中部地区；2015 年，西部地区工业 $SO_2$ 排放 640.1 万 t，生活排放量为 131.1 万 t，所占比例为 83.0%和 17.0%，工业占比一直上升但是低于全国和其他地区；2020 年工业排放量为 585.8 万 t，生活排放量为 122.5 万 t，工业、生活的比例为 82.7%和 17.3%，工业所占比例稍有下降；2030 年，西部地区工业、生活排放量为 472.7 万 t 和 105.9 万 t，工业所占比例为 81.7%，生活为 18.3%。我国西部地区工业和生活 $SO_2$ 排放量也都逐步减少，但是与其他地区不同的是其工业排放比例相对较小。见图 5-24。

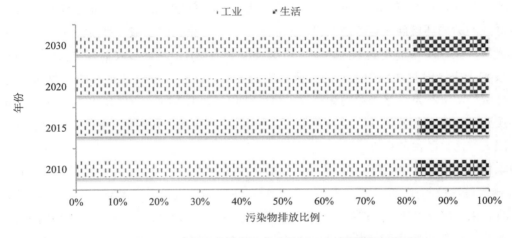

图 5-24　我国西部地区工业和生活 $SO_2$ 排放量比例预测

2010 年，我国东北地区工业 $SO_2$ 排放量为 159.9 万 t，生活排放量为 27.0 万 t，占总量的比例为 85.5%和 14.5%；2015 年，东北地区 $SO_2$ 工业排放量为 152.1 万 t，生活排放量为 23.6 万 t，所占比例为 86.6%和 13.4%，工业占比上升，生活占比下降；2020 年工业排放量为 145.9 万 t，生活排放量为 22.3 万 t，工业、生活的比例为 86.8%和 13.2%，工业所占比例一直上升；2030 年，东北地区工业、生活排放量为 129.9 万 t 和 22.1 万 t，工业所占比例为 85.5%，生活为 14.5%。可知，我国东北地区工业和生活 $SO_2$ 排放量都为减少的趋势，工业 $SO_2$ 所占比例一直增高，2025 年后开始降低。见图 5-25。

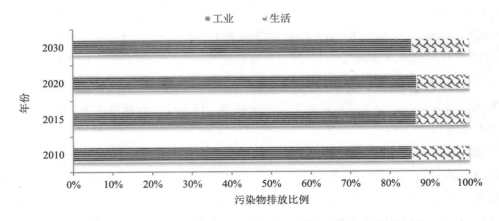

图 5-25　我国东北地区工业和生活 $SO_2$ 排放量所占比例预测

我国不同地区 $SO_2$ 排放量差别较大，其工业和生活排放量差别也较大。东、西部地区的工业和生活 $SO_2$ 排放量的绝对值较大，中部和东北地区相对较小。各地区的工业 $SO_2$ 排放量比生活排放量大很多，前者比例都在 80% 以上，其中西部地区的工业比例最低，中部地区最高。未来 20 年，东部地区工业 $SO_2$ 排放比例一直缓慢降低，其他地区都是先升高再缓慢降低。

### 5.2.2 氮氧化物

"十一五"期间，我国 $SO_2$、烟尘、工业粉尘等污染物总量得到控制，但是 $NO_x$、$PM_{2.5}$ 等污染导致的新的环境问题越来越突出，抵消了 $SO_2$ 等污染物的削减。目前我国华北平原已经成为世界空气质量最差的地区之一，突出表现就是 2012 年冬多发的雾霾天气。$NO_x$ 是现阶段和未来一段时间我国大气的重要污染物之一，而且是形成 $PM_{2.5}$ 的重要前体物（$PM_{2.5}$ 分两种，一种是直接排放的颗粒物；另一种是二次颗粒物，主要是 $SO_2$、$NO_x$ 等通过化学反应后，形成的硫酸盐、硝酸盐等气溶胶颗粒）。未来一段时间，$NO_x$ 将取代 $SO_2$ 成为我国大气污染防治的重点。

国家"十二五"环保规划和节能减排规划都将 $NO_x$ 纳入总量控制之中，规划"十二五"末 $NO_x$ 排放总量控制在 2020 万 t 左右。控制措施主要为推进电力、煤炭、钢铁、有色金属、石油石化、化工、建材、造纸、纺织、印染、食品加工等行业节能减排，单机容量 30 万 kW 及以上燃煤机组全部加装脱硝设施等。由于本报告 2006—2010 年的现状数据引自国家环境统计年报，因此预测数据也以环境统计年报为基准。

（1）排放总量

经过预测，在 2011—2013 年全国 $NO_x$ 排放总量有所增加，2013—2030 年全国 $NO_x$ 排放总量又呈现下降趋势。2011 年全国 $NO_x$ 的排放总量是 1 956.32 万 t，到 2013 年增加到 2 022.86 万 t，比 2011 年增加 3.4%，其主要原因是"十二五"初期，产业转型升级与区域发展转变战略的调整还未完全到位，能源消费增加，使得全国 $NO_x$ 排放总量增加。从 2013—2030 年，$NO_x$ 排放总量总体呈现平稳下降趋势（图 5-26），主要原因是产业升级，能源消费结构得到调整，$NO_x$ 排放总量逐年平稳削减。到 2020 年全国 $NO_x$ 排放总量达到 1 806 万 t，比 2013 年下降 10.7%。到 2025 年全国 $NO_x$ 排放总量达到 1 515.64 万 t，比 2020 年下降 16.1%。到 2030 年 $NO_x$ 排放总量达到 1 361 万 t，比 2025 年下降 10.2%。2011—2030 年我国坚持以资源节约型、环境友好型社会作为加快转变经济发展方式的重要着力点，实施重点节能工程，推广先进节能技术和产品，大力推广清洁能源，抓好工业、建筑、交通运输等重点领域节能，调整能源消费结构，增加非化石能源比重，$NO_x$ 排放总量将得到有效控制。

东部地区在"十二五"初期 $NO_x$ 排放总量有所增加，由 2011 年的 783.46 万 t 增加到 2012 年的 811.31 万 t，比 2011 年多 3.6%。从 2012 年开始至 2030 年，东部地区 $NO_x$ 排放总量总体呈现平稳下降趋势（图 5-26）。由于东部地区进行区域经济转型，高耗能、高污染的企业节能减排得到有效的控制，到 2015 年 $NO_x$ 排放总量为 728 万 t，比 2012 年下降

10.3%。2020 年 $NO_x$ 排放总量预计为 638 万 t，比 2015 年下降 12.3%。2025 年 $NO_x$ 排放总量预计为 539.85 万 t，比 2020 年下降 15.4%。到 2030 年 $NO_x$ 排放总量预计为 450 万 t，比 2025 年下降 16.6%。

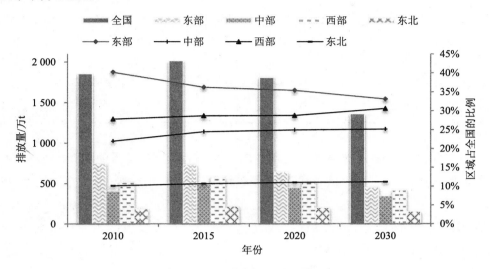

**图 5-26　全国及区域 $NO_x$ 排放总量**

中部地区 2011—2015 年 $NO_x$ 排放总量呈现增加趋势，2015—2030 年总体呈现下降趋势。"十二五"期间，中部地区由于继续引进东部地区转移的企业，其新增排放量抵消了污染控制部分，$NO_x$ 排放总量呈现增加趋势，到 2015 年中部地区 $NO_x$ 排放总量达到 492 万 t，比 2011 年增加 14.5%。在"十三五"时期，中部地区大力发展现代工业和清洁能源，对煤炭总量进行控制，2020 年中部地区 $NO_x$ 排放总量削减到 450.0 万 t，比 2015 年下降 8.6%。2025 年 $NO_x$ 排放总量削减到 366.75 万 t，下降 18.5%。2030 年 $NO_x$ 排放总量削减到 342 万 t，比 2025 年下降 6.7%。

2011—2015 年，随着西部大开发战略的进一步推进，国家"十二五"战略重心之一为大力发展西部经济，西部地区的 $NO_x$ 排放总量总体呈现增加趋势。2015—2030 年西部地区的 $NO_x$ 排放总量又呈现下降趋势。西部大开发战略给西部经济发展带来了机遇，但也给环境带来压力，西部地区在发展经济的同时也开始重视对污染减排的控制。到 2020 年 $NO_x$ 排放总量为 519 万 t，比 2015 年下降 10.1%。到 2025 年，$NO_x$ 排放总量为 435.87 万 t，比 2020 年下降 16%。2030 年 $NO_x$ 排放总量达到 416 万 t，比 2025 年下降 4.5%。

东北地区 2011—2014 年 $NO_x$ 排放量逐年增加，由 2011 年的 198.35 万 t 增加到 2014 年的 218.41 万 t，比 2011 年增加 10%。2014—2030 年，东北地区 $NO_x$ 排放总量又呈现逐渐下降趋势。2020 年 $NO_x$ 排放总量为 199 万 t，比 2014 年下降 9%。2025 年为 173.17 万 t，比 2020 年下降 13%。2030 年为 152 万 t，比 2025 年下降 12.3%。

全国及各地区 $NO_x$ 排放量、各地区削减速度见表 5-6。

表 5-6　全国及各地区 NO$_x$ 排放预测

| 地区 | 排放量/万 t | | | | 削减幅度/% | | | | |
| --- | --- | --- | --- | --- | --- | --- | --- | --- | --- |
| | 2010 年 | 2015 年 | 2020 年 | 2030 年 | 2015 年比 2010 年 | 2020 年比 2015 年 | 2030 年比 2020 年 | 2030 年比 2025 年 | 2030 年比 2010 年 |
| 全国 | 1 853 | 2 013 | 1 806 | 1 361 | −8.7 | 10.3 | 24.6 | 10.2 | 26.5 |
| 东部 | 743 | 728 | 638 | 450 | 2.0 | 12.3 | 29.5 | 16.6 | 39.4 |
| 中部 | 407 | 492 | 450 | 342 | −21.0 | 8.6 | 23.9 | 6.7 | 15.8 |
| 西部 | 515 | 577 | 519 | 416 | −12.1 | 10.1 | 19.8 | 4.5 | 19.2 |
| 东北 | 188 | 215 | 199 | 152 | −14.7 | 7.7 | 23.5 | 12.3 | 19.0 |

　　由图 5-27 可以看出，我国各地区历年 NO$_x$ 排放量占全国排放量的比例有一定变化，东部地区比例一直减小，其他地区小幅升高。东部地区 2010 年 NO$_x$ 排放量占全国的 40.1%，2015—2030 年一直下降，2030 年降为 33.1%。中部地区 2010 年 NO$_x$ 排放量占全国排放量的比例为 22.0%，2015 年上升为 24.5%，2020 年上升为 24.9%，2030 年上升为 25.2%。西部地区占比变化规律与中部地区相似，其排放量占全国排放量的比例从 2010 年的 27.8% 上升为 2030 年的 30.5%。东北地区该比例一直较低，但是一直上升，从 2010 年的 10.1% 上升到 2030 年的 11.2%，增长速度较慢。从中可以看出，相对其他地区，不同地区 NO$_x$ 排放增长和减排力度集中时期不同，东部地区在"十二五"期间减排力度相对其他地区大；其他地区的总量控制工作也会逐渐加大，主要体现在"十二五"以后，如中部地区主要体现在 2022—2026 年，西部地区主要是 2021—2025 年。

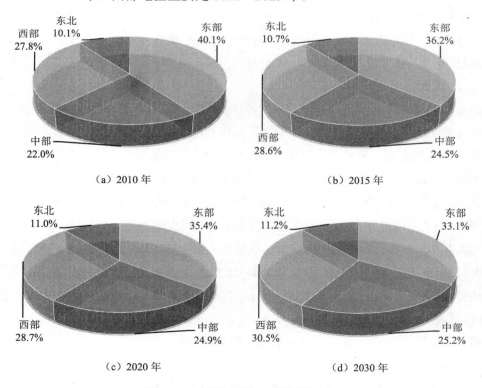

（a）2010 年　　　　（b）2015 年

（c）2020 年　　　　（d）2030 年

图 5-27　我国各区域 NO$_x$ 排放比例预测

（2）排放强度

通过计算全国及区域的单位 GDP $NO_x$ 排放强度（区域 $NO_x$ 排放总量/区域 GDP）、单位工业增加值排放强度（区域工业 $NO_x$ 排放总量/区域工业增加值）、单位人口排放强度（区域生活 $NO_x$ 排放量/区域人口），比较不同地区 $NO_x$ 排放相关行业和生活 $NO_x$ 污染治理水平。

根据预测，我国单位 GDP $NO_x$ 排放强度未来 20 年一直下降，且下降速度在 2016—2025 年较快。从图 5-28 中可以看出，2010 年全国排放强度为 4.61 kg/万元，到 2015 年下降为 3.40 kg/万元，为 2010 年的 73.8%；2020 年排放强度为 2.12 kg/万元，相比 2010 年下降 54%，相比 2015 年下降 37.7%；2030 年为 0.84 kg/万元，比 2020 年下降 60.5%，为 2010 年的 18.1%。以上数据表明，未来 20 年我国单位 GDP $NO_x$ 排放强度下降速度较快，其变化趋势与 $SO_2$ 等污染物相似，只是在 2015 年后下降速度更快。

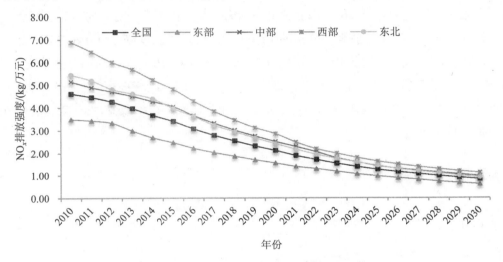

图 5-28　我国及区域单位 GDP $NO_x$ 排放强度

我国各个区域中，西部地区单位 GDP $NO_x$ 排放强度最高，其下降速度也较快，但是 2010—2030 年期间始终高于全国平均水平。2010 年排放强度为 6.89 kg/万元，高于全国平均水平；2015 年为 4.81 kg/万元，比 2010 年降低 30.2%，下降速度较快，但是仍比全国高 41.3%；2020 年为 2.85 kg/万元，比 2015 年降低 40.6%，仍比全国的 2.12 kg/万元高 34.6%；2030 年为 1.12 kg/万元，比 2020 年降低 60.7%，为 2010 年的 16.3%，高于全国及其他地区。几个地区中，东部地区的单位 GDP $NO_x$ 排放强度最低，2010 年为 3.49 kg/万元；2015 年为 2.46 kg/万元，比 2010 年降低 29.3%，比全国平均低 27.6%；2020 年为 1.56 kg/万元，相比 2015 年降低 36.6%；2030 年为 0.61 kg/万元，比 2020 年降低 50% 以上，为 2010 年的 17.5%，比全国稍低。中部地区 2010 年单位 GDP $NO_x$ 排放强度为 5.14 kg/万元，高于全国及东部地区，低于西部及东北地区；2015 年为 4.05 kg/万元；2020 年为 2.85 kg/万元，比 2010 年下降 51.2%；2030 年为 0.98 kg/万元，为全国的 1.17 倍。东北地区单位 GDP $NO_x$ 排放强度在 2010 年低于西部地区，高于全国及其他地区，虽然未来 20 年逐步降低，但是始终高于全国平均水平，2030 年与中部地区接近；2010 年其排放强度为 5.45 kg/万元；2015

年下降为 3.97 kg/万元；2020 年继续下降，为 2.42 kg/万元；2030 年为 0.98 kg/万元，低于中、西部地区，高于全国和东部地区。2030 年，东部地区排放强度较低，其他地区均高于全国平均水平。

我国单位工业增加值 $NO_x$ 排放强度与单位 GDP 的排放强度趋势相同（图 5-29）。2010 年全国单位工业增加值排放强度为 8.25 kg/万元，2015 年下降为 6.66 kg/万元，此后一直下降，到 2020 年为 4.69 kg/万元，比 2010 年下降 43%，2030 年降为 2.20 kg/万元，为 2010 年的 26.6%。东部地区排放强度最低，也是唯一一个低于全国平均水平的地区。2010 年，东部地区单位工业增加值 $NO_x$ 排放强度为 5.94 kg/万元，中部地区为 9.01 kg/万元，西部地区为 13.36 kg/万元，东北地区为 10.09 kg/万元；2015 年，东部、中部、西部、东北地区的排放强度分别为 4.73 kg/万元、7.61 kg/万元、9.86 kg/万元、7.80 kg/万元，比 2010 年降低 20%、16%、26%、23%；2020 年排放强度分别为 3.55 kg/万元、5.25 kg/万元、6.42 kg/万元、5.24 kg/万元；2030 年排放强度分别为 1.64 kg/万元、2.41 kg/万元、3.00 kg/万元、2.37 kg/万元，比 2010 年分别下降 72.3%、73.2%、77.5%、76.5%。2030 年，东部地区单位工业增加值 $NO_x$ 排放强度低于全国平均水平，其他地区高于全国。到 2030 年，我国各地区的工业生产水平和环境效率将显著提高，粗放增长的经济模式将得到改变，$SO_2$、$NO_x$ 单位工业增加值排放强度显著降低。

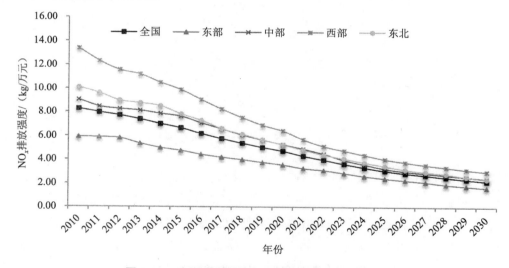

图 5-29　我国及区域单位工业增加值 $NO_x$ 排放强度

如图 5-30 所示，我国人均 $NO_x$ 排放强度在 2011—2012 年有短暂地升高，2013—2030 年持续下降。全国人均 $NO_x$ 排放强度在 2010 年为 28.99 t/万人，2012 年升高到 30.35 t/万人，此后一直下降，2015 年为 27.90 t/万人，2020 年为 22.32 t/万人，2030 年下降到 19.01 t/万人。东部地区人均 $NO_x$ 排放强度在 2015 年以前一直较高，高于全国平均水平和其他地区，以后下降速度较快，2020 年后成为人均排放强度最低的地区，2010 年其排放强度为 36.54 t/万人，2012 年升为 38.45 t/万人，2015 年下降为 30 t/万人，2020 年为 19.56 t/万人，2030 年为 15.76 t/万人。东部地区人均排放强度与全国规律相似，基本上为短暂上升后一直下降，2030 年比 2010 年减少 56.9%。中部地区人均 $NO_x$ 排放强度在 2010—2019 年一直相对较低，2020—2030 年超过东部地区且接近全国平均水平，2010 年其排放强度为 22.72 t/万人，2015 年升为 24.26 t/万人，此后一直下降，2020 年降为 21.22 t/万人，2030 年为 18.65 t/万人，比 2010 年下降 17.9%，比 2015 年下降 23.1%。西部地区人均 $NO_x$ 排放强度也先上升后下降，2010 年为 25.92 t/万人，2015 年达到最高 28.38 t/万人，2030 年降为 23.52 t/万人，比 2010 年下降 9.3%，比 2015 年下降 17%。东北地区人均 $NO_x$ 排放强度在 2014 年前一直上升，2015 年及以后逐渐下降，但是整体上也是下降的，2010 年为 24.62 t/万人，2014 年为 28.24 t/万人，2030 年为 22.5 t/万人，比 2010 年下降 8.7%，比 2014 年下降 20.3%。

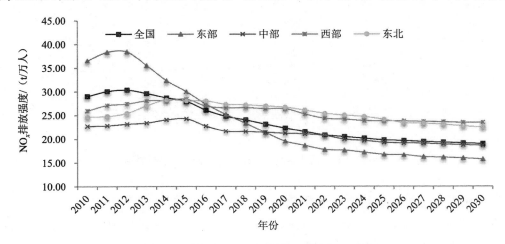

图 5-30　我国及区域人均 $NO_x$ 排放强度预测

经过未来 20 年的发展和治理，无论是单位 GDP、单位工业增加值还是单位人口的 $NO_x$ 排放强度，2030 年前后都是东部地区最低，其他地区接近或者高于全国平均水平。相比 $SO_2$ 等污染物，我国及不同地区的单位 GDP、单位工业增加值 $NO_x$ 排放强度变化规律与之相似，都是在未来 20 年有比较明显的下降；人均 $NO_x$ 排放强度与 $SO_2$ 不同，$NO_x$ 在 2012—2015 年达到峰值后逐渐下降，且东部地区下降速度最快。这表明东部地区生活 $NO_x$ 治理效果比其他地区好，这可能与其取暖锅炉的脱硝实施改造效果好、机动车油品升级快及电动车的推广有关。其他地区在加大电力、金属冶炼、石油化工等重点行业脱硝改造的同时，也应该加大生活污染的治理。

（3）排放结构

与 $SO_2$ 污染排放结构类似，我国工业和生活 $NO_x$ 排放量差别较大，历年工业排放远高于生活排放。如图 5-31 所示，2010 年，我国工业 $NO_x$ 排放量为 1 465.8 万 t，生活排放量为 386.7 万 t，占总量的比例分别为 79.1% 和 20.9%。2015 年，工业、生活排放量分别为 1 632.5 万 t 和 380.3 万 t，占总量的比例分别为 81.1% 和 18.9%，工业占比上升；2020 年工业和生活排放量分别为 1 497.0 万 t 和 308.9 万 t，占比分别为 82.9% 和 17.1%，工业占比继续呈上升状态；2030 年，工业排放量为 1 094.7 万 t，占 80.4%，生活排放量为 266.1 万 t，占 19.5%，工业占比下降。从全国情况来看，工业排放量所占比例在 2020 年前有较为明显的上升，

2020 年后工业排放量比例都是下降的，但是下降幅度较小。针对 $NO_x$ 排放总量大且持续上升的情况，我国应该加大脱硝治理力度，针对工业燃煤锅炉安装或者升级脱硝设施；针对燃油提高油品质量。

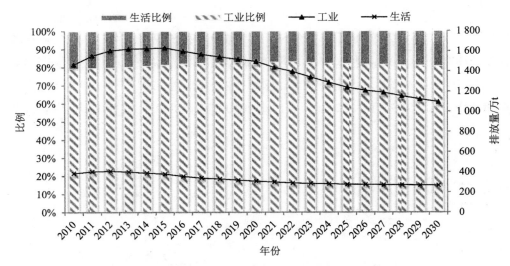

**图 5-31　我国工业和生活 $NO_x$ 排放量所占比例预测**

东部地区 $NO_x$ 排放量结构与全国相似，工业排放占比较高且在 2020 年前一直上升。2010 年，我国东部地区工业 $NO_x$ 排放量为 558 万 t，生活排放量为 185 万 t，占总量的比例为 72.9% 和 27.1%；2015 年，东部地区工业 $NO_x$ 排放量为 568 万 t，生活排放量为 160万 t，所占比例分别为 78% 和 22%，工业占比上升；2020 年工业排放量为 530 万 t，生活排放量为 109 万 t，工业、生活的比例分别为 83% 和 17%，工业所占比例进一步上升；2030年，东部地区工业、生活排放量为 360 万 t 和 90 万 t，工业所占比例为 80%，生活为 20%，工业比例下降。可知，我国东部地区工业和生活 $NO_x$ 排放量都为先增加后减少的趋势，工业 $NO_x$ 排放量所占比例也是先增加后减少。总体上，2030 年工业、生活 $NO_x$ 排放量都低于 2010 年，分别下降 35.5% 和 51.3%。见图 5-32。

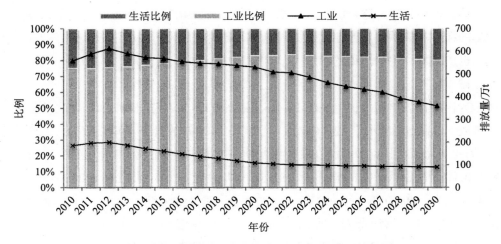

**图 5-32　我国东部工业和生活 $NO_x$ 排放量所占比例预测**

我国中部地区的 $NO_x$ 排放结构与东部地区规律相似。2010 年，中部地区工业 $NO_x$ 排放量为 325.6 万 t，生活排放量为 81.1 万 t，占总量的比例分别为 80.1%和 19.9%，工业比例高于东部地区；2015 年，中部地区工业 $NO_x$ 排放量为 405.2 万 t，生活排放量为 87.1 万 t，所占比例分别为 82.3%和 17.7%，工业占比上升；2020 年工业排放量为 373.5 万 t，生活排放量为 76.5 万 t，工业、生活的比例分别为 83%和 17%，工业所占比例仍上升；2030 年，中部地区工业、生活 $NO_x$ 排放量为 274.8 万 t 和 67.4 万 t，工业所占比例为 80.3%，生活为 19.7%。我国中部地区工业和生活 $NO_x$ 排放量也都为先增加后减少的趋势，但是与东部地区不同的是工业 $NO_x$ 排放所占比例在 2017 年前一直上升，然后才开始降低，到 2030 年其工业、生活排放结构与东部地区接近。见图 5-33。

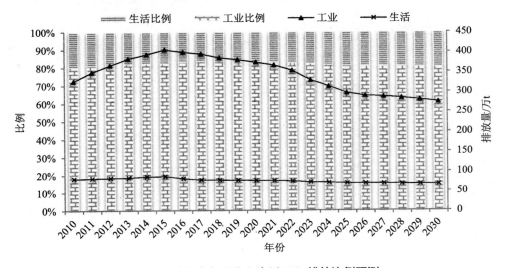

**图 5-33　我国中部工业和生活 $NO_x$ 排放比例预测**

我国西部地区的 $NO_x$ 排放结构变化规律与其他地区都不同。2010 年，我国西部地区工业 $NO_x$ 排放量为 421.5 万 t，生活排放量为 93.5 万 t，占总量的比例分别为 81.8%和 18.2%，工业比例高于生活；2015 年西部地区工业 $NO_x$ 排放量为 475 万 t，生活排放量为 102 万 t，所占比例分别为 82.3%和 17.7%，工业比例有一定上升；2020 年工业排放量为 424.5 万 t，生活排放量为 94.4 万 t，工业、生活的比例分别为 81.8%和 18.2%，工业所占比例下降；2030 年，西部地区工业、生活排放量为 333.6 万 t 和 83.7 万 t，工业所占比例为 79.9%，生活为 20.1%，工业占比上升。我国西部地区工业和生活 $NO_x$ 排放量也都呈先增加后减少的趋势，工业排放比例也是先上升后下降。见图 5-34。

2010 年，我国东北地区工业 $NO_x$ 排放量为 160.6 万 t，生活排放量为 27.0 万 t，占总量的比例分别为 85.6%和 14.4%；2015 年，东北地区工业 $NO_x$ 排放量为 184.4 万 t，生活排放量为 30.8 万 t，所占比例分别为 85.7%和 14.3%，工业占比稍有上升，生活所占比例下降；2020 年工业排放量为 169.2 万 t，生活排放量为 29.4 万 t，工业、生活排放量所占的比例分别为 85.2%和 14.8%，工业所占比例下降；2030 年，东北地区工业、生活 $NO_x$ 排放量为 127.0 万 t 和 24.9 万 t，工业所占比例为 83.6%，生活为 16.4%。可知，与其他地区相同，我国东北地区工业和生活 $NO_x$ 排放量也为增加后减少，工业 $NO_x$ 所占比例也是先增加后减少。见图 5-35。

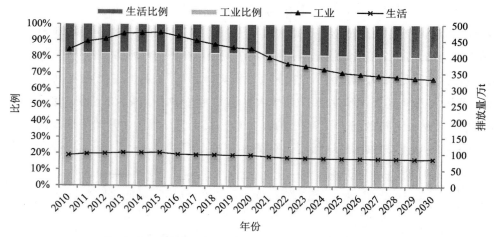

图 5-34　我国西部地区工业和生活 $NO_x$ 排放比例预测

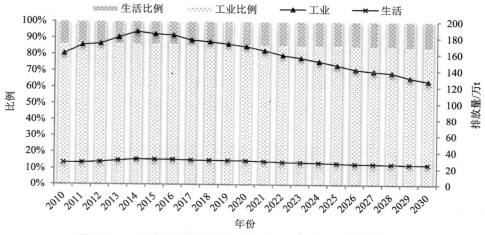

图 5-35　我国东北地区工业和生活 $NO_x$ 排放量所占比例预测

我国不同地区 $NO_x$ 排放量差别较大，排放量从大到小为东部、西部、中部、东北；各地区工业和生活 $NO_x$ 排放差别也较大，每个地区工业排放比例都在 80% 以上，而且该比例都在未来继续小幅增加然后才逐渐下降。$NO_x$ 排放与 $SO_2$ 相比，在总量及各地区占全国的比例、排放强度、排放结构方面都有相似性，如果加强总量控制与相关行业的结构调整，其总量和强度变化规律也会与 $SO_2$ 一样逐渐降低。

### 5.2.3　挥发性有机物

挥发性有机物（VOCs）的主要成分有苯系物、有机氯化物、氟利昂系列、有机酮、胺、醇、醚、酯等石油烃化合物等，这些物质大多对人体有害，同时也是臭氧的前体物，在光化学烟雾的形成中起着重要作用，因而成为国内外学者广泛研究的对象。目前我国对

VOCs 的监测与控制措施较为薄弱，"十一五"及以前的规划没有把 VOCs 作为重点控制的对象。但是根据有关专家计算，我国 VOCs 排放量很大而且一直处于增长状态，特别是城市机动车排放的有机物越来越多，已成为影响城市居民生活的重要源头。因此，控制 VOCs 排放对于减少光化学烟雾的影响，减少雾霾天气，改善和提高居民生活质量非常重要。

VOCs 的来源主要有天然源和人为源，天然源排放主要来自植物挥发，属于不可控的因素；人为源主要有工业源（工业过程：金属冶炼、化学原料及其制品制造、非金属矿物制品生产、塑料橡胶等制品制造、纺织皮革服装、造纸印刷等；工业锅炉燃烧，能源生产加工储运：煤洗选、天然气生产、石油化工与储运等；溶剂使用等）和生活源（机动车尾气，建筑装修涂料使用，薪柴等生物质燃烧、厨房油烟等），废物处置也可以产生 VOCs（由于其排放量相对工业和生活很少，预测时不予考虑）。过去一段时间，VOCs 非大气污染主要控制的对象；"十二五"期间及以后一段时间内，我国将对重点区域的重点行业进行 VOCs 排放削减控制，VOCs 总量增加的情况将得到改变。

（1）排放总量

未来 20 年，随着我国 VOCs 污染控制工作的加大和逐步深入，其排放总量在某个时段达到峰值后将逐步下降。由于东部大部分地区都制定了重点行业 VOCs 控制的总量指标，中、西部地区部分城市也将进行总量控制，因此东部地区将最先达到总量减少的拐点。

经过预测，我国 2011—2030 年 VOCs 排放总量在一段时间内将保持增长，然后才持续减少，其中 2011—2019 年都是增长的状态，2020—2030 年将逐渐减少。如图 5-36 所示，2010 年我国 VOCs 排放总量为 1 917 万 t，排放量很大；到 2015 年预测排放量为 2 362 万 t，比 2010 年增长 23.2%；2019 年排放量达到峰值 2 446 万 t；2020 年排放量为 2 422 万 t，比 2019 年减少，但是相比 2015 年增加 2.6%；此后一直减少，2030 年排放量为 1 885 万 t，比 2020 年削减 22.2%，比 2025 年削减 13.2%。2011—2030 年我国将加大力度推进 VOCs 减排，如果没有国际国内的经济不稳定和波动的情况出现，2011—2015 年我国 VOCs 排放还将快速增长，2016—2019 年增长速度逐渐减缓，2020—2030 年总量逐渐减少。

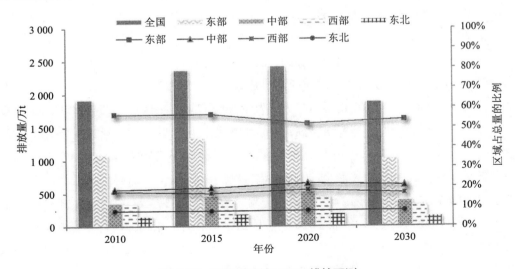

图 5-36　我国及区域 VOCs 排放预测

我国东部地区 VOCs 排放在几个地区最多，也最先达到总量减少的拐点。2010 年，我国东部地区 VOCs 排放量为 1 080 万 t，占全国排放量的 56.3%；到 2015 年，排放量增加到 1 332 万 t，相比 2010 年增加 23.3%，排放量达到最大，此后将逐渐减少；2020 年排放量为 1 257 万 t，相比 2015 年削减 5.7%；2030 年排放量为 1 019 万 t，相比 2020 年削减 18.9%，相比 2025 年削减 11.1%。可见，东部地区 VOCs 在 2011—2015 年排放量继续增加，此后进入减少的阶段。国家《重点区域大气污染防治"十二五"规划》中要求东部地区的北京、天津、河北、上海、江苏、浙江、珠三角、山东半岛、海峡西岸等重点城市群重点行业现役源 VOCs 排放削减比例为 10%～18%，将有效减缓东部地区工业 VOCs 排放量快速增加的情况，但是由于机动车保有量的增加、各种有机溶剂的使用增加等，未来几年东部地区 VOCs 排放量还将继续增加；2015 年后随着东部地区 VOCs 污染防治工作的全面展开，清洁能源和环保涂料、高标准燃油的使用及电动汽车的大量推广，VOCs 排放量将逐渐减少。

我国中部地区 VOCs 排放量为东部地区的 1/3，但是其增长速度较快且一直持续到 2019 年。2010 年我国中部地区 VOCs 排放量为 354 万 t，占全国排放量的 18.4%；2015 年其排放量增加为 458 万 t，相比 2010 年增加 29.4%，其增加速度明显高于东部地区；2019 年排放量为 527 万 t，达到峰值；2020 年排放量为 527 万 t，比 2019 年略有下降，相比 2015 年增长 15.1%；2030 年排放量为 394 万 t，相比 2020 年削减 25.1%，相比 2025 年削减 15.3%。中部地区 VOCs 排放量在前十年快速增长后，削减主要集中在 2020—2030 年，其中在 2025—2029 年削减速度较快。这是因为目前很多化工、制药、石油炼制企业向中部地区转移，生产过程及运输储运过程的挥发性有机物难以收集处理，污染控制削减的排放量难以抵消生产规模扩大带来的污染物排放量的增加；而且"十三五"时期随着中部地区人民生活水平的提高，机动车保有量、涂料使用和厨房油烟等增加，生活 VOCs 排放也将增加。2020 年后，随着控制水平的提高，环保原料、材料、能源的使用，电动汽车的增加，中部地区 VOCs 排放量将逐步下降。

我国西部地区 VOCs 排放量与中部地区接近，但是未来其增加速度比中部地区慢。2010 年我国西部地区 VOCs 排放为 335 万 t，占全国排放量的 17.5%；2015 年其排放量增加为 390 万 t，相比 2010 年增加 16.3%，其增加速度明显低于东部和中部地区；2020 年排放量为 447 万 t，相比 2015 年增加 14.5%；2030 年排放量为 320 万 t，相比 2020 年削减 28.3%，相比 2025 年削减 17.4%。西部地区 VOCs 排放量在 2015—2020 年增长较快，其削减主要集中在 2025—2030 年。随着我国西部大开发的加快和东部地区产业的战略转移，西部地区为石油加工、冶金、制药等 VOCs 高污染产业的承接区，其 VOCs 排放量将会持续增加一段时间；2020 年后，随着污染控制技术的提升，西部地区 VOCs 排放将大幅减少。

我国东北地区 VOCs 排放最少，其增长将持续到 2021 年，以后将快速减少。2010 年，我国东北地区 VOCs 排放量为 148 万 t，占全国排放量的 7.7%；到 2015 年，排放量增加为 181 万 t，相比 2010 年增加 22.5%；2020 年排放量为 192 万 t，相比 2015 年增加 6.0%；2021 年为 193 万 t；2030 年排放量为 152 万 t，相比 2020 年削减 21.0%，相比 2025 年削减 12.3%。可见，东北地区 VOCs 的削减速度在 2022—2030 年较为均衡。

全国及各地区 VOCs 排放量、各地区削减速度见表 5-7。

表 5-7　全国及各地区 VOCs 排放预测

| 地区 | 排放量/万 t | | | | 削减幅度/% | | | | |
|---|---|---|---|---|---|---|---|---|---|
| | 2010 年 | 2015 年 | 2020 年 | 2030 年 | 2015 年比 2010 年 | 2020 年比 2015 年 | 2030 年比 2020 年 | 2030 年比 2025 年 | 2030 年比 2010 年 |
| 全国 | 1 917 | 2 362 | 2 422 | 1 885 | −23.2 | −2.6 | 22.2 | 13.2 | 1.7 |
| 东部 | 1 080 | 1 332 | 1 257 | 1 019 | −23.3 | 5.7 | 18.9 | 11.1 | 5.7 |
| 中部 | 354 | 458 | 527 | 394 | −29.4 | −15.1 | 25.1 | 15.3 | −11.5 |
| 西部 | 335 | 390 | 447 | 320 | −16.3 | −14.5 | 28.3 | 17.4 | 4.5 |
| 东北 | 148 | 181 | 192 | 152 | −22.5 | −6.0 | 21.0 | 12.3 | −2.6 |

我国各地区历年 VOCs 排放量在全国的比例变化不大（图 5-37）。东部地区略有下降，但是仍为排放的主要来源区域；中、西部地区排放比例相差不大；东北地区比例最小但是持续上升。东部地区 2010 年排放量占全国的 56.3%，2015 年稍有升高，2020 年降为 51.9%，2030 年升为 54.0%，说明东部地区在"十三五"期间减排力度较大，所以比例降低显著，"十三五"后其他地区减排力度相应增大，2030 年其比例上升。中部地区 VOCs 排放比例 2010 年为 18.5%，2015 年上升为 19.4%，2020 年上升为 21.7%，2030 年下降为 20.9%。西部地区的比例变化不是太大，从 2010 年的 17.5%下降为 2015 年的 16.5%，然后上升为 2020 年的 18.4%，2030 年又降为 17.0%。东北地区比例一直较低，但是一直上升，从 2010 年

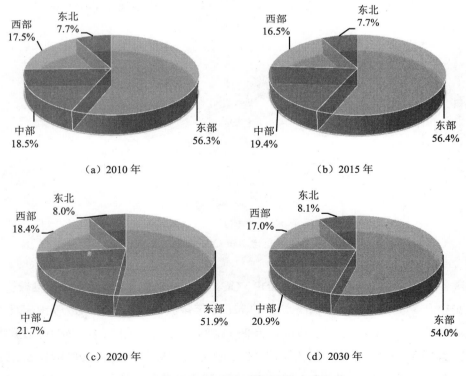

（a）2010 年　　　　　　　（b）2015 年

（c）2020 年　　　　　　　（d）2030 年

图 5-37　我国各区域 VOCs 排放比例预测

的 7.7% 上升到 2030 年的 8.1%。从中可以看出，相对其他地区，不同地区排放增长和减排力度集中时期不同，东部地区虽然会在"十二五"期间加大 VOCs 减排力度，但是只是针对重点城市，"十三五"期间其总量减排才会在全区域实施，减排效果也会在这一时期显现。其他地区主要在 2021—2030 年期间显现其 VOCs 减排效果。

（2）排放强度

通过计算全国、东部、中部、西部、东北地区的单位 GDP VOCs 排放强度（区域 VOCs 排放总量/区域 GDP）、单位工业增加值排放强度（区域工业 VOCs 排放总量/区域工业增加值）、单位人口排放强度（区域生活 VOCs 排放量/区域人口），间接比较不同地区 VOCs 排放相关行业和生活 VOCs 排放，进而比较不同地区的经济和生活发展水平及污染治理水平。

根据预测，我国单位 GDP VOCs 排放强度未来 20 年持续下降，而且下降速度较快，特别是 2015 年后。从图 5-38 中可以看出，2010 年全国排放强度为 4.78 kg/万元，到 2015 年下降为 3.99 kg/万元，为 2010 年的 83.6%；2020 年排放强度为 2.84 kg/万元，比 2015 年下降 28.8%，为 2010 年的 59.5%；2030 年为 1.16 kg/万元，比 2020 年下降 59.2%，为 2010 年的 24.3%。以上数据表明，未来 20 年我国单位 GDP VOCs 排放强度下降速度较快，但是与 $SO_2$ 等污染物相比其排放强度仍偏高。我国产业调整与升级、加大常规大气污染物污染治理的同时，应该注意非常规污染物的控制。特别是随着我国大多数地区由煤烟型污染向煤烟与机动车复合型污染转变，更应该加强 VOCs 等非常规污染物的总量控制与质量改善。

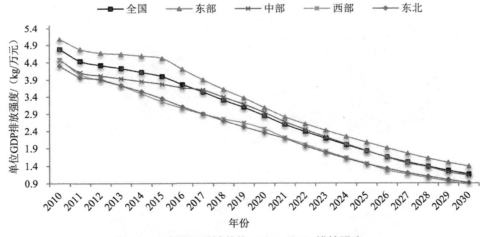

图 5-38　我国及区域单位 GDP VOCs 排放强度

我国各个区域中，东部地区单位 GDP VOCs 排放强度最高，虽然下降速度较快，但是 2010—2030 年期间始终高于全国平均水平。2010 年排放强度为 5.07 kg/万元，高于全国平均；2015 年为 4.51 kg/万元，比 2010 年降低 11.0%，比全国高 12.9%；2020 年为 3.08 kg/万元，比 2015 年降低 26.8%，仍比全国 2.84 kg/万元的强度高 8.2%；2030 年为 1.38 kg/万元，比 2020 年降低 55%，为 2010 年的 27.3%，高于全国及其他地区。几个地区中，中部地区的单位 GDP VOCs 排放强度在 2017 年以前比全国平均水平低，以后与全国接近，2010

年为 4.47 kg/万元；2015 年为 3.76 kg/万元，比 2010 年降低 15.8%，比全国低 5.7%；2020 年为 2.94 kg/万元，比 2015 年降低 34.3%，与全国的 2.84 kg/万元接近；2030 年为 1.12 kg/万元，比 2020 年降低 50% 以上，为 2010 年的 25.1%，比全国稍低。西部地区 2010 年排放强度为 4.48 kg/万元，低于全国及东部地区；2015 年为 3.25 kg/万元，仍低于全国及其他地区；2020 年为 2.46 kg/万元，比 2010 年下降 45.2%；2030 年为 0.86 kg/万元，为全国的 74%。东北地区排放强度在 2010 年最低，未来 20 年逐步降低，始终低于全国平均水平，与西部地区接近，2010 年其排放强度为 4.3 kg/万元；2015 年下降为 3.34 kg/万元；2020 年继续下降，为 2.34 kg/万元；2030 年为 0.91 kg/万元，高于西部地区，低于全国和其他地区。到 2030 年，东北和西部地区排放强度较低，中部与全国平均水平接近，东部地区高于全国平均水平和其他地区。

我国单位工业增加值 VOCs 排放强度先升高后降低（图 5-39）。2010 年全国单位工业增加值排放强度为 6.36 kg/万元，2011 年下降为 6.056 kg/万元后，到 2015 年又上升为 6.35 kg/万元，此后一直下降，到 2020 年为 4.96 kg/万元，比 2010 年下降 22%，2030 年降为 2.33 kg/万元，为 2010 年的 36.7%。东部地区排放强度最高，也是唯一一个高于全国平均水平的地区，其他地区都低于全国平均。2010 年，东部地区排放强度为 7.68 kg/万元，中部地区为 4.97 kg/万元，西部地区为 4.34 kg/万元，东北地区为 5.71 kg/万元；2015 年，东部、中部、西部、东北地区的排放强度分别为 8.06 kg/万元、5.07 kg/万元、4.05 kg/万元、5.22 kg/万元，比 2010 年降低−4.9%、−2.0%、6.7%、8.5%；2020 年排放强度分别为 5.92 kg/万元、4.54 kg/万元、3.73 kg/万元、4.01 kg/万元；2030 年排放强度分别为 3.12 kg/万元、0.84 kg/万元、1.55 kg/万元、1.79 kg/万元，比 2010 年分别下降 59.4%、62.9%、64.4%、68.7%。2030 年，东部地区单位工业增加值 VOCs 排放强度高于全国平均水平，其他地区低于全国。到 2030 年，我国各地区的工业生产水平和环境效率将显著提高，粗放增长的经济模式将得到改变，但是与 $SO_2$ 等污染物相比，单位工业增加值 VOCs 排放强度仍较高。

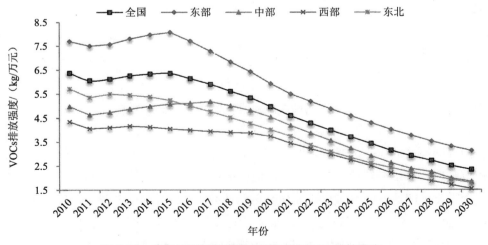

图 5-39　我国及区域单位工业增加值 VOCs 排放强度

我国和各地区的人均 VOCs 排放强度比较复杂，基本上都是在 2010—2030 年期间先升高后降低，最高点出现在 2020 年前后。从图 5-40 中可以看出，全国人均 VOCs 排放强度在 2010 年为 58.9 t/万人，2015 年升高到 59.1 t/万人，2020 年为 60.6 t/万人，2030 年下降到 51.6 t/万人。全国的人均 VOCs 排放强度变化趋势为有升有降，2010—2020 年基本上为上升状态，但是从 2011—2030 年总体看为下降，2030 年比 2010 年降低 12.3%。东部地区人均 VOCs 排放强度一直较高，2010 年为 70.5 t/万人，2015 年下降较少，为 68.4/万人，2020 年为 67.1 t/万人，2030 年为 58.3 t/万人。东部地区人均 VOCs 排放强度基本上为下降状态，2030 年比 2010 年减少 17.3%。中部地区人均 VOCs 排放强度在 2010—2020 年上升较快，2021—2025 年下降较快，2010 年其排放强度为 48.6 t/万人，2020 年上升为 56.6 t/万人，2030 年为 51.0 t/万人，比 2010 年上升 4.8%，比 2020 年下降 9.9%。中部地区人口增长缓慢，2030 年比 2010 年增多 1.2%，而且生活 VOCs 排放速度下降较慢，造成其人均 VOCs 排放强度下降较慢，中部地区是唯一一个 2030 年人均排放强度高于 2010 年的地区。西部地区人均 VOCs 排放强度也是先上升后下降，2010 年为 54.9 t/万人，2019 年达到最高 56.1 t/万人，2030 年降为 41.9 t/万人，比 2010 年下降 23.7%，比 2019 年下降 25.3%。东北地区人均 VOCs 排放强度在 2021 年前一直上升，2021 年后逐渐下降，但是整体上是下降的，2010 年为 52.1 t/万人，2021 年为 59.0 t/万人，2030 年为 50.8 t/万人，比 2010 年下降 2.7%，比 2021 年下降 13.9%。

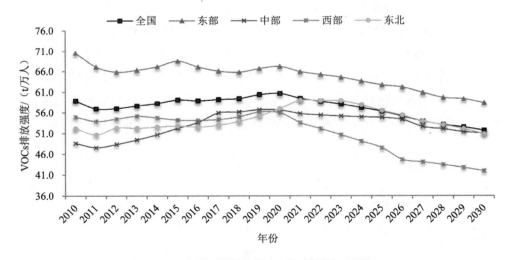

图 5-40　我国及区域人均 VOCs 排放强度预测

我国不同地区的 VOCs 排放强度不同，无论是单位 GDP、单位工业增加值还是单位人口的排放强度，都是东部地区最高，其他地区接近或者低于全国平均水平。相比 $SO_2$ 等污染物，全国及不同地区的 VOCs 排放强度高而且不同地区之间的差异小，各地区排放强度在 2010—2015 年之间下降不明显，2020 年之后下降速度相对较快，特别是人均生活排放在 2020 年之前基本都是升高的，2020 年之后开始下降。这表明东部地区与 VOCs 相关的行业较多，导致工业排放量大，而且东部地区的机动车保有量、厨房油烟产生量、有机溶剂使用等也比其他地区高。东部地区应该提升相关行业的污染治理水平，加大 VOCs 的回收力度，加强机动车尾气治理，加快油漆涂料的环保溶剂使用等；中部、西部和东北地区也应该加强 VOCs 治理。

（3）排放结构

相对其他大气污染物，我国历年工业和生活 VOCs 排放量差别较小，工业排放量虽然较大，但是生活排放比例也较高（图 5-41）。2010 年，我国工业 VOCs 排放量为 1 130 万 t，生活排放量为 786 万 t，占总量的比例分别为 59.0%和 41.0%。2015 年，工业、生活排放量分别为 1 556 万 t 和 806 万 t，排放量都增加，占总量的比例分别为 65.9%和 34.1%，工业占比上升；2020 年工业和生活排放量为 1 583 万 t 和 839 万 t，占比分别为 65.9%和 34.1%，工业占比基本保持不变；2030 年，工业排放量为 1 163 万 t，占 61.7%，生活排放量为 723万 t，占 38.3%，工业占比下降。全国情况来看，工业 VOCs 排放量所占比例在 2011—2017年有较为明显的上升，2018—2030 年工业排放量比例都是下降的，但是下降幅度较小。未来 20 年是我国深入改革和努力提高人民生活水平的时期，煤烟型污染为主的大气污染特点正在被复合型污染替代，重点行业的 VOCs 排放还难以快速有效控制，石油化工、包装印刷、家具制造、电子制造、汽车制造等行业的污染仍较大；生活源很分散，难以收集和处理，减排难度更大。"十二五"时期的减排主要从重点行业入手，工业排放比例会显著下降；随着 VOCs 减排工作的全面开展，特别是东部地区工业和生活减排效果的显现，VOCs 排放量会减少，由于生活排放量的快速减少，工业排放比例会有所上升。

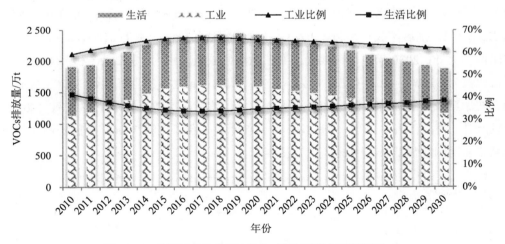

图 5-41　我国工业和生活 VOCs 排放量所占比例预测

东部地区 VOCs 排放量在全国比例很大，其变化趋势与全国基本一致。2010 年，我国东部工业 VOCs 排放量为 722 万 t，生活排放量为 357 万 t，占总量的比例分别为 66.9%和33.1%；2015 年，东部地区工业 VOCs 排放量为 967 万 t，生活排放量为 365 万 t，所占比例分别为 72.6%和 27.4%，工业占比上升；2020 年工业排放量为 884.6 万 t，生活排放量为372.1 万 t，工业、生活的比例分别为 70.4%和 29.6%，工业所占比例下降；2030 年，东部地区工业、生活排放量分别为 685.8 万 t 和 333.2 万 t，工业所占比例为 67.3%，生活为 32.7%。

可知，我国东部地区工业和生活 VOCs 排放量都为先增加后减少，工业 VOCs 排放量所占比例也是先增加后减少。总体上，2030 年工业、生活 VOCs 排放量都低于 2010 年，分别下降 5.1% 和 6.7%。见图 5-42。

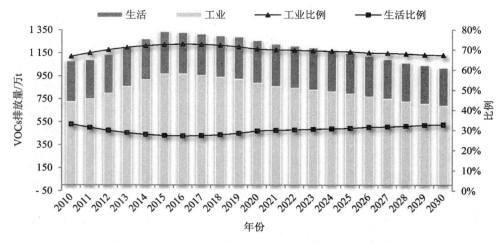

图 5-42  我国东部地区工业和生活 VOCs 排放量所占比例预测

我国中部地区的 VOCs 排放结构与东部地区规律相似。2010 年，我国中部地区工业 VOCs 排放量为 179.7 万 t，生活排放量为 173.5 万 t，占总量的比例分别为 50.8% 和 49.2%，工业比例低于东部地区；2015 年，中部地区工业 VOCs 排放量为 270.1 万 t，生活排放量为 187.5 万 t，所占比例分别为 59.0% 和 41.0%，工业占比有大幅上升；2020 年工业排放量为 322.6 万 t，生活排放量为 203.9 万 t，工业、生活的比例分别为 61.3% 和 38.7%，工业所占比例仍上升；2030 年，中部地区工业、生活排放量分别为 210.2 万 t 和 184.2 万 t，工业所占比例为 53.3%，生活所占比例为 46.7%。我国中部地区工业和生活 VOCs 排放量也都为先增加后减少的趋势，但是与东部地区不同的是工业 VOCs 排放所占比例在 2020 年前一直上升，然后才开始降低，到 2030 年中部地区工业、生活 VOCs 排放比例相差不大，而且工业比例明显低于东部地区，见图 5-43。

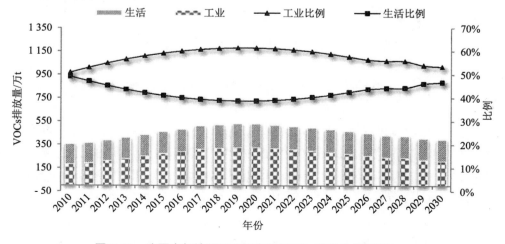

图 5-43  我国中部地区工业和生活 VOCs 排放比例预测

我国西部地区 VOCs 排放结构变化规律与其他地区都不同。2010 年，我国西部工业 VOCs 排放量为 137.0 万 t，生活排放量为 198.1 万 t，占总量的比例分别为 40.8% 和 59.1%，工业比例低于生活比例；2015 年，西部地区工业 VOCs 排放量为 195.1 万 t，生活排放量为 195.0 万 t，所占比例分别为 50.0% 和 50.0%，工业占比有一定上升但是低于全国和东、中部地区；2020 年工业排放量为 246.3 万 t，生活排放量为 200.3 万 t，工业、生活的比例分别为 55.2% 和 44.8%，工业所占比例继续增加；2030 年，西部地区工业、生活 VOCs 排放量为 171.2 万 t 和 149.0 万 t，工业所占比例为 53%，生活所占比例为 47%，工业占比稍有下降。我国西部地区工业和生活 VOCs 排放量也都为先增加后减少的趋势，但是与其他地区不同的是其工业排放比例相对较小，见图 5-44。

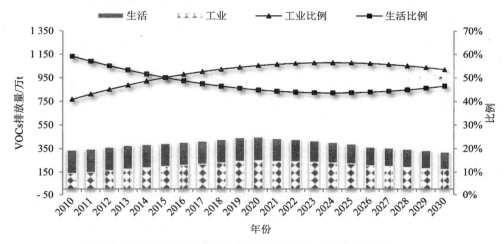

图 5-44　我国西部地区工业和生活 VOCs 排放比例预测

2010 年，我国东北地区工业 VOCs 排放量为 90.8 万 t，生活排放量为 57.1 万 t，占总量的比例分别为 61.3% 和 38.6%；2015 年，东北地区工业 VOCs 排放量为 123.5 万 t，生活排放量为 58.0 万 t，所占比例分别为 68% 和 32.0%，工业占比上升，生活所占比例下降；2020 年工业排放量为 129.5 万 t，生活排放量为 62.8 万 t，工业、生活的比例分别为 67.4% 和 32.6%，工业所占比例下降；2030 年，东北地区工业、生活 VOCs 排放量分别为 95.7 万 t 和 56.2 万 t，工业所占比例为 63%，生活所占比例为 37%。可知，我国东北地区工业和生活 VOCs 排放量都为先增加然后减少的趋势，工业 VOCs 所占比例在经过先增加后减少的变化后趋于稳定，2025 年后降低缓慢，见图 5-45。

我国不同地区 VOCs 排放量差别较大，其工业和生活排放不相同，东部地区的工业和生活排放量都很大，主导了全国 VOCs 排放的变化趋势。未来一段时间，各地区的 VOCs 工业和生活排放都是先增加后减少，各地区的工业排放比例也是先增加后减少；工业排放比例比生活高，但是与其他大气污染物相比，两者差别较小。

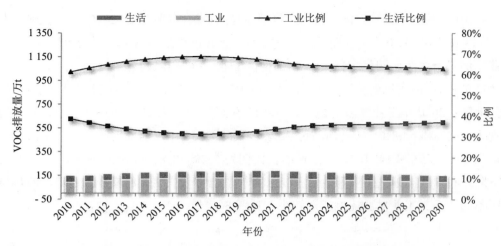

图 5-45　我国东北地区工业和生活 VOCs 排放量所占比例预测

## 5.3　面临的压力与对策建议

现阶段及未来很长一段时间，我国能源消费量大且将继续增加，其中仍将以煤炭作为主要能源，清洁能源和其他新型能源消费量增长迅速，但是相对煤炭其比例仍然较小。快速增长的经济和以煤炭为主的能源消费结构决定了我国大气污染控制面临的压力。

（1）污染物总量排放负荷大，$NO_x$ 和非常规污染越来越突出

"十一五"开始，我国 $SO_2$、烟尘、工业粉尘排放得到有效控制，但是 $NO_x$ 排放量增加较快，酸雨由硫酸型逐步转变为硝酸型，$SO_2$、烟尘、工业粉尘减排效果被 $NO_x$ 排放量的增加而抵消。我国过去燃煤锅炉脱硝设施不足，因此"十二五"、"十三五"期间要完成 $NO_x$ 的总量控制目标，压力较大。从行业来看，$NO_x$ 排放最大的是火电行业。根据新发布的《火电厂大气污染物排放标准》（GB 13223—2011），自 2014 年 7 月 1 日起现有电厂（2012 年 1 月 1 日前获得环评批复）$NO_x$ 排放限值为 100 mg/m³，更加严格的排放标准对电厂的废气治理提出更加严格的要求；其他行业也都提出了节能减排的目标。这些措施将有效减少 $NO_x$ 新增排放，缓解 $NO_x$ 污染的压力。通过 5.2 节分析可知，$NO_x$ 排放总量大的地区为东部和西部地区，东部地区的机动车污染比较突出，西部地区主要是燃煤污染，这两个地区的总量减排压力较大。

由于石油等相关能源加工行业、汽车制造行业、化工行业的发展，机动车保有量的快速增加，人民生活水平的提高导致涂料油漆使用量增加，厨房油烟增加，VOCs 等污染物的排放也快速增多，大气污染控制的难度和压力更大。VOCs 生活源排放比例较高，分散难以收集，给总量控制工作带来困难。目前我国主要从重点区域重点污染的工业行业入手控制 VOCs 排放。我国几个区域中，东部地区的 VOCs 污染问题最为严重，其排放量占全国的一半以上，因此 VOCs 的压力主要在东部地区，其他地区的排放总量增长也较快，应该引起重视。

（2）由传统煤烟型污染向复合型污染转变，形势更加严峻复杂

尽管"十一五"期间我国 $SO_2$ 总量控制工作取得较大成绩，但是 VOCs、$NH_3$ 等污染物排放量一直增加，由此引起了一系列新的城市和区域环境问题，如灰霾、光化学烟雾、氮沉降等，大气污染特征已逐渐由传统的煤烟型污染向复合型污染转变，污染特征日趋多样化、复杂化。复合型污染由煤炭消费和机动车及其他污染源等污染复合作用而成，其危害更大，处理控制更难。目前我国在"十二五"期间规划实施"主要大气污染总量控制计划"和"重点区域大气污染防治规划"，制定了 $SO_2$、$NO_x$ 总量控制目标，重点区域还制定了 VOCs 削减目标和 $O_3$ 的质量目标。现阶段复合型污染严重的区域为东部地区，特别是京津冀、山东半岛和长三角、珠三角地区；中部部分地区、东北地区和西部的成渝为复合型污染显现区；西部大部分地区目前为传统煤烟型污染区。对于复合型污染严重的地区，空气质量改善的压力和难度都很大。

（3）大气环境质量难以短时间内改善，公众的环保意识越来越高

根据预测，我国未来一段时间内 $NO_x$、VOCs 排放量仍较大，空气质量在短时间内难以得到根本改变。近几年越来越多的雾霾天气，特别是 2012 年冬华北地区频繁的雾霾已经引起公众对大气环境的担忧和不满。雾霾天气主要由空气中颗粒物浓度过高引起，$PM_{2.5}$ 等颗粒物的二次生产过程非常复杂，与 $NO_x$、VOCs、重金属等都有很大关系。未来我国经济发展、人民生活导致的污染物的产生量与公众对清洁空气的需求之间的矛盾难以在短时间内消除，特别是经济水平和人口密度都比较高的东部地区，面临的压力更大。

不同地区的环境压力不同，应该采取针对性的措施。

对于东部地区，针对其污染物总量大、复合型污染严重的特点，应该从以下几个方面入手提高环境质量：①优化产业结构与布局，鼓励发展低能耗的产业和服务业。对于工业行业，加大高能耗、高污染行业的淘汰力度，特别是煤炭需求量大的火电、钢铁、建材等产业和 VOCs 排放量较高的石油加工、化工、制药、汽车制造等产业，不能提高污染治理水平则应该进行淘汰；对于高 $NO_x$、高 VOCs 排放的新建企业，提高准入门槛；鼓励智力密集型加工业和服务业的发展。②严格控制生活 $NO_x$、VOCs 的排放，控制机动车保有量，提高尾气处理水平和油品质量；取缔生活用小锅炉，实行集体供暖，提高其脱硫脱硝治理水平；各大城市严格控制机动车保有量，加快实施机动车排放新标准，提高机动车油品质量；鼓励电动汽车的推广和使用；提高涂料、油漆、黏合剂等装修材料的 VOCs 标准限值，鼓励环保型溶剂的使用；控制厨房油烟的排放；严禁焚烧秸秆，减少生物质燃料的燃烧及其 VOCs 排放。③鼓励发展清洁能源。加快发展天然气与可再生能源，实现清洁能源消费和供应的多元化；鼓励风能、太阳能、生物质能和核能的发展与利用；实施煤炭消费总量控制，扩大主要城市的高污染燃料禁燃区范围。④建立统一协调的区域联防联控工作机制，建立区域大气环境联合执法监管机制；严格执行环保法律法规和各项标准，完善节能减排投入机制，新建项目做好环评工作。⑤做好环保宣传工作，全民参与减少污染物排放。

对于中、西部地区复合型污染显现区或者传统煤烟型污染区：①制订适合中西部的产业调整计划，严格高污染行业的准入。中、西部地区在承接东部地区的转移产业时要有选

择地准入，对于高能耗、高污染且达不到排放标准的企业，严禁引入；依据当地优势资源和经济发展特点发展循环经济和清洁生产技术；鼓励和发展低污染的加工业和服务业等产业。②加强清洁能源的开发和使用力度。根据中、西部特点，鼓励发展风能、太阳能等清洁能源，加快页岩气的勘探与开发；实行能源消费与污染物排放总量控制制度。③加强脱硫脱硝工程建设。对于已建企业，加快脱硫脱硝除尘工程建设，特别要大力推进火电、水泥、冶金行业的 $NO_x$ 综合治理，减少污染物排放；对于难以达到排放标准的地区，加快热电联供步伐，淘汰分散燃煤小锅炉；新建项目做好环评工作，加强废气治理设施建设。④严格执行环保法律法规。地方法律法规和标准的制定要紧跟东部地区；地方政府做好环保监督执法工作。⑤加大生活污染治理力度。针对未来生活污染物排放比例逐渐升高的特点，加强生活锅炉脱硫脱硝除尘设施建设；做好机动车发展规划，控制机动车数量增长的同时鼓励高排放限值的机动车类型使用；加快生活集中供热供气工程，减少薪柴秸秆燃烧和自建取暖小锅炉。⑥加强中、西部地区环境监管、监测、执法能力建设，加强环保信息统计和共享工作，加强大气污染的预警应急机制。

对于东北地区，针对其复合型污染显现区和老工业基地的特点：①加快产业定位的转型，促进区域可持续发展。通过实施产业升级和改造，调整老工业基地的产业定位，推动装备制造、原材料、汽车、农产品加工等优势产业升级，淘汰高污染和落后产能产业；积极推进高端装备制造、新能源、节能环保、新材料、生物、新能源汽车等产业的发展，通过这些新兴产业的发展替代高污染的重工业，降低污染物总量排放。②建立集约型工业开发区，中心城区主要建设服务业。通过实施重污染企业搬迁改造、产业升级等重点工程，在人口少的郊区建立集约型工业区，发展循环经济；中心城区以发展现代服务业为主。③推进节能减排，淘汰落后产能。依托辽中城市群联防联控工作，认真落实节能减排目标责任制，实施电力行业除尘、脱硫、脱硝等改造；发展城市集中供热，淘汰小锅炉；推广应用节能低碳技术，大力推广秸秆制气替代燃煤。④提高工业行业准入标准，严格控制高污染行业的准入。⑤加快机动车污染治理，提高机动车排放标准，提高油品质量；推动工业 VOCs 治理项目的实施。⑥深化环保领域的合作，建立大气污染联防联控机制。

# 第6章 四大区域固体废物环境形势分析与预测

## 6.1 固体废物环境形势回顾分析

### 6.1.1 工业固体废物

（1）工业固体废物产生量

"十一五"期间，随着工业经济的快速发展，全国工业固体废物产生量逐年增加，由2006年的15.2亿t增加至2010年的24.1亿t，净增长8.9亿t，年均增长率为12.3%。尽管国家积极鼓励发展循环经济和清洁生产，但随着工业发展规模逐年扩大，资源化利用水平较低问题依然严重。

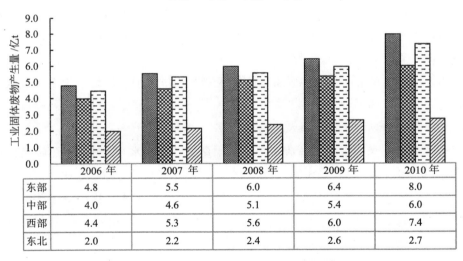

图6-1 2006—2010年四大区域工业固体废物产生量

数据来源：《中国统计年鉴2007—2011》。

东部地区工业经济发达，规模巨大，工业固体废物产生量也较大，约占全国固体废物产生量的32%。其中，河北省工业固体废物产生量最大，达到3.2亿t；其次是山东省，为1.6亿t。河北省也是全国范围内工业固体废物产生量最大的省份，其原因在于该省工业固体废物产生强度（单位工业增加值的工业固体废物产生量）较大，工业发展水平也较高，工业增加值较大。"十一五"期间，东部地区工业固体废物产生量呈现明显增加趋势，增长速度较快，从 2006 年的 4.8 亿 t 增加至 2010 年的 8.0 亿 t（图 6-1），年均增长率为 13.7%。

中部地区工业固体废物产生量较小，仅高于东北地区。其中，山西省和河南省工业固体废物产生量较大，2010 年分别达到 1.8 亿 t 和 1.1 亿 t，两者约占中部地区工业固体废物总产生量的 48.9%。这是因为山西省工业固体废物产生强度较大，一直维持在 3.8 t/万元以上，仅次于贵州省，资源利用率水平有待进一步提高。2006—2010 年间，中部地区固体废物产生量逐年增加，年均增长率约为 10.9%。

西部地区工业固体废物产生量较大，仅次于东部地区，约占全国工业固体废物产生量的 30%。西部地区中，内蒙古自治区工业固体废物产生量最大，达到 1.7 亿 t；其次是四川省，为 1.1 亿 t；西藏、青海等省份产生量较小。这也反映出各省份之间工业发展水平和资源利用方面的差别。"十一五"期间，西部地区工业固体废物产生量也在逐年增加，从 2006 年的 4.4 亿 t 增加至 2010 年的 7.4 亿 t，净增加 3.0 亿 t，年均增长率达到 13.5%，增长速度与东部地区相当。

东北地区工业固体废物产生量较小，仅占全国工业固体废物产生量的 12% 左右。其中，辽宁省工业固体废物产生量最大，2010 年达到 1.7 亿 t，约占东部地区产生量的 63.2%，主要是因为辽宁省作为老工业基地，以冶金、建材、煤炭、石油、电力、化工等行业为主导产业，属于高消耗、高排放行业，造成了该省工业固体废物产生量较大。吉林和黑龙江省工业固体废物产生量相当，2010 年分别达到 0.46 亿 t 和 0.54 亿 t。2006—2010 年间，东北地区工业固体废物产生量也是增加的，但增加趋势不够明显，年均增长率仅为 8.5% 左右。

综上所述，"十一五"期间，全国工业固体废物产生量逐年增加，年均增长率约为 12.3%。从各区域情况来看，东部地区和西部地区工业固体废物产生量较大，而且增长趋势明显，年均增长率为 13.5% 左右。东北地区工业固体废物产生量最小，但是增长也比较缓慢，年均增长率仅为 8.5%，见图 6-1。

（2）工业固体废物综合利用量及综合利用率

"十一五"期间，全国工业固体废物综合利用量维持较高水平，且呈现逐年增加趋势，从 2006 年的 9.3 亿 t 增加至 2010 年的 16.2 亿 t，年均增长率为 15.0%，比"十五"期间增长率高出 2.1 个百分点。这是因为"十一五"期间，全国各省市积极推广尾矿、煤矸石等工业固体废物综合利用先进技术，提高了工业固体废物综合利用水平，综合利用率也由 2006 年的 61.1% 增加至 2010 年的 67.1%。

东部地区工业固体废物综合利用量大，约占全国工业固体废物综合利用量的 40%。其中，河北省和山东省综合利用量较高，2010 年分别达到 1.8 亿 t 和 1.5 亿 t，约占东部地区综合利用总量的 53.3%。其原因在于河北省工业固体废物产生量很大，而山东省工业固体废物产生量和综合利用率都比较高，造成两省的综合利用量处于较高水平。"十一五"期间，东部地区工业固体废物综合利用量呈现一定增长趋势，2010 年比 2006 年净增加 2.3 亿 t，年均增长率为 12.1%。东部地区工业固体废物综合利用率维持较高水平，除 2010 年外，均在 80% 以上，并呈现增长趋势。2010 年工业废物综合利用率略有下降，这是由于

2010 年综合利用量的增长速度相对于产生量的增长而言较为缓慢。

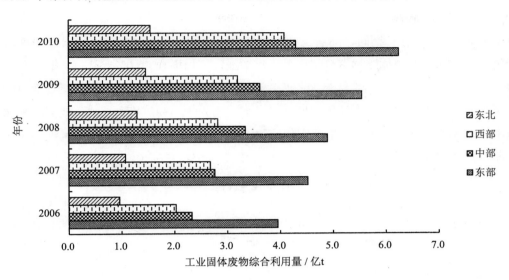

**图 6-2　2006—2010 年四大区域工业固体废物综合利用量**

数据来源：《中国统计年鉴 2007—2011》。

中部地区工业固体废物综合利用量较大，仅次于东部地区，约占全国综合利用量的 25%～28%。中部地区中，山西省工业固体废物综合利用量最大，2010 年达到 1.2 亿 t，而且增长趋势非常明显，"十一五"期间年均增长率达到 22.4%。其原因在于山西省近些年加大了工业固体废物的综合利用技术投入，特别是煤矸石、尾矿等的综合利用得到高度重视，但整体上看，山西省工业废物综合利用率仍然不高，有待进一步提高。而且，"十一五"期间，中部地区工业废物综合利用量也在不断增加，从 2006 年的 2.3 亿 t 增加至 2010 年的 4.3 亿 t，年均增长率约为 16.6%。此外，中部地区工业固体废物综合利用率增长趋势更加明显，至 2010 年已经达到 71.5%，略低于东部地区 2010 年水平。

西部地区工业固体废物综合利用量与中部地区相当，约占全国综合利用量的 22%～25%。其中，内蒙古自治区和四川省工业固体废物综合利用量较高，2010 年分别达到 0.96 亿 t 和 0.62 亿 t。尽管如此，两省的工业固体废物综合利用率不高，分别为 56.3% 和 54.8%。而且，2006—2010 年间，西部地区工业固体废物综合利用量从 2.0 亿 t 增加至 4.1 亿 t，年均增长率为 19.1% 左右，也是四个区域中增长速度最快的。但是从工业固体废物综合利用率来看，西部地区仍然是最低的，2010 年仅为 55.4%，远低于东部和中部地区水平。但是，西部地区工业固体废物综合利用率整体呈现上升趋势。

东北地区工业固体废物综合利用量较少，仅为全国综合利用量的 10% 左右。东北三省中，辽宁省工业固体废物综合利用量最多，2010 年达到 0.82 亿 t，其次是黑龙江省，吉林省最少。但是，吉林省综合利用量的增长率最高，达到 15.0% 左右。"十一五"期间，东北地区工业固体废物综合利用量呈增长趋势，年均增长率为 12.7%，略高于东部地区的增长速度。而且，东北地区工业固体废物综合利用率也处于较低水平，仅仅略高于西部地区，至 2010 年约为 56.7%。此外，"十一五"期间东北地区工业固体废物综合利用率年均增长在 4%左右。

综上所述，"十一五"期间，随着工业固体废物综合利用技术的推广，综合利用率水平不断提升，全国工业固体废物综合利用量逐年增加，年均增长 15.0%。从各区域来看，东部地区工业固体废物综合利用量最大，其次是中部和西部地区，东北地区最小。而且，西部地区工业固体废物综合利用量年均增长率最大，约为 19.1%，其次是中部地区，东部地区最小（图 6-2）。此外，各区域工业固体废物综合利用率差异较大，东部地区维持较高水平，而西部和东北地区综合利用率较低，2010 年仅为 55%左右（图 6-3）。

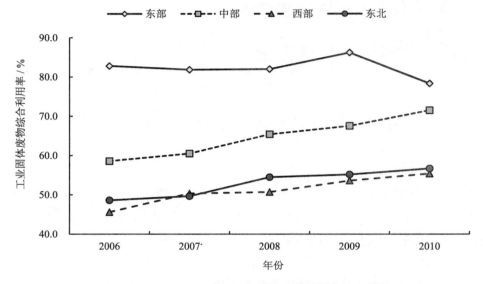

**图 6-3　2006—2010 年四大区域工业固体废物综合利用率**

（3）工业固体废物排放量

"十一五"期间，随着工业固体废物综合利用和处置水平的不断提高，全国工业固体废物排放量逐年减少，已经由 2006 年的 1 302.1 万 t 降至 2010 年的 498.2 万 t，年均下降 27.1%左右。具体如表 6-1 所示。

**表 6-1　2006—2010 年四大区域工业固体废物排放量**

| 地区 | 排放量/万 t | | | | |
| --- | --- | --- | --- | --- | --- |
| | 2006 年 | 2007 年 | 2008 年 | 2009 年 | 2010 年 |
| 东　部 | 64.9 | 55.3 | 77.3 | 49.8 | 22.8 |
| 中　部 | 497.5 | 464.5 | 282.2 | 180.6 | 129.4 |
| 西　部 | 711.9 | 671.1 | 420.4 | 476.4 | 341.4 |
| 东　北 | 27.8 | 5.8 | 1.9 | 3.7 | 4.6 |
| 全　国 | 1 302.1 | 1 196.7 | 781.8 | 710.5 | 498.2 |

数据来源：《中国统计年鉴 2007—2011》。

东部地区工业固体废物排放量较小，其中，广东省排放量最大，2010 年达到 14.2 万 t，约占东部地区的 21.9%；其次是河北省和福建省，分别为 4.5 万 t 和 3.5 万 t。这些省份应加强工业固体废物综合利用和处置力度，进一步减少工业固体废物排放量。"十一五"期间，东部地区工业固体废物排放量变化情况比较复杂，整体呈现一定下降趋势，从 2006 年的 64.9 万 t 降至 2010 年的 22.8 万 t。其中，上海市、山东省和海南省下降幅度较大。而且，2006—2010 年间，东部地区工业固体废物排放量占全国排放量比重也略有下降，从 5.0%降至 4.6%（图 6-4）。

中部地区工业固体废物排放量较大，且主要集中在山西省、湖南省和江西省，三省约占中部地区排放量的 96.6%。其中，山西省工业固体废物排放量最大，2010 年达到 95.4 万 t，其次是湖南省和江西省，分别达到 16.4 万 t 和 13.2 万 t。"十一五"期间，中部地区工业固体废物排放量逐年减少，下降趋势比较明显，年均下降 28.6%。此外，中部地区工业固体废物排放量占全国排放量比重也由 2006 年的 38.2%降至 2010 年的 26.0%。

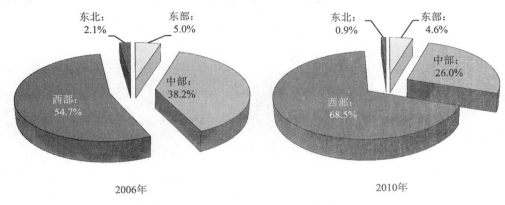

图 6-4　2006 年和 2010 年四大区域工业固体废物排放量所占比重

西部地区工业固体废物排放量最大，这主要由于西部地区工业固体废物的综合利用和处理处置能力有限所致。其中，重庆市工业固体废物排放量最大，达到 133.6 万 t；其次是新疆维吾尔自治区和贵州省，分别为 62.8 万 t 和 59.8 万 t。"十一五"期间，西部地区工业固体废物排放量整体为下降趋势，到 2010 年已经减至 341.4 万 t，但是西部地区工业固体废物排放量占全国的比重较 2006 年上升幅度较大，达到 68.5%。这也说明西部地区排放量的下降速度不及全国排放量下降速度快。加强西部地区工业固体废物管理，减少工业固体废物排放量已经成为西部地区亟须解决的环境问题。

东北地区工业固体废物排放量水平很低，而且吉林省从 2008 年起就已经实现工业固体废物"零"排放，而辽宁省工业固体废物排放量略高于黑龙江省排放水平，2010 年两省排放量分别为 2.7 万 t 和 1.9 万 t。"十一五"期间，东北地区工业固体废物至 2008 年降至最低，为 1.9 万 t，随后略有上升，至 2010 年为 4.6 万 t。因此，东北地区应该采取有效措施，遏制工业固体废物排放量增长趋势。此外，东北地区工业固体废物排放量占全国排放量比重则在下降，从 2006 年的 2.1%降至 2010 年的 0.9%。

综上所述，"十一五"期间，随着工业固体废物综合利用和处置水平的不断提高，全国工业固体废物排放量逐年减少。其中，西部地区工业固体废物排放量最大，而且排放量整体呈下降趋势，但是占全国排放量比重却在增加。中部地区排放量较大，且主要集中在山西省、湖南省和江西省。东部地区工业固体废物排放量较小，整体呈一定下降趋势。东北地区排放量水平最低，其中吉林省从 2008 年起就已实现"零"排放，而且东北地区工业固体废物排放量所占全国比重也在下降，2010 年不足 1%（图 6-5）。

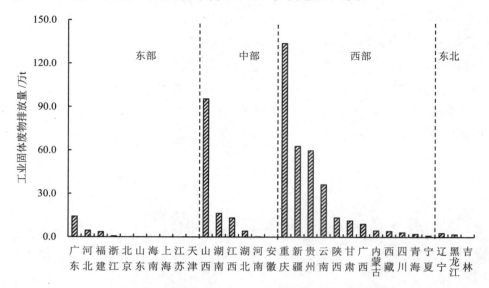

**图 6-5　2010 年四大区域及各省市工业固体废物排放量比较**

数据来源：《中国统计年鉴 2011》。

## 6.1.2　城镇生活垃圾

### （1）生活垃圾清运量

"十一五"期间，随着国民经济的快速发展、城市人口的不断增加、居民生活水平的逐步提高，我国城市垃圾清运量呈逐年增长趋势，从 2006 年的约 1.5 亿 t 增加至 2010 年的约 1.6 亿 t，净增长 963.5 万 t，年均增长率为 1.6%。

东部地区城市生活垃圾清运量大，2010 年已经达到 7 559.5 万 t（图 6-6），其中，广东、江苏、山东和浙江 4 省份生活垃圾清运量较大，分别达到 1 938.6 万 t、1 017.1 万 t、992.0万 t 和 959.0 万 t，约占东部地区总清运量的 64.9%，其原因在于上述省份经济较为发达、城市生活水平较高、城市人口数量较大以及垃圾清运设施完备等。并且"十一五"期间，东部地区城市生活垃圾清运量增长趋势比较明显，由 2006 年的 6 549.7 万 t 增加至 2010 年的 7 559.5 万 t，年均增长率约为 3.7%。从城市生活垃圾清运量占全国清运量比重来看，"十一五"期间，东部地区所占比例呈现增大趋势，由 2006 年的 44.2%增加至 2010 年的 47.9%，这也说明东部地区城市生活垃圾清运量增长速率已经超过了全国城市生活垃圾清运量的增长速率。

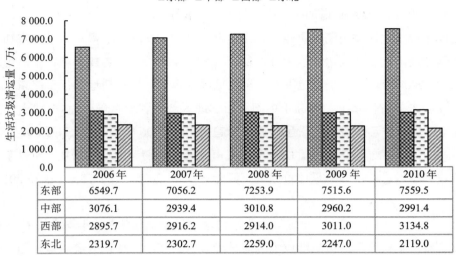

图 6-6　2006—2010 年四大区域城市生活垃圾清运量

数据来源：《中国统计年鉴 2007—2011》。

中部地区城市生活垃圾清运量较大，至 2010 年为 2 991.4 万 t。中部地区中，湖北省城市生活垃圾清运量最大，达到 711.1 万 t，其次是河南省和湖南省，分别为 694.6 万 t 和 505.2 万 t。"十一五"期间，中部地区城市生活垃圾清运量呈波动下降趋势，从 2006 年的 3 076.1 万 t 降至 2010 年的 2 991.4 万 t。此外，中部地区城市生活垃圾清运量所占全国的比重也由 2006 年的 20.7% 降至 2010 年的 18.9%。

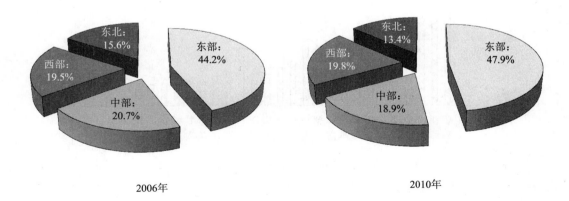

图 6-7　2006 年和 2010 年四大区域城镇生活垃圾清运量占全国清运量比例

西部地区城市生活垃圾清运量与中部地区水平相当，从 2009 年以来略高于中部地区水平。从各省份情况来看，2010 年，四川省城市生活垃圾清运量最大，达到 656.0 万 t，西藏、青海和宁夏等省份的生活垃圾清运量不足 100 万 t，一方面是由于这些省份经济发展水平较低，另一方面反映出城市生活垃圾清运设施的不完善。但是，"十一五"期间，中部地区城市生活垃圾清运量呈现增长趋势，从 2006 年的 2 895.7 万 t 增加至 2010 年的

3 134.8 万 t，年均增长率达到 2.0%。而且，西部地区城市生活垃圾清运量占全国的比重略有增加，由 2006 年的 19.5%增加至 2010 年的 19.8%。

东北地区城市生活垃圾清运量较小，2010 年仅为 2 119.0 万 t，其中，辽宁省和黑龙江省城市生活垃圾清运量较大，分别为 837.26 万 t 和 782.35 万 t，吉林省城市生活垃圾清运量较小，为 499.43 万 t。从全国范围看，东北地区城市生活垃圾清运量低于广东、江苏、山东、浙江等东部省份水平，略高于中部、西部地区部分省份水平。而且，"十一五"期间，东北地区城市生活垃圾清运量呈略微下降趋势，从 2006 年的 2 319.7 万 t 减少至 2010 年的 2 119.0 万 t，年均下降 2.3%。由于全国城市生活垃圾清运量逐年增加，所以东北地区城市生活垃圾清运量占全国总量比重呈现下降趋势，从 2006 年的 15.6%降至 2010 年的 13.4%。

综上所述，"十一五"期间，全国城市生活垃圾清运量逐年增加，年均增长率为 1.6%。从各区域来看，东部地区城市生活垃圾清运量最大，中部和西部地区清运量相当，东北地区清运量较小。而且，东部、西部地区城市生活垃圾清运量呈现增长趋势，其中，东部地区较为明显，东北地区呈现略微下降趋势（图 6-7、图 6-8）。从各区域城市生活垃圾清运量占全国比重来看，东部和西部地区呈现增长趋势，中部和东北地区呈现下降趋势。

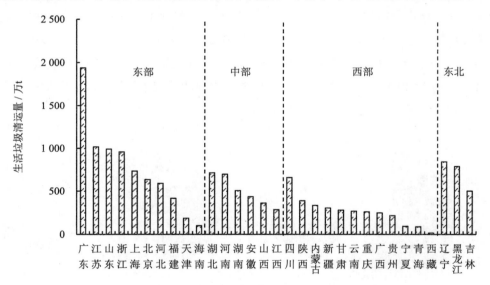

**图 6-8　2010 年四大区域及各省市生活垃圾清运量**

数据来源：《中国统计年鉴 2011》。

（2）生活垃圾无害化量及无害化处理率

"十一五"期间，随着对生活垃圾无害化处理的重视，以及无害化处理设施投入的加大，全国城市生活垃圾无害化处理量逐年增加，2010 年达到 12 317.8 万 t，约为 2006 年的 1.6 倍。全国城市生活垃圾无害化处理率也由 2006 年的 55.2%增加至 2010 年的 77.9%。

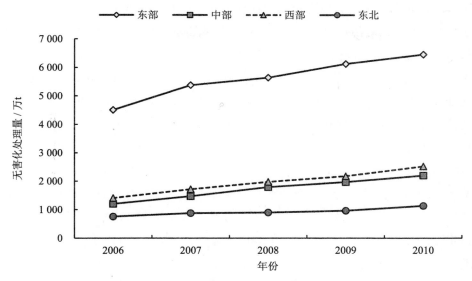

**图6-9    2006—2010 年四大区域城市生活垃圾无害化处理量**

数据来源：《中国统计年鉴 2007—2011》。

东部地区城市生活垃圾无害化处理量最高，占全国城市生活垃圾无害化处理总量的50%以上，2006 年更是达到了 57.3%。东部地区各省市中，广东省无害化处理量最多，达到 1 398.0 万 t，其次是江苏、浙江和山东省，分别为 951.7 万 t、942.7 万 t 和 911.6 万 t。而且，"十一五"期间，东部地区城市生活垃圾无害化处理量呈现增长趋势，从 2006 年的4 508.2 万 t 增加至 2010 年的 6 462.3 万 t，年均增长率为 9.4%。东部地区城市生活垃圾无害化处理率维持较高水平，一直在 70% 以上，始终高于全国平均水平，而且呈明显增长趋势，由 2006 年的 68.8% 增加至 2010 年的 85.5%。东部地区城市生活垃圾无害化处理中，仍以卫生填埋为主，其次是焚烧，堆肥处理量较少。其中，卫生填埋和焚烧处理量呈现增加趋势，分别由 2006 年的 3 432.4 万 t 和 937.5 万 t 增加至 2010 年的 4 379.2 万 t 和 1 855.4万 t，但是卫生填埋处理量占无害化处理量的比重逐年降低，而焚烧处理量所占比重则在逐年增加。填埋处理量由 2006 年的 132.3 万 t 减少至 2010 年的 100.4 万 t。

中部地区城市生活垃圾无害化处理量较小，占全国总量的 15%～20%。各省市中，河南省城市生活垃圾无害化处理量最大，达到 573.7 万 t；江西省最少，仅为 243.9 万 t；无害化处理率年均增长率最高的是山西省，约为 2.5%。而且，"十一五"期间，中部地区城市生活垃圾无害化处理量增长趋势明显，从 2006 年的 1 201.8 万 t 增加至 2010 年的 2 200.3万 t，年均增长率达到 16.3%。另外，中部地区无害化处理率偏低，但增长趋势非常明显，至 2010 年已经达到 73.6%，年均增长率约为 17.1%。中部地区城市生活垃圾无害化处理中，卫生填埋处理量占据主导优势，处理量逐年增加；焚烧处理量则是先减小后增加的变化趋势，2007 年最少，仅为 59.3 万 t，2010 年增加至 186.3 万 t；堆肥处理量则维持较低水平，不足 100 万 t。

西部地区城市垃圾无害化处理量略高于中部地区水平，占全国无害化处理量的 20% 左右。其中，四川省城市生活垃圾无害化处理量最高，达到 569.8 万 t；其次是陕西省，为 310.0 万 t。但是从西部地区各省份无害化处理量增长率来看，新疆和甘肃两地增长最快，年均增长率约为 26.8% 和 19.5%。"十一五"期间，该地区城市生活垃圾无害化处理量增长趋势与中部地区类似，逐年增加，且年均增长率约为 15.7%。此外，西部地区城市生活垃圾无害化处理率较高，仅次于东部地区，2010 年已经达到 80.5%，是 2006 年的 1.7 倍。三种无害化处理方式中，卫生填埋是最为主要的方式，占总处理量的 90% 左右，但此比重呈现下降趋势。焚烧处理量逐年增加，所占比重也在增加，由 2006 年的 4.8% 增加至 2010 年的 8.5%。

东北地区城市生活垃圾无害化处理量较低，不足全国无害化处理总量的 10%。其中，辽宁省和黑龙江省城市生活垃圾无害化处理量较高，分别达到 593.5 万 t 和 315.7 万 t，吉林省城市生活垃圾无害化处理量较低，但是增长最快，年均增长率高达 22.3%。而且，"十一五"期间，东北地区城市生活垃圾无害化处理量呈现增长趋势，从 2006 年的 755.6 万 t 增加至 2010 年的 1 131.5 万 t，年均增长率为 10.6%。此外，东北地区城市生活垃圾无害化率较低，2006 年仅为 32.6%，逐年增加趋势比较明显，2010 年已经增至 53.4%，是 2006 年的 1.6 倍。东北地区城市生活垃圾无害化处理中，卫生填埋所占比重占 90% 以上，而且，焚烧处理量高于堆肥处理量。以 2010 年为例，三种处理方式的处理量分别为 1 028.6 万 t、66.5 万 t 和 21.9 万 t。

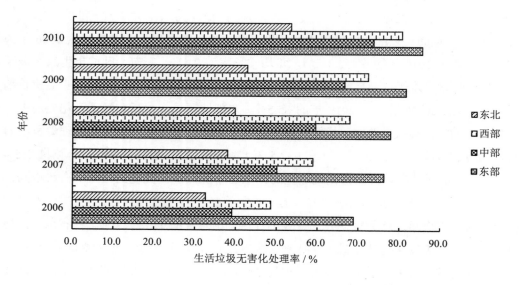

图 6-10　2006—2010 年四大区域城市生活垃圾无害化处理率

综上所述，全国城市生活垃圾无害化处理量和无害化处理率呈现逐年增加趋势，至 2010 年分别达到 12 317.8 万 t 和 77.9%。从各区域来看，东部地区城市生活垃圾无害化处理量最高，占全国总量的 50% 以上，中部和西部地区生活垃圾无害化处理量相当，约占 20%；而东北地区生活垃圾无害化处理量最低，不足全国的 10%（图 6-9）。从各区域变化趋势来看，均出现不同程度的增长趋势。其中，中部地区增长最快，其次是西部地区，而东部地区增长较慢，年均增长率为 9.4%。这主要是由于各区域省市加大城市生活垃圾无害化处理设施的建设，无害化处理能力逐年增加，而且中部和西部地区无害化处理能力提升更快。东部地区城市生活垃圾无害化处理率最高，一直维持在 70% 以上；其次是西部和中部地区，东北地区最低。各区域无害化处理率均呈现增加趋势，其中，西部地区生活垃圾无害化处理率增加幅度最大（图 6-10）。从无害化处理方式来看，现阶段卫生填埋依旧为主要处理方式，其次是焚烧，从发展趋势来看，卫生填埋处理量所占比重逐年下降，而焚烧处理量比重增长趋势比较明显，这是因为各区域省市鼓励减少卫生填埋比例，加大了焚烧等处理设施建设（表 6-2）。

表 6-2　2006—2010 年四大区域城市生活垃圾无害化处理量

| 地区 | 处理方式 | 处理量/万 t | | | | |
|---|---|---|---|---|---|---|
| | | 2006 年 | 2007 年 | 2008 年 | 2009 年 | 2010 年 |
| 东部 | 卫生填埋 | 3 432.4 | 3 899.1 | 4 072.5 | 4 246.9 | 4 379.2 |
| | 焚烧 | 937.5 | 1 258.8 | 1 380.4 | 1 686.9 | 1 855.4 |
| | 堆肥 | 132.3 | 147.1 | 108.6 | 85.2 | 100.4 |
| 中部 | 卫生填埋 | 1 023.8 | 1 352.3 | 1 695.9 | 1 832.8 | 1 994.5 |
| | 焚烧 | 103.3 | 59.3 | 60.9 | 98.1 | 186.3 |
| | 堆肥 | 63.7 | 35.6 | 20.1 | 24.2 | 6.9 |
| 西部 | 卫生填埋 | 1 273.8 | 1 560.1 | 1 819.6 | 1 946.2 | 2 196.1 |
| | 焚烧 | 67.3 | 85.9 | 88.7 | 172.0 | 208.6 |
| | 堆肥 | 44.2 | 45.4 | 23.5 | 47.5 | 51.5 |
| 东北 | 卫生填埋 | 678.1 | 821.2 | 835.9 | 872.7 | 1 028.6 |
| | 焚烧 | 29.5 | 31.0 | 39.7 | 64.9 | 66.5 |
| | 堆肥 | 48.0 | 21.9 | 21.9 | 21.9 | 21.9 |

数据来源：《中国统计年鉴 2007—2011》。

## 6.1.3　电子垃圾[①]

进入 21 世纪，随着工业化和科学技术的发展以及居民消费结构的变化，全球电子垃圾数量升幅惊人，每年世界各国生产的电子垃圾废料达 2 000 万～5 000 万 t，现在电子垃圾已占全球城市固体垃圾的 5% 左右。近十几来，中国作为经济快速增长的发展中国家、电子电器产品生产和消费大国，电子电器产品的消费水平增长速度明显快于全球平均水平。目前，中国已经进入电子电器产品更新、淘汰的高峰期。据 2008 年环境保护部统计，我国电子电器产业年增长速度连续十年平均超过 20%，仅 2008 年的电子垃圾年产量就为 111 万 t。另外，在联合国环境规划署（UNEP）2010 年发布的报告中指出，中国目前的电子垃

---

[①] 由于电子垃圾是电子产品达到使用寿命后的废弃物，因此，在测算电子垃圾的产生量时需要根据历年电子产品在各区域销售量、电子产品寿命、重量等系数。电子垃圾的种类、测算方法和相关系数见《2011—2020 年我国非常规性污染物预测报告》。

圾产量已达到约 230 万 t，为仅次于美国的世界第二大电子垃圾制造国（美国为 300 万 t）。据 UNEP 初步预测，到 2020 年，中国的电视机产生的电子垃圾将比 2007 年高 1.5～2 倍，旧电脑产生的电子垃圾也将增至 2007 年的 4 倍，而手机电子垃圾的增长更惊人，竟比 2007 年高 7 倍。

随着我国居民生活水平不断提高，"十一五"期间，我国电子垃圾产生总量呈快速增长趋势，从 2006 年的 240.4 万 t 增长到 2010 年的 382.3 万 t，增加了 0.6 倍，年均增长率达到 12.3%。从四大区域来看，东部地区电子垃圾产生量最多，2010 年为 200.6 万 t，占全国总产生量的 52.47%，较 2006 年增加了 74.4 万 t，年均增长率为 12.3%，与全国增速一致；中部地区电子垃圾产生量排在第二位，2010 年为 78.2 万 t，占全国总产生量的 20.45%，较 2006 年增加了 29.3 万 t，年均增长率为 12.4%，高于全国增速；西部地区电子垃圾产生量排在第三位，与中部地区接近，2010 年为 70.8 万 t，占全国总产生量的 18.52%，较 2006 年增加了 27 万 t，年均增长率为 12.8%，是增速最高的地区；东北地区电子垃圾产生量最少，2010 年为 32.7 万 t，占全国总产生量的 8.56%，较 2006 年增加了 11 万 t，年均增长率为 10.9%，是增速最低的地区。总体来说，"十一五"期间我国电子垃圾主要产生在东部地区，占全国总量的一半多，但随着中、西部地区居民生活水平的提高，其电子垃圾增速要高于东部，见图 6-11。

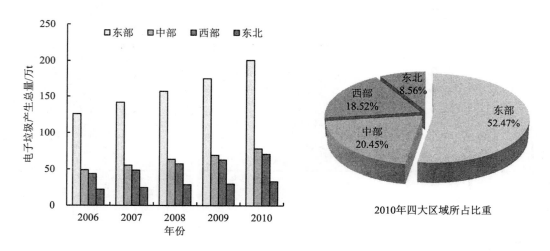

图 6-11　"十一五"期间我国四大区域电子垃圾产生量

从人均电子垃圾产生量来看（图 6-12），"十一五"期间，全国人均电子垃圾产生量从 1.86 kg 增长到 2.87 kg，提高了 1.01 kg。其中东部地区人均电子垃圾产生量最高，2010 年达到 3.96 kg，比全国平均水平高出 1.1 kg；东北地区人均电子垃圾产生量排在第二位，2010 年达到 2.99 kg，比全国平均水平高出 0.12 kg；中部和西部地区人均电子垃圾产生量分别排在第三、四位，2011 年分别为 2.19 kg、1.96 kg，均低于全国平均水平。总体来看，我国人均电子垃圾产生量与各地区人均收入存在显著正相关关系。

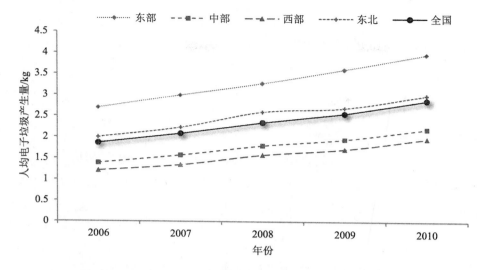

**图 6-12　2010 年我国及四大区域人均电子垃圾产生量比较**

从四大区域各省市电子垃圾产生量来看（图 6-13），东部地区省均电子垃圾产生量为 20.06 万 t，比全国平均水平（12.33 万 t）高 7.73 万 t，其中广东、江苏、山东、浙江产生量最高，高于东部省均产生量，这 4 个省份是东部地区经济最为发达的省份；天津、海南最低，低于全国平均水平。中部地区省均电子垃圾产生量为 13.03 万 t，略高于全国平均水平，其中河南、安徽、湖北、湖南产生量较高，高于中部省均产生量，江西、山西较低，低于全国平均水平。西部地区省均电子垃圾产生量为 5.9 万 t，远低于全国平均水平，其中四川省最高，高于全国平均水平，而剩下省份均较低。东北地区省均电子垃圾产生量为 10.91 万 t，略低于全国平均水平，其中辽宁省最高，吉林省最低。

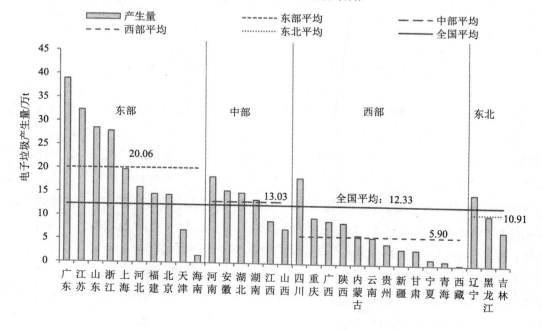

**图 6-13　2010 年我国四大区域各省市电子垃圾产生量比较**

## 6.2 固体废物环境发展趋势预测

### 6.2.1 工业固体废物

（1）工业固体废物产生量预测

预测结果显示，全国工业固体废物产生量在未来将呈现快速增长趋势，年均增长率为 6.6%。从 2010 年的 24.1 亿 t 增加到 2015 年、2020 年和 2030 年的 45.1 亿 t、61.7 亿 t 和 106.6 亿 t，净增长量分别达到 21.0 亿 t、37.6 亿 t 和 82.5 亿 t。其中，"十二五"的年均增速将达到 13.3%。

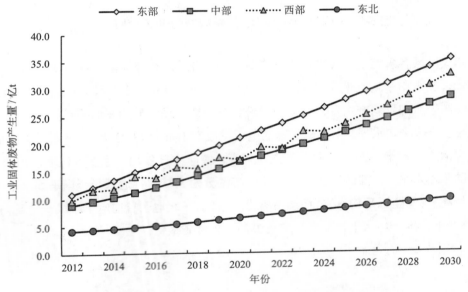

图 6-14　2012—2030 年四大区域工业固体废物产生量预测

东部地区工业固体废物产生量最高，根据预测结果，到 2015 年、2020 年和 2030 年，将达到 15.0 亿 t、21.2 亿 t 和 35.5 亿 t，分别占当年全国产生量的 33.2%、34.4% 和 33.3%。东部地区工业固体废物产生量呈逐年增加的趋势，2012—2030 年间，年均增长率达到 6.8%。从各省份来看，河北省和山东省依然是东部地区工业固体废物产生量最大的省份，到 2030 年将达到 14.9 亿 t 和 7.4 亿 t（图 6-14、表 6-3）。年均增长率最高的是广东省和福建省，分别达到 10.1% 和 9.8%。这些省份应该进一步提高资源利用率，加大循环经济和清洁生产力度，减小工业固体废物产生强度，有效控制工业固体废物增长速度。

中部地区工业固体废物产生量较小，到 2015 年、2020 年和 2030 年，工业固体废物产生量分别为 11.2 亿 t、16.9 亿 t 和 28.6 亿 t，分别占当年全国工业废物产生量的 24.8%、27.3% 和 26.8%。中部地区工业固体废物增长趋势比较明显，年均增长率达到 6.7%。而且，中部地区各省中，山西省工业固体废物产生量最大，至 2030 年将达到 12.8 亿 t，同时该省的年均增长率也是最高的，约为 8.3%。因此，山西省应该加强工业固体废物产生量及增长率的控制工作。

　　西部地区工业固体废物产生量较大，高于中部地区水平。根据预测结果，到 2015 年、2020 年和 2030 年，西部地区工业固体废物产生量将分别达到 13.9 亿 t、16.2 亿 t 和 30.4 亿 t，占全国比重分别约为 31.4%、27.8% 和 30.7%。而且，2012—2024 年之间呈现一定的浮动，2025—2030 年逐年增加，整体上表现为增加趋势。西部地区各省份中，内蒙古自治区工业固体废物产生量最大，到 2030 年将达到 12.0 亿 t，约占西部地区总量的 39.6%。其中，增长速度较快的是青海省和新疆维吾尔自治区，年均增长率分别为 10.4% 和 9.5%。

　　东北地区未来工业固体废物产生量将维持较低水平。到 2015 年、2020 年和 2030 年，

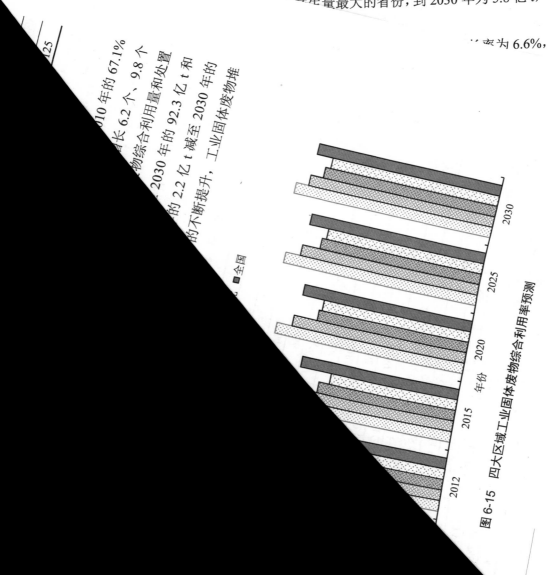

图 6-15　四大区域工业固体废物综合利用率预测

| 区　域 | 省　份 | 2010 年 | 2015 年 | 2020 年 | 2030 年 |
|---|---|---|---|---|---|
| 西　部 | 内蒙古 | 16 996 | 46 746 | 50 305 | 120 400 |
| | 四　川 | 11 239 | 14 048 | 15 834 | 25 680 |
| | 云　南 | 9 392 | 23 143 | 18 468 | 31 595 |
| | 贵　州 | 8 188 | 9 492 | 11 932 | 19 714 |
| | 广　西 | 6 232 | 8 628 | 10 107 | 14 602 |
| | 陕　西 | 6 892 | 7 848 | 9 133 | 10 906 |
| | 新　疆 | 3 914 | 10 750 | 19 460 | 34 203 |
| | 甘　肃 | 3 745 | 5 751 | 8 364 | 14 404 |
| | 宁　夏 | 2 465 | 4 873 | 7 532 | 12 598 |
| | 重　庆 | 2 837 | 4 589 | 5 290 | 5 558 |
| | 青　海 | 1 783 | 3 406 | 5 763 | 14 546 |
| | 西　藏 | 11 | 16 | 23 | 43 |
| 东　北 | 辽　宁 | 17 273 | 31 299 | 39 965 | 58 179 |
| | 黑龙江 | 5 405 | 8 133 | 11 311 | 19 288 |
| | 吉　林 | 4 642 | 8 293 | 13 371 | 20 620 |
| 总　计 | | 240 941 | 448 692 | 607 280 | 1 043 |

（2）工业固体废物综合利用及堆放情况预测

预测结果显示，全国未来工业固体废物综合利用率呈现增长趋势，从 20
分别增加到 2015 年、2020 年和 2030 年的 73.3%、76.9% 和 88.5%，净增
和 21.4 个百分点，具体预测结果如图 6-15 所示。其中，工业固体废
量呈现增长趋势，分别从 2010 年的 16.2 亿 t 和 5.7 亿 t 增加至
14.1 亿 t。工业固体废物堆放量下降趋势更为明显，从 2010 年
0.12 亿 t。未来随着工业固体废物综合利用水平和处置能力
放量将进一步减少。

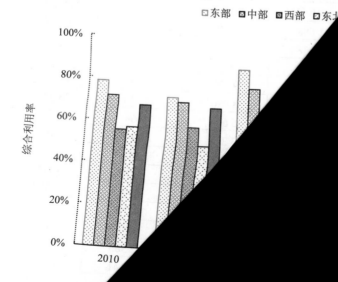

　　东部地区未来工业固体废物综合利用率高于其他地区及全国水平，并将逐年增加。到 2015 年、2020 年和 2030 年，将分别达到 85.1%、88.4% 和 94.9%。其中，天津市、山东省、江苏省、上海市等将分别在 2020 年、2023 年、2023 年和 2025 年左右实现综合利用率 100%，北京市、广东省等 2030 年综合利用率接近 100%，河北省、海南省到 2030 年综合利用率不足 90%，因此需要加强工业固体废物综合利用技术的实施和推广。东部地区未来工业固体废物综合利用量很大，占全国综合利用量的 35% 以上。而且，综合利用量也将快速增加，到 2015 年、2020 年和 2030 年，分别达到 12.7 亿 t、18.7 亿 t 和 33.7 亿 t。处置量变化情况比较复杂，从 2020—2030 年呈现一定的下降趋势。而工业固体废物堆放量逐年下降趋势明显，相比于 2010 年的 0.21 亿 t，到 2020 年仅为 0.01 亿 t，到 2030 年实现"零"堆放。

　　中部地区未来工业固体废物综合利用率较高，略低于东部地区水平，也呈增加趋势。到 2015 年、2020 年和 2030 年将达到 76.2%、81.4% 和 89.0%。中部地区中，河南省、安徽省和湖南省工业固体废物综合利用率较高，到 2030 年将分别达到 97.6%、95.6% 和 95.6%。山西省和江西省的综合利用率较低，至 2030 年不足 85%。因此，山西省和江西省应该加强工业固体废物综合利用水平，提高综合利用率。中部地区工业固体废物综合利用量逐年增加，到 2015 年、2020 年和 2030 年分别达到 8.5 亿 t、13.7 亿 t 和 25.4 亿 t。2012—2030 年，工业固体废物综合利用量年均增长率约为 8.2%，约占全国综合利用量比重的 28%。堆放量方面，2012 年相比于 2010 年略有增加，之后下降趋势明显，到 2030 年为 0.006 亿 t，不足 2010 年堆放量的 2%。

　　西部地区未来工业固体废物综合利用率较低，但增长速度较快，年均增长率约为 2.1%，从 2010 年的 55.4% 增加到 2015 年、2020 年和 2030 年的 63.3%、70.5% 和 83.2%。其中，重庆市、云南省和广西壮族自治区综合利用率较高，到 2030 年分别达到 95.4%、92.2% 和 91.2%，其他省市综合利用率提升空间较大，特别是内蒙古自治区和新疆维吾尔自治区，两自治区综合利用率不足 80%。西部地区工业固体废物综合利用量和处置量在未来将快速增加，到 2030 年分别达到 25.3 亿 t 和 7.3 亿 t，分别为 2010 年综合利用量和处置量的 6.20 倍和 3.59 倍。堆放量则是逐年减少，从 2010 年的 1.26 亿 t 降至 2030 年的 0.10 亿 t，尽管如此，堆放量也明显高于其他地区。到 2030 年，西部地区工业固体废物堆放量约占全国堆放量的 86.3%。因此，未来西部地区应该提高工业固体废物综合利用和处置水平，减少工业固体废物堆放量。

　　东北地区工业固体废物综合利用率最低，但也呈快速增加趋势，年均增长率在四个区域中是最高的，达到 2.9%。东北地区工业固体废物综合利用率到 2015 年、2020 年和 2030 年将分别达到 58.5%、69.2% 和 80.8%，但与东部和中部地区水平仍有不小差距，逐步接近西部地区水平。东北三省中，黑龙江省工业固体废物综合利用率最高，其次是吉林省，辽宁省最低，到 2013 年分别为 90.0%、86.8% 和 75.6%。东北地区工业固体废物综合利用量较低，呈现一定的增长趋势，但年均增长率仅为 7.8%，也是四大区域中增长速度最小的。东北地区工业固体废物堆放量略高于中部地区水平，并呈现下降趋势，到 2030 年仅为 0.01

亿 t，为 2010 年的 2.5%。

综上所述，全国未来工业固体废物综合利用率和综合利用量均呈现增长趋势，堆放量下降趋势更为明显，从 2010 年的 2.2 亿 t 减至 2030 年的 0.12 亿 t。从各区域来看（表 6-4），东部地区未来综合利用率高于其他地区及全国水平，综合利用量较大，占全国的 35% 以上，而且快速增加，堆放量逐年下降，至 2030 年基本实现"零"堆放。中部、西部、东北地区综合利用率、综合利用量均在增加，堆放量均在下降，但是西部地区堆放量水平依然很高，约占全国堆放量的 86.3%。

表 6-4　四大区域工业固体废物综合利用量、处置量和堆放量预测　　　　单位：亿 t

| 区域 | 处理方式 | 2010 年 | 2015 年 | 2020 年 | 2030 年 |
|---|---|---|---|---|---|
| 东部 | 综合利用量 | 6.3 | 12.7 | 18.7 | 33.7 |
| | 处置量 | 1.5 | 2.1 | 2.4 | 1.8 |
| | 堆放量 | 0.21 | 0.12 | 0.01 | 0.00 |
| 中部 | 综合利用量 | 4.3 | 8.5 | 13.7 | 25.4 |
| | 处置量 | 1.4 | 2.5 | 3.0 | 3.1 |
| | 堆放量 | 0.32 | 0.21 | 0.10 | 0.006 |
| 西部 | 综合利用量 | 4.1 | 8.8 | 11.4 | 25.3 |
| | 处置量 | 2.0 | 4.6 | 5.3 | 7.3 |
| | 堆放量 | 1.26 | 0.71 | 0.37 | 0.10 |
| 东北 | 综合利用量 | 1.5 | 2.8 | 4.5 | 7.9 |
| | 处置量 | 0.8 | 1.7 | 1.9 | 1.9 |
| | 堆放量 | 0.40 | 0.24 | 0.12 | 0.01 |

### 6.2.2　城镇生活垃圾

（1）城镇生活垃圾产生量预测

城镇生活垃圾产生量等于城镇人口数量与居民人均生活垃圾产生量的乘积。从预测结果来看，全国城镇生活垃圾产生量将逐年增加，年均增长率约为 2.4%。到 2015 年、2020 年和 2030 年，全国城镇生活垃圾产生量将分别达到 3.0 亿 t、3.6 亿 t 和 4.2 亿 t，分别为 2010 年的 1.21 倍、1.44 倍和 1.68 倍。这主要是随着国民经济的不断发展，全国城镇人口以及人均生活垃圾产生量将出现不同程度的增加所致。

东部地区城镇生活垃圾产生量在四个区域中最大，到 2015 年、2020 年和 2030 年，将分别达到 14 398.8 万 t、17 404.2 万 t 和 18 897.9 万 t。而且，2012—2020 年增加趋势较为明显，2020—2030 年增加幅度较小并趋于平稳。这可能是因为随着城镇居民环保意识的提高，以及生活垃圾分类、回收等工作的不断开展，2020 年之后城镇居民人均生活垃圾产生量将趋于稳定。从占全国的比重来看，2015 年、2020 年和 2030 年分别为 47.9%、48.8% 和 45.4%，呈现先增加后减小的趋势，这也说明后期东部地区城镇生活垃圾产生量增加速度小于全国产生量增加速度。

中部地区城镇生活垃圾产生量较大，也呈逐年增加趋势，到 2015 年、2020 年和 2030

年将分别达到 6 643.8 万 t、7 466.3 万 t 和 10 002.4 万 t，而且，2012—2030 年间，年均增长率约为 2.81%。从占全国城镇生活垃圾的比重来看，2015 年、2020 年和 2030 年分别为 22.1%、21.8% 和 24.0%，整体趋势呈现先减小后增加的趋势，这反映出后期中部地区城镇生活垃圾产生量增长速度较大，已经超过全国产生量增加速度。

西部地区城镇生活垃圾产生量略低于中部地区水平，到 2015 年、2020 年和 2030 年，中部地区城镇生活垃圾产生量分别为 6 360.0 万 t、7 466.3 万 t 和 9 597.6 万 t，所占全国的比重分别为 21.2%、20.9% 和 23.0%，两者的变化趋势均与中部地区类似。

东北地区城镇生活垃圾产生量最低，一方面是因为东北地区总的城镇人口数量较小，另一方面是因为人均生活垃圾产生量水平较低。根据预测结果，到 2015 年、2020 年和 2030 年，东北地区城镇生活垃圾产生量分别达到 2 650.6 万 t、2 996.4 万 t 和 3 171.5 万 t，增长趋势不甚明显，年均增长率约为 1.27%。到 2015 年、2020 年和 2030 年东北地区城镇生活垃圾产生量所占全国的比重分别为 8.8%、8.4% 和 7.6%，下降趋势比较明显。

综上所述，从预测结果来看，随着全国城镇人口以及人均生活垃圾产生量的增加，全国城镇生活垃圾产生量逐年增加，年均增长率约为 2.4%。从各区域分布来看，城镇生活垃圾产生量东部地区最大，中部地区和西部地区相当，东北地区最少。而且，东部地区城镇生活垃圾产生量增长幅度较大，而后趋于平稳，中部和西部地区增长趋势类似，东北地区增长趋势不明显。而且，四大区域城镇生活垃圾产生量占全国比重也将呈现出不同的变化趋势。见图 6-16。

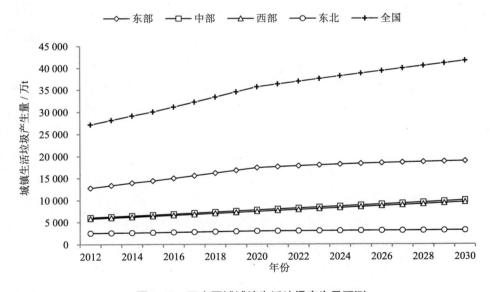

图 6-16　四大区域城镇生活垃圾产生量预测

（2）城镇生活垃圾无害化处理量预测

预测结果表明，全国城镇生活垃圾无害化处理量呈现明显增长趋势，年均增长率为 4.2%。到 2015 年、2020 年和 2030 年，城镇生活垃圾无害化处理量将达到 22 447.8 万 t、30 434.2 万 t 和 37 937.9 万 t，分别为 2010 年的 1.82 倍、2.47 倍和 3.08 倍。以 2020 年预测结果为例，填埋、焚烧和其他处理方式处理量将分别达到 14 229.1 万 t、12 584.8 万 t 和 3 620.3 万 t，所占比例分别为 46.8%、41.4% 和 11.9%。相比于 2010 年而言，填埋处理所占比重明显下降，降低了 32.5 个百分点，焚烧处理比重增加趋势明显，上升了 21.9 个百分点。

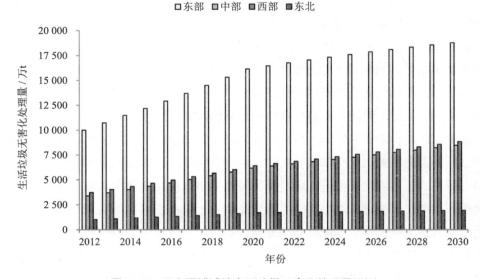

图 6-17　四大区域城镇生活垃圾无害化处理量预测

　　东部地区城镇生活垃圾无害化处理量最大，占全国无害化处理量的 49.4%～55.1%。根据预测结果，到 2015 年、2020 年和 2030 年，东部地区城镇生活垃圾无害化处理量将分别达到 12 181.4 万 t、16 151.1 万 t 和 18 746.7 万 t，呈现一定增加趋势，2020 年后增长率略有下降。整体上看，2012—2030 年间，城镇生活垃圾无害化处理量年均增长率约为 3.6%。三种无害化处理方式中，焚烧和其他处理量在逐年增加，特别是焚烧处理量，到 2015 年、2020 年和 2030 年分别达到 6 138.8 万 t、8 709.6 万 t 和 11 427.8 万 t，已经逐渐成为东部地区主要的无害化处理方式，但应该注意控制和有效处理由此带来的大气污染问题。而卫生填埋量则有一定的下降趋势，至 2030 年将仅为 4 269.7 万 t，略高于其他处理量。

　　中部地区城镇生活垃圾无害化处理量较小，且逐年增加。根据预测结果，到 2015 年、2020 年和 2030 年，中部地区城镇生活垃圾无害化处理量将分别达到 4 355.0 万 t、6 171.0 万 t 和 8 456.8 万 t。中部地区 2012—2030 年无害化处理量年均增长率最高，达到 5.2%。而且，卫生填埋、焚烧和其他处理量均呈现增加趋势，至 2030 年分别达到 4 603.9 万 t、2 917.9 万 t 和 935.0 万 t，卫生填埋依旧是中部地区主要的无害化处理方式，但是卫生填埋所占比重却在逐年减少，已经由 2015 年的 73.2% 降至 2030 年的 54.4%。

　　西部地区城镇生活垃圾无害化处理量略高于中部地区水平，增加趋势较为明显。到 2015 年、2020 年和 2030 年，将分别达到 4 653.5 万 t、6 411.9 万 t 和 8 810.7 万 t，无害化处理量年均增长率约为 4.9%。卫生填埋量、焚烧量和其他处理量变化趋势与中部地区相似，三者均出现不同程度的增加，卫生填埋所占比重逐年下降，焚烧和其他处理量所占比重逐年增加，至 2030 年，三种处理方式所占比重分别达到 50.7%、35.6% 和 13.7%，其他方式处理量已经达到 1 206.9 万 t，仅次于东部地区的其他处理量。

东北地区城镇生活垃圾无害化处理量最小，占全国无害化处理量的 5.1%～5.6%。预测结果显示，到 2015 年、2020 年和 2030 年分别达到 1 257.9 万 t、1 700.2 万 t 和 1 923.7 万 t。2012—2030 年间，无害化处理量年均增长率与东部地区相当，约为 3.6%。东北地区无害化处理量中，依然是卫生填埋量>焚烧量>其他处理量，但是三者的增长程度差异较大，年均增长率分别为 1.3%、6.9% 和 11.8%，这也说明东北地区焚烧和其他处理量增长快速。焚烧和其他方式处理量所占比重也在逐年增加，相反地，卫生填埋量所占比重则在逐年降低。

综上所述，全国未来城镇生活垃圾无害化处理量增长趋势明显，年均增长率约为 4.2%。从四大区域无害化处理量情况来看（图 6-17），东部地区>西部地区>中部地区>东北地区的整体规律没有变化，同时均呈现不同程度的增加趋势，这主要是因为各区域日益重视生活垃圾无害化处理，而且不断加大了无害化处理设施投入。其中，中部地区无害化处理量增长最快，年均增长率约为 5.2%，其次是西部地区，年均增长率为 4.9%。各区域城镇生活垃圾卫生填埋量、焚烧量和其他处理量均在不断增加（东部地区卫生填埋量除外），但是卫生填埋量所占比重逐年下降，焚烧量和其他处理量所占比重却在逐年上升。到 2030 年，除了东部地区焚烧成为主要无害化处理方式外，中部、西部和东北地区主要无害化处理方式依旧是卫生填埋，其次是焚烧和其他处理方式。见表 6-5。

表 6-5　四大区域城镇生活垃圾无害化处理量

| 地区 | 处理方式 | 处理量/万 t | | | |
| --- | --- | --- | --- | --- | --- |
| | | 2012 年 | 2015 年 | 2020 年 | 2030 年 |
| 东部 | 卫生填埋 | 5 526.2 | 5 275.8 | 5 339.8 | 4 269.7 |
| | 焚烧 | 4 071.9 | 6 138.8 | 8 709.6 | 11 427.8 |
| | 其他 | 406.5 | 766.8 | 2 101.6 | 3 049.3 |
| 中部 | 卫生填埋 | 2 616.1 | 3 187.9 | 3 929.7 | 4 603.9 |
| | 焚烧 | 662.5 | 980.7 | 1 695.5 | 2 917.9 |
| | 其他 | 118.9 | 186.3 | 545.8 | 935.0 |
| 西部 | 卫生填埋 | 2 823.3 | 3 324.4 | 3 889.6 | 4 463.8 |
| | 焚烧 | 758.1 | 1 082.4 | 1 819.6 | 3 140.0 |
| | 其他 | 153.1 | 246.7 | 702.7 | 1 206.9 |
| 东北 | 卫生填埋 | 811.6 | 942.9 | 1 070.0 | 1 030.1 |
| | 焚烧 | 154.6 | 218.3 | 360.1 | 511.6 |
| | 其他 | 50.9 | 96.7 | 270.1 | 382.0 |

## 6.2.3　电子垃圾

如图 6-18 所示，未来 20 年间，我国经济发展水平将不断提高，人均 GDP 在 2013 年左右达到中等偏上收入国家标准，东部地区在 2020 年前后达到高收入国家标准，这将表明我国居民收入水平未来将呈现快速增长趋势，居民电子产品购买量将不断增加。随着电子产品技术不断发展，产品换代周期将不断缩减，未来电子垃圾也将呈快速增长的趋势，但增长速度将逐渐趋缓。预计到 2015 年我国电子垃圾将达到 645 万 t，较 2010 年增长 262.8 万 t，增加 0.7 倍；2020 年将达到 993.9 万 t，较 2015 年增加 348.9 万 t，增加 0.54 倍；到 2030 年将进一步增长到 1 531.5 万 t，较 2020 年增加 537.6 万 t。

东部地区未来仍然是我国电子垃圾产生量最多的地区，且呈逐年递增的趋势，2015 年、2020 年、2030 年分别达到 345.9 万 t、530.8 万 t、814.5 万 t，增长速度逐渐趋缓；其占全国比重基本保持在 53% 左右，呈略微提高的趋势，提高幅度不超过 1 个百分点。中部地区电子垃圾产生量也呈逐年递增的趋势，2015 年、2020 年、2030 年分别达到 131.2 万 t、202.8 万 t、313.5 万 t；其占全国比重基本保持在 20.4% 左右，历年来变化不大。西部地区电子垃圾产生量也呈逐年递增的趋势，但增速略低于全国平均水平，2015 年、2020 年、2030 年分别达到 116.1 万 t、179.3 万 t、276.9 万 t；其占全国比重基本保持在 18% 左右，呈略微下降趋势。东北地区电子垃圾产生量也呈逐年递增的趋势，但增速在四大区域中最低，2015 年、2020 年、2030 年分别达到 51.8 万 t、81 万 t、126.6 万 t；其占全国比重基本保持在 8% 左右。总体来看，未来 20 年，我国电子垃圾产生量增长仍十分显著，其中东部地区为我国经济发展水平最高、人口总量最多的地区，其电子垃圾产生总量仍然占全国总量的 50% 以上。

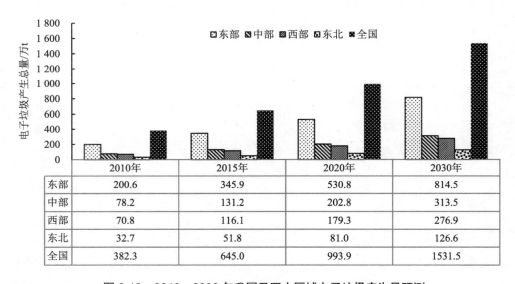

| | 2010年 | 2015年 | 2020年 | 2030年 |
|---|---|---|---|---|
| 东部 | 200.6 | 345.9 | 530.8 | 814.5 |
| 中部 | 78.2 | 131.2 | 202.8 | 313.5 |
| 西部 | 70.8 | 116.1 | 179.3 | 276.9 |
| 东北 | 32.7 | 51.8 | 81.0 | 126.6 |
| 全国 | 382.3 | 645.0 | 993.9 | 1531.5 |

图 6-18　2010—2030 年我国及四大区域电子垃圾产生量预测

从未来人均电子垃圾产生量（图 6-19）来看，随着人均收入不断提高，人均电子垃圾产生量也将呈现快速增长趋势。从全国平均水平来看，2015 年将达到 4.37 kg，较 2010 年提高了 1.9 kg；2020 年、2030 年将进一步增长到 7.18 kg 和 10.94 kg。其中东部地区人均电子垃圾产生量仍然最高，2015 年、2030 年分别达到 6.48 kg、14.25 kg，比全国平均水平分别高出 1.5 kg 和 3.3 kg；东北地区人均电子垃圾产生量仍排在第二位，2015 年、2030 年分别达到 4.71 kg、11.43 kg，与全国平均水平基本相当；中部地区人均电子垃圾产生量排在第三位，2015 年、2030 年分别为 3.65 kg、8.67 kg，分别低于全国平均水平的 1.08 kg 和 2.27 kg；西部地区人均电子垃圾产生量最低，2015 年、2030 年分别为 3.23 kg、7.78 kg，分别低于全国平均水平的 1.5 kg 和 3.16 kg。总体来看，未来我国东部地区人均电子垃圾产生量仍然最高，中部、西部地区仍然是最低水平。

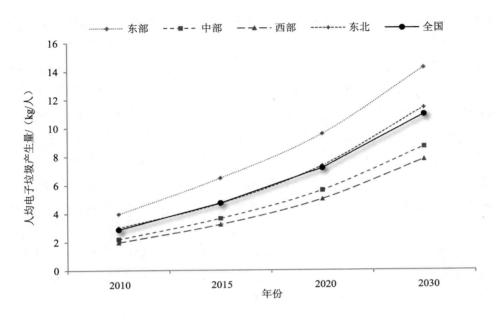

**图 6-19　2010—2030 年我国及四大区域人均电子垃圾产生量预测**

为了应对我国电子垃圾产生量的不断提高，未来我国将在收集、无害化处理以及资源回收利用等方面加大电子垃圾的处置能力。预计到 2015 年我国电子垃圾收集率将达到 70%，较 2010 年提高 12 个百分点；到 2020 年、2030 年将分别提高到 80% 和 98% 左右，基本建立起全覆盖的电子废弃物回收网络，保证所有电子垃圾能够得到回收利用。从四大区域来看，我国东部地区电子垃圾收集量仍然最多，2015 年将达到 242.1 万 t，占全国比重为 52.5%；中部和西部收集量较为接近，分别为 91.8 万 t 和 81.3 万 t，占全国比重分别为 20.4% 和 18.5%；东北地区收集量仍然最少，2015 年仅为 36.3 万 t，占全国比重为 8.6%。到 2030 年，随着我国电子垃圾收集率的不断提高，我国电子垃圾收集量也呈快速增长趋势，东部、中部、西部、东北地区分别达到了 798.2 万 t、307.2 万 t、271.4 万 t、124.1 万 t，为 2015 年的 3 倍多。

随着电子垃圾收集率的提高，其无害化处理率也将呈逐年提高的趋势，预计 2015 年将达到 75%，较 2010 年提高 8 个百分点；到 2020 年、2030 年将分别提高到 85% 和 95% 左右，基本实现电子垃圾的无害化处理，减少电子垃圾对环境风险的巨大威胁。从四大区域来看，我国东部地区电子垃圾无害化处置量最多，2015 年将达到 181.6 万 t，占全国比重为 40.2%；中部和西部无害化处置量较为接近，分别为 68.9 万 t 和 61.0 万 t，占全国比重分别为 15.3% 和 13.5%；东北地区无害化处置量仍然最少，2015 年为 27.2 万 t，占全国比重为 7.9%。到 2030 年，随着我国电子垃圾无害化处置率的不断提高，我国电子垃圾无害化处置量也呈快速增长趋势，东部、中部、西部、东北地区分别达到了 758.3 万 t、291.8 万 t、257.8 万 t、117.9 万 t，电子垃圾处置能力空前提高。

在电子垃圾处置量中，资源化利用比例也将呈现快速增长趋势，预计 2015 年将达到 57%，较 2010 年提高 8 个百分点；到 2020 年、2030 年将分别提高到 65% 和 80% 左右，保证大部分电子垃圾能够得到回收利用，在减少电子垃圾环境风险的同时实现电子垃圾循环利用效益。从四大区域来看，东部地区电子垃圾资源化利用量最多，2015 年将达到 103.5 万 t；中部和西部资源化利用量较为接近，分别为 39.3 万 t 和 34.8 万 t；东北地区资源化利用量仍然最少，2015 年为 15.5 万 t。到 2030 年，随着我国电子垃圾资源化利用率的不断提高，我国电子垃圾资源化利用量也呈快速增长趋势，东部、中部、西部、东北地区分别达到了 606.6 万 t、233.5 万 t、206.3 万 t、94.3 万 t，届时电子垃圾将基本得到资源化利用。

电子垃圾堆放量比例将呈逐年下降趋势，但堆放总量呈先上升后下降的倒 "U" 形曲线增长趋势，从 2010 年的 236.1 万 t 增长到 2020 年的 318.1 万 t，到 2030 年下降到 105.6 万 t。从四大区域来看，东部地区电子垃圾堆放量最多，2020 年将达到 169.9 万 t；中部和西部堆放量较为接近，分别为 64.9 万 t 和 57.4 万 t；东北地区堆放量仍然最少，2015 年为 25.9 万 t。到 2030 年，随着我国电子垃圾资源化利用率的不断提高，我国电子垃圾堆放量将呈急速下降趋势，东部、中部、西部、东北地区分别达到了 56.2 万 t、21.6 万 t、19.1 万 t、8.7 万 t，届时电子垃圾问题将得到有效解决。

表 6-6　2010—2030 年我国及四大区域电子垃圾处置量　　　　　　　　单位：万 t

| 处置类型 | 区域 | 2010 年 | 2015 年 | 2020 年 | 2030 年 |
|---|---|---|---|---|---|
| 集中收集量 | 东部 | 115.3 | 242.1 | 424.6 | 798.2 |
| | 中部 | 44.9 | 91.8 | 162.2 | 307.2 |
| | 西部 | 40.7 | 81.3 | 143.5 | 271.4 |
| | 东北 | 18.8 | 36.3 | 64.8 | 124.1 |
| | 全国 | 219.7 | 451.5 | 795.1 | 1 500.9 |
| 无害化处置量 | 东部 | 76.7 | 181.6 | 360.9 | 758.3 |
| | 中部 | 29.9 | 68.9 | 137.9 | 291.8 |
| | 西部 | 27.1 | 61.0 | 122.0 | 257.8 |
| | 东北 | 12.5 | 27.2 | 55.1 | 117.9 |
| | 全国 | 146.2 | 338.7 | 675.9 | 1 425.8 |
| 资源化利用量 | 东部 | 38.7 | 103.5 | 234.6 | 606.6 |
| | 中部 | 15.1 | 39.3 | 89.6 | 233.5 |
| | 西部 | 13.7 | 34.8 | 79.3 | 206.3 |
| | 东北 | 6.3 | 15.5 | 35.8 | 94.3 |
| | 全国 | 73.8 | 193.1 | 439.3 | 1 140.7 |
| 堆放量 | 东部 | 123.9 | 164.3 | 169.9 | 56.2 |
| | 中部 | 48.3 | 62.3 | 64.9 | 21.6 |
| | 西部 | 43.7 | 55.2 | 57.4 | 19.1 |
| | 东北 | 20.2 | 24.6 | 25.9 | 8.7 |
| | 全国 | 236.1 | 306.4 | 318.1 | 105.6 |

## 6.3　面临的压力与对策建议

预测结果显示，随着我国社会经济的快速发展，工业化和城镇化水平的逐步提高，工业固体废物、城镇生活垃圾以及电子垃圾产生量将不断增加。虽然固体废物的综合利用、无害化处理和处置水平不断提升，但是依然面临不小的环境压力。针对不同区域面临的主要问题提出针对性建议。

### 6.3.1　主要问题

（1）工业固体废物产生量持续增长，处理处置面临较大压力

东部地区属于比较发达的区域，工业化水平较高，工业固体废物产生量逐年增加，到2015 年、2020 年和 2030 年，将分别达到 15.0 亿 t、21.2 亿 t 和 35.5 亿 t，特别是河北和山东两省产生量较大，对工业固体废物的综合利用和处理处置造成巨大压力。中部地区工业固体废物产生量较小，但是部分省份产生强度较大，资源利用率水平较低，虽然整体综合利用率水平较高，但与东部地区相比存在较大差距，仍有较大的提升空间。西部地区工业固体废物产生量略高于中部地区水平，然而综合利用率则低于中部地区水平，这也导致了虽然工业固体废物堆放情况有较大改观，但堆放量仍然很大。根据预测结果，西部地区工业固体废物到 2030 年减至 1 036 万 t，约占全国堆放量的 86.3%，反映出西部地区资源高消耗与高排放特征凸显，对区域生态环境造成很大压力。东北地区虽然工业固体废物产生量最小但也呈持续增长趋势，特别是辽宁省工业固体废物产生量很大，甚至高于东部、中部和西部地区的大部分省份水平。同时，东北地区的工业固体废物综合利用化水平最低，这也是东北地区亟需解决的问题。

（2）城镇生活垃圾产生量逐年增加但增速放缓，总量仍面临处理难题

随着我国城镇人口的快速增长，人均生活垃圾产生量不断增大，全国城镇生活垃圾产生量逐年增加。根据预测结果，到 2015 年、2020 年和 2030 年，将达到 3.0 亿 t、3.6 亿 t 和 4.2 亿 t，分别为 2010 年的 1.21 倍、1.44 倍和 1.68 倍，总量较大并面临处理难题。其中，东部地区城镇化和居民生活水平较高，城镇生活垃圾产生量很大，尤其是广东、江苏、山东和浙江等经济发达省份，而且，未来也将呈现逐年增加趋势，城镇生活垃圾无害化处理面临巨大压力。中部地区城镇生活垃圾产生量较大，而且城镇生活垃圾无害化处理率较低，仅比东北地区略高。因此，增大垃圾无害化处理量，提升无害化处理率将是中部地区需要解决的问题。西部地区城镇居民生活水平也较低，城镇生活垃圾产生量较小，但是城镇生活垃圾无害化处理率与其他区域存在较大差距，还有进一步提升空间。东北地区同样面临这样的问题，在未来的时间里提高城镇生活垃圾的处理率，特别是无害化处理率是环境保护工作的一项重要任务。

（3）电子垃圾产生量增速明显，2030 年将超过 1 500 万 t

随着电子产品技术不断发展，产品换代周期将不断缩减，未来电子垃圾也将呈快速增

长的趋势，但增长速度将逐渐趋缓。预计到 2015 年我国电子垃圾将达到 645 万 t，到 2030 年将进一步增长到 1 531 万 t。其中，东部地区未来仍然是我国电子垃圾产生量最多的地区，且呈逐年递增的趋势，2015 年、2030 年分别达到 345.9 万 t、814.5 万 t，增长速度逐渐趋缓；其占全国比重基本保持在 53%左右，呈略微提高的趋势。中部地区电子垃圾产生量也呈逐年递增的趋势，2015 年、2030 年分别达到 131.2 万 t、313.5 万 t；其占全国比重基本保持在 20.4%左右，历年来变化不大。西部地区电子垃圾产生量也呈逐年递增的趋势，但增速略低于全国平均水平，2015 年、2030 年分别达到 116.1 万 t、276.9 万 t；其占全国比重基本保持在 18%左右，呈略微下降趋势。东北地区电子垃圾产生量也呈逐年递增的趋势，但增速在四大区域中最低，2015 年、2030 年分别达到 51.8 万 t、126.6 万 t；其占全国比重基本保持在 8%左右。同时，从人均电子垃圾产生量来看，我国东部地区人均电子垃圾产生量仍然最高，2030 年将增长到 14.25 kg，中部、西部地区仍然是最低水平，2030 年分别为 8.67 kg、7.78 kg。总体来看，未来 20 年，我国电子垃圾产生量增长仍十分显著，其中东部地区作为我国经济发展水平最高、人口总量最多的地区，其电子垃圾产生总量仍然占全国总量的 50%以上，因此，未来需考虑电子垃圾空间上的分布特征，有针对性地制定电子垃圾管理制度和收集利用设施的建设。

### 6.3.2 对策建议

（1）大力发展清洁生产和循环经济，进一步加强工业固体废物处理、处置和综合利用力度

东部地区工业发展迅速，工业固体废物产生强度较大，导致工业固体废物产生量很大。东部地区应该依靠区位优势，发展循环经济，淘汰落后工艺，不断研发和推广工业固体废物综合利用技术，进一步提高综合利用水平。中部地区应根据自身资源相对丰富的优势，转变经济增长方式，在企业层次上推行清洁生产，努力实现工业废物最小化、资源最大化目标，并不断延长原材料加工链条，推动企业之间资源循环利用，提高尾矿、煤矸石以及粉煤灰等的综合利用水平。西部地区应加强区域发展规划，大力建设生态工业园区，使资源得到最大限度利用，同时发展高附加值产业，鼓励并规范工业固体废物收集市场的建立和健全，并组织实施尾矿提取有价组分工程、尾矿充填工程、尾矿生产高附加值建筑材料工程、尾矿农用工程、粉煤灰高附加值利用工程、钢渣处理与综合利用工程、有色冶炼渣综合利用工程等试点工程。东北地区具有鲜明的资源依赖型特征，应该依托"振兴东北老工业基地"战略的逐步实施，大力推动并发展清洁生产和循环经济，减少工业固体废物的产生，同时通过税收、信贷以及专项资金支持工业固体废物综合利用技术研发及实施推广，不断提高工业固体废物综合利用效率。

（2）建立并逐步推广生活垃圾分类制度，进一步提高生活垃圾无害化水平，控制无害化处理过程中环境污染的产生

东部地区可根据自身实际采取有效的经济刺激手段，激励居民自发积极地参与生活垃圾分类处理，逐步促进居民养成垃圾分类的生活习惯；提倡并推行"绿色消费、低碳生活"

新模式，并逐步建立生活垃圾一体化管理的体制，实现垃圾产生、收集、处理、最终处置等全过程管理。中部和西部地区应加强宣传教育力度，积极开展垃圾分类回收工作，并制定城镇居民和企业垃圾分类管理办法，更好地促进垃圾分类处理的实施；同时采取相关生活垃圾处理优惠政策，鼓励发展垃圾无害化处理产业。东北地区应加大无害化处理及配套设施建设，鼓励符合环境准入条件的生活垃圾焚烧电厂建设，不断提升无害化处理水平。此外，根据预测，焚烧将可能成为东部地区未来的主要垃圾处理方式，应研究开发经济有效的 $NO_x$、重金属及有机类污染物的净化技术和工艺，削弱或尽量避免焚烧带来的环境问题；卫生填埋依旧是中部、西部和东北地区未来主要的垃圾处理方式，应当做好卫生填埋场的防渗工作，妥善处理垃圾渗漏液，避免对地下水资源造成严重污染。

（3）完善电子垃圾防治的政策法规体系，推进电子垃圾资源化产业示范基地建设

建立和完善废旧电子电器的统计制度体系；编制实施电子垃圾污染防治专项规划；完善电子垃圾处理处置和环境影响的技术标准和规范；建立和完善电子垃圾处理处置和资源化利用的税收、价格、补贴、基金、质押金等环境经济政策。深入贯彻实施电子垃圾回收处理许可证制度。对处理技术水平和处理能力较强的企业发放"电子垃圾回收处理许可证"并加强监督。建立政府、生产者、消费者责任分担制度，共同承担处理处置责任。采取由点到面、由分散到集中、以旧换新等多种收集方式，鼓励诸如"电子垃圾回收超市"等专业化回收企业的建立。构建"废品回收企业→电子垃圾处理企业→生产厂商"的电子垃圾处理链条，实现电子垃圾从收集到处理到再利用的"一条龙"流转模式。加强技术研发和示范，对切实可行的电子垃圾回收处理先进技术和示范工程，在资金、税收、市场和技术服务等方面给予优惠政策；对于制造商回收、再利用旧电子产品，以及先进处理技术研发等行为给予优惠政策。尝试在珠三角、长三角以及京津等电子垃圾产生量较为集中地区，建立电子垃圾资源化产业示范基地，将电子垃圾收集企业、处理企业和资源需求企业以及科研院所紧密联系在一起，实现示范基地内电子垃圾从回收到处理再到资源化利用"零距离"。

# 参考文献

[1] 安树伟，任媛. "十一五"以来我国区域经济发展的新态势与新特点[J]. 发展研究，2009（9）：9-14.

[2] 白亚峰. 中部地区发展循环经济的思考[D]. 太原：山西大学，2007.

[3] 蔡皓，谢绍东. 中国不同排放标准机动车排放因子的确定[J]. 北京大学学报：自然科学版，2010，46（3）：319-326.

[4] 曹国良，张小曳，王丹，等. 中国大陆生物质燃烧排放的污染物清单[J]. 中国环境科学，2005，25（4）：389-393.

[5] 陈芳，赵岩，张晨光，等. 2011—2020 年北京市生活垃圾产生量预测分析[J]. 环境卫生工程，2012，20（6）：57-59.

[6] 陈洁. 西部发展循环经济的对策研究[D]. 重庆：西南农业大学，2004.

[7] 邓琪，王琪，黄启飞. GM（1，1）在工业固体废物产生量预测中的应用[J]. 环境科学与技术，2012，35（6）：180-183.

[8] 丁会请，张兴文，杨凤林，等. 城市空气中挥发性有机物的来源分析[J]. 辽宁化工，2007，36（2）：136-139.

[9] 董锁成，范振军. 中国电子废弃物循环利用产业化问题及其对策[J]. 资源科学，2005，27（1）：39-45.

[10] 董战峰. 国家水污染物排放总量分配方法研究：以 COD 为例[D]. 南京：南京大学，2010.

[11] 杜讓，朱留财. 氮氧化物污染防治的国外经验与国内应对措施[J]. 环境保护与循环经济，2011，31（4）：6-10.

[12] 高粮，周浩，顾乃华，等. 产业转型与产业发展研究的新进展[J]. 中国工业经济，2009（12）：139-146.

[13] 古继宝，亓芳芳，吴剑琳. 基于 Gompertz 模型的中国民用汽车保有量预测[J]. 技术经济，2010，29（1）：57-62.

[14] 国家发改委. 西部大开发"十二五"规划[EB/OL]. http：//wenku.baidu.com/view/2bcbc219fad6195f312ba646.html，2012.

[15] 国家环境保护总局环境规划院，国家信息中心. 《国家中长期环境经济综合模拟系统研究》——经济与环境：中国 2020[R]. 2005.2.

[16] 国家能源局关于印发国家能源科技"十二五"规划的通知[EB/OL]. http：//www.gov.cn/gzdt/2012-02/10/content_2063324.htm，2011.

[17] 国家统计局能源司. 中国能源统计年鉴（2007—2011）[M]. 北京：中国统计出版社，2008—2012.

[18] 国务院办公厅关于印发实行最严格水资源管理制度考核办法的通知[EB/OL]. http：//www.gov.cn/zwgk/2013-01/06/content_2305762.htm，2013.

[19] 国务院关于大力实施促进中部地区崛起战略的若干意见[EB/OL]. http：//www.gov.cn/zwgk/2012-08/31/content_2214579.htm，2012.

[20] 国务院关于进一步实施东北地区等老工业基地振兴战略的若干意见[EB/OL]. http：//www.gov.cn/zwgk/2009-09/11/content_1415572.htm，2009.

[21] 国务院关于印发《"十二五"国家战略性新兴产业发展规划》的通知[EB/OL]. http：//www.gov.cn/zwgk/ 2012-07/20/content_2187770.htm，2012.

[22] 国务院关于印发节能减排"十二五"规划的通知[EB/OL]. http：//www.gov.cn/zwgk/2012-08/ 21/content_2207867.htm，2012.

[23] 郝瀚，王贺武，欧阳明高. 中国乘用车与商用车保有量预测[J]. 清华大学学报：自然科学版，2011，51（6）：868-872.

[24] 胡鞍钢，鄢一龙，魏星. 2030年中国迈向共同富裕[M]. 北京：中国人民大学出版社，2011.

[25] 胡树华，陈丽娜. 中部循环经济发展的因素分析及其途径探讨[J]. 统计与决策，2005（7）：87-88.

[26] 环境保护部环境规划院，国家信息中心. 2008—2020年中国环境经济形势分析与预测[M]. 北京：中国环境科学出版社，2008.

[27] 环境保护部环境规划院，国家信息中心. 2009—2020年中国节能减排重点行业环境经济形势分析与预测[R]. 2009.

[28] 环境保护部环境规划院. 国家"十二五"资源（能源）—环境—经济预测研究报告[R]. 2009.

[29] 贾韬，龙腾锐，姜文超，等. 西部小城镇生活垃圾处理现状及问题分析[J]. 重庆建筑大学学报，2007，29（3）：99-101.

[30] 贾新刚，李东亮，徐威. 电子废弃物回收利用体系建设初探[J]. 再生资源与循环经济，2008，1（3）：22-25.

[31] 蒋洪强，王金南，张伟，等. 2011—2020年非常规控制污染物排放清单分析与预测研究报告[M]. 北京：中国环境科学出版社，2011.

[32] 金碚，吕铁，邓洲. 中国工业结构转型升级：进展，问题与趋势[J]. 中国工业经济，2011，2（10）：5-15.

[33] 李国柱，李从欣. 中国区域工业固体废物排放差异分析[J]. 商业研究，2008，3（371）：74-76.

[34] 李培，王新，柴发合，等. 我国城市大气污染控制综合管理对策[J]. 环境与可持续发展，2011，36（5）：8-14.

[35] 李佩仪. 中国区域污染特征与影响因素分析[D]. 广州：华南理工大学，2011.

[36] 李善同，刘云中. 2030年的中国经济[M]. 北京：经济科学出版社，2012.

[37] 李扬，杨延梅. 中国西部地区工业固体废物现状调查[J]. 环境科学导刊，2010，29（1）：71-75.

[38] 李永友，沈坤荣. 我国污染控制政策的减排效果[J]. 管理世界，2008（8）：7-17.

[39] 李长嘉，雷宏军，潘成忠，等. 中国工业水环境COD、$NH_4$-N排放变化影响因素研究[J]. 北京师范大学学报（自然科学版），2012，48（5）：476-482.

[40] 梁广生，吴文伟，赵桂瑜，等. 2002—2007年北京市生活垃圾产生量预测分析[J]. 环境科学研究，2003，16（5）：48-51.

[41] 梁晓辉，李光明，贺文智，等. 中国电子产品废弃量预测[J]. 环境污染与防治，2009，31（7）：82-84.

[42] 刘金凤，赵静，李湉湉，等. 我国人为源挥发性有机物排放清单的建立[J]. 中国环境科学，2008，28（6）：496-500.

[43] 马坚，刘振宇，周晓东，等. 青岛市废旧家电及电子产品回收处理情况调查[J]. 环境工程，2009，27：

397-402.

[44] 马乐宽，王金南，王东. 国家水污染防治"十二五"战略与政策框架[J]. 中国环境科学，2013，33（2）：377-383.

[45] 毛婷，王跃思，姜洁，等. 2004 年国庆假期北京大气挥发性有机物浓度监测及气象条件对其浓度变化影响研究[J]. 分析测试学报，2006，25（2）：47-51.

[46] 平措. 我国城市大气污染现状及综合防治对策[J]. 环境科学与管理，2006，31（1）：18-21.

[47] 任玉珑，陈容，史乐峰. 基于 Logistic 组合模型的中国民用汽车保有量预测[J]. 工业技术经济，2011，214（8）：90-97.

[48] 赛迪顾问股份有限公司. 中国新能源产业"十二五"发展规划前瞻[EB/OL]. http://wenku.baidu.com/view/829a4503a6c30c2259019e8f.html，2012.

[49] 石碧华. 我国中部地区工业发展的战略定位[J]. 中州学刊，2007（5）：26-29.

[50] 《实现"十一五"环境目标政策机制》课题组. 中国污染减排战略与政策[M]. 北京：中国环境科学出版社，2008.

[51] 世界银行. 2030 年的中国：建设现代、和谐、有创造力的高收入社会[R]. 华盛顿：世界银行，2012.

[52] 水利部水利水电规划设计总院. 全国水资源保护"十二五"规划[R]. 2010.

[53] 四川大学. 环境经济预测模型与方法研究的现状分析与评估报告[R]. 2009.

[54] 孙东琪，张京祥，朱传耿，等. 中国生态环境质量变化态势及其空间分异分析[J]. 地理学报，2012，67（12）：1599-1610.

[55] 孙美丽. 对"中部崛起"中环境问题的思考——以中部地区六大城市群为例[J]. 赣南师范学院学报，2006（6）：132-135.

[56] 孙贤胜. 中国天然气市场 2013 年及远景展望[N]. 中国石油报，2013-03-26.

[57] 王金南，逯元堂，吴舜泽，等. 国家"十二五"环保产业预测及政策分析[J]. 中国环保产业，2010（6）：24-29.

[58] 王丽芳，吴纯德，阮梅芝，等. 综合增长指数法在工业废水排放量预测中的应用[J]. 工业用水与废水，2008，39（3）：5-7.

[59] 王小兵，雷仲敏，李长胜. "十一五" 时期我国中部地区节能减排政策推进实施的实证分析[J]. 学习与实践，2010（1）：128-134.

[60] 王志轩，灌番荔，张晶杰，等. 我国燃煤电厂 "十二五"大气污染物控制规划的思考[J].环境工程技术学报，2011，1（1）：63-71.

[61] 危丽琼，叶金菊. $PM_{2.5}$ 排放涉及多个化工领域[J]. 化工与生活，2012（2）：100-102.

[62] 魏金秀，汪永辉，李登新. 国内外电子废弃物现状及其资源化技术[J]. 东华大学学报：自然科学版，2005，31（3）：133-138.

[63] 魏巍，王书肖，郝吉明. 中国涂料应用过程挥发性有机物的排放计算及未来发展趋势预测[J]. 环境科学，2009，30（10）：2809-2815.

[64] 徐东业，陈晓波. 东北地区生活垃圾处理技术现状分析[J]. 民营科技，2009（5）：10-10.

[65] 徐海生. 生活垃圾焚烧处理技术发展分析[J]. 中国环保产业，2010（9）：10-15.

[66] 晏涛. 促进中部崛起研究[D]. 北京：中国社会科学院研究生院，2012.

[67] 杨春杰. 我国东北地区能源利用分析[J]. 工业技术经济，2008，27（5）：22-25.

[68] 杨丹辉，李鹏飞，张艳芳. "十一五"时期污染减排效果的区域比较分析[J]. 当代经济管理，2012，34（6）：56-62.

[69] 於方，曹东，王金南，等. 工业废水排放量和治理投资费用的预测[J]. 环境科学研究，2009，22（8）：971-976.

[70] 藏连江. 黑龙江省工业固体废物及城市生活垃圾状况分析[J]. 黑龙江冶金，2007（3）：34-36.

[71] 查建宁. 电子废弃物的环境污染及防治对策[J]. 污染防治技术，2002，15（3）：35-37.

[72] 张晶，李云生，梁涛，等. 中国水质"拐点"分析及水环境保护战略制定[J]. 环境污染与防治，2012，34（8）：94-98.

[73] 张庆丰，[美]克鲁克斯（Crooks R）著. 《迈向环境可持续的未来》翻译组译. 迈向环境可持续的未来：中华人民共和国国家环境分析[M]. 北京：中国财政经济出版社，2012.

[74] 张伟，蒋洪强，卢亚灵. 新格局下统筹区域经济发展与环境保护的战略思考[R]. 环境规划与政策，2010，11（10）：1-31.

[75] 赵宪伟. 省域 COD 排放总量预测及减排潜力与对策研究——以河北省为例[D]. 北京：中国地质大学，2010.

[76] 中国信息产业部经济体制改革与经济运行司. 中国电子信息产业统计年鉴[M]. 北京：电子工业出版社，2004—2009.

[77] 中华人民共和国国家统计局. 中国统计年鉴：2007—2012[M]. 北京：中国统计出版社，2007—2012.

[78] 中华人民共和国环境保护部. 中国环境统计公报：2006—2010[R]. 北京：中华人民共和国环境保护部，2007—2011.

[79] 中华人民共和国环境保护部. 中国环境统计年报：2006—2010[M]. 北京：中国环境科学出版社，2007—2011.

[80] 中华人民共和国水利部. 节水型社会建设"十二五"规划工作方案[EB/OL]. http：//wenku.baidu.com/view/09a01065f5335a8102d22097.html，2010.

[81] 中华人民共和国水利部. 节水型社会建设"十二五"规划技术大纲[EB/OL]. http：//wenku.baidu.com/view/2a4e8db81a37f111f1855b26.html，2010.

[82] 中华人民共和国水利部. 2006—2010 年中国水资源公报[EB/OL]. http：//www.mwr.gov.cn/zwzc/hygb/.

[83] 钟天翔，刘谡帆，刘刚，等. 杭州市居室空气中挥发性有机物污染研究[J]. 环境科学与技术，2005，28（6）：45-47.

[84] 左其亭. 人均生活用水量预测的区间 S 型模型[J]. 水利学报，2008，39（3）：351-354.

[85] Liu H B，Liu Z L. Recycling utilization patterns of coal mining waste in China [J]. Resources，Conservation and Recycling，2010，54（12）：1331-1340.

[86] Ngoc U N，Schnitzer H. Sustainable solutions for solid waste management in Southeast Asian countries [J]. Waste Management，2009，29（6）：1982-1995.

[87] Noori R，Karbassi A，Salman Sabahi M. Evaluation of PCA and Gamma test techniques on ANN operation

for weekly solid waste prediction [J]. Journal of Environmental Management，2010，91（3）：767-771.

[88] Schluep M，Hagelueken C，Kuehr R. Recycling：from E-waste to Resources[R]. UNEP and United Nations University，2009.

[89] Suzuki S. Simultaneous Determination of Halogenated Volatile Organic Compounds in Air by Thermal Desorption and Cold Trap GC/MS[J]. Analytical Sciences，1995，11（6）：953-960.